高职教育实训系列教材

数控铣削加工实训

SHUKONGXIXIAOJIAGONGSHIXUN

主　编　王荣兴
参　编　虞　俊　周云曦
主　审　王志平

华东师范大学出版社
·上海·

图书在版编目(CIP)数据

数控铣削加工实训/王荣兴主编. —上海:华东师范大学出版社,2008.1
 ISBN 978-7-5617-5836-6

Ⅰ.数… Ⅱ.王… Ⅲ.数控机床:铣床-金属切削-加工-高等学校:技术学校-教材 Ⅳ.TG547

中国版本图书馆 CIP 数据核字(2008)第 012655 号

高职教育实训系列教材
数控铣削加工实训

主　　编	王荣兴
策划组稿	缪宏才　曹利群
责任编辑	李　艺
封面设计	卢晓红
版式设计	蒋　克
出版发行	华东师范大学出版社
社　　址	上海市中山北路 3663 号　邮编 200062
网　　址	www.ecnupress.com.cn
电　　话	021-60821666　行政传真 021-62572105
客服电话	021-62865537　门市(邮购)电话 021-62869887
地　　址	上海市中山北路 3663 号华东师范大学校内先锋路口
网　　店	http://hdsdcbs.tmall.com
印 刷 者	上海昌鑫龙印务有限公司
开　　本	787×1092　16 开
印　　张	17
字　　数	391 千字
版　　次	2008 年 3 月第 1 版
印　　次	2022 年 1 月第 9 次
书　　号	ISBN 978-7-5617-5836-6/TH·028
定　　价	34.00 元

出版人　王　焰

(如发现本版图书有印订质量问题,请寄回本社市场部调换或电话 021-62865537 联系)

常州科教城(高等职业教育园区)"城本"教材编委会

编委会成员单位：

常州市科教城(高等职业教育园区)管理委员会

常州信息职业技术学院　　　　常州纺织服装职业技术学院

常州工程职业技术学院　　　　常州轻工职业技术学院

常州机电职业技术学院　　　　常州科教城现代工业中心

编委会委员：

周亚瑜

胡　鹏　邓志良　冯国平　颜惠庚　周大农　曹根基　丁　卫

序

常州科教城(高等职业教育园区)是培养高级专门人才和高素质应用型人才的摇篮；是常州市产学研结合、高科技产业发展、科技自主创新的先导区；是江苏省高等职业教育改革试验区。2003年,常州信息职业技术学院、常州纺织服装职业技术学院、常州工程职业技术学院、常州轻工职业技术学院、常州机电职业技术学院五所高职院和江苏工业学院一所本科院校首批入驻园区,目前已有7.6万名全日制学生进区学习,成人教育学生约1.8万人。园区六所高校先后通过了国家教育部教学水平评估,均被评为优秀等第；几年来获得省部级以上奖励1980余项,其中学生获得省级以上大赛团体或个人一等奖100余项。园区致力于创建一个理论与实践紧密结合的教育；一个既能充分提供就业,又能为创业做好准备的教育；一个教育与科技、经济积极互动,集约发展、内外开放、资源共享的教育。从2003年至今已连续五年毕业生全部就业。园区内每一所高职院均具有近50年的办学积淀,形成了以电子、信息、纺织、服装、工程、化工、机械、轻工、机电等为代表的一大批优势学科,打造了一大批理论扎实、技术精深、实践能力强的"双师"型、专家型教师。

常州科教城(高等职业教育园区)现代工业中心作为园区集约发展、内外开放、充分共享的现代化教育实训中心,建成以来,更新理念,创新机制,大胆实践,在高职教育改革、提高高职实训教学质量方面取得了丰富的经验和一批创新性成果。为了深入贯彻教育部《关于全面提高高等职业教育教学质量的若干意见》的精神,常州市科教城(高等职业教育园区)管理委员会以科教城现代工业中心为载体,集聚城内外具有深厚理论功底与丰富实践经验的优秀教师、企业专家,启动了"城本"实训教材的建设工作,以此作为科教城(高等职业教育园区)教育、教学改革的一项重要举措与创新实践。

本教材系常州科教城(高等职业教育园区)"城本"实训教材系列之一,教材编写具有鲜明的特点：

1. 注重以项目(生产)任务为中心、以模块单元为基础。教材编写打破传统的理论递进编写体系,直接以实际项目(生产)任务作为出发点和落脚点,使学生学以致用。同时,模块化的编排极大地方便了实训教学的安排。

2. 注重理论和技能的普遍性。教材内容在突出实用性的同时,同时注重选取典型实例,使学生做到举一反三、灵活运用。

3. 注重与现代化的实训装备相匹配、与学生考工考级相结合、与科学的工艺工序相结合。

本教材由常州市科教城(高等职业教育园区)管理委员会组织编写,可作为高等职业院校实训教材使用,也可作为企业技术参考用书和员工培训用书。

常州科教城(高等职业教育园区)"城本"教材编委会
2007 年 11 月

前言

根据教高〔2000〕2号文件《教育部关于加强高职高专教育人才培养工作的意见》、教高〔2004〕1号文件《教育部关于以就业为导向 深化高等职业教育改革的若干意见》和教高〔2006〕16号文件《关于全面提高高等职业教育教学质量的若干意见》的精神,为了推进"双证融通,产学合作"人才培养模式的改革,突出高职教育特色,我们在总结多年来数控培训教学的基础上,编写了本教材。

本教材编写工作吸纳了常州轻工职业技术学院、常州信息职业技术学院、常州纺织服装职业技术学院、常州工程职业技术学院、常州机电职业技术学院等五所高职院校数控铣削加工方面最新教学成果。本教材根据技术领域和职业岗位(群)的任职要求,参照相关的职业资格标准,以职业资格鉴定所要求的应知应会为主线构建教学计划,突出实践能力的培养,使其贯穿于教学的全过程,使学生掌握从事专业领域实际工作的基本能力和基本技能;能够帮助机械类和学有余力的近机械类学生通过技能的强化训练,取得相应的国家职业技能资格证书。

建议项目课时安排

项目	名 称	周数	课 程 级 别		
一	数控铣削机床的基本操作	0.25	1 (2周)	2 (4周)	3 (6周)
二	工件与刀具的装夹	0.25			
三	工件的平面铣削与对刀、刀具偏置及工件坐标系设置	0.5			
四	轮廓、型腔的铣削加工	1			
五	子程序、旋转与固定循环的加工	1			
六	铣削综合加工	1			
七	铣削综合加工强化训练	2			

实训项目一至四为级别1课程(2周),适用于非机械类专业认知课程实践,培养学生的跨行业能力;实训项目一至六为级别2课程(4周),适用于近机械类专业数控操作实训,培养学生的行业通用能力;机械类专业数控轮换实训,培养学生的职业特定能力。实训项目一

至七为级别3课程(6周),适用于机械类专业的数控铣工中级工、加工中心中级工认证强化实训,培养学生的职业特定能力。

  本书由王荣兴主编并统稿。参加编写的有虞俊、周云曦。由王志平主审全书。

  本教材在编写和审稿过程中,常州科教城(高等职业教育园区)现代工业中心国家级数控实训基地的有关教师给予了大力支持,更得到了常州市科教城(高等职业教育园区)管理委员会领导的悉心指导和关怀,得到了常州科教城(高等职业教育园区)各院校相关领导和教师的指导与帮助。参加本教材审稿会的领导和教师有:吴铁岳、胡鹏、贺仰东、路军方、陆斌、张继国、张燏、刘进球、唐俊、杨波、陈保国、唐建新、倪贵华、徐伟、许朝山、高建国等,在此一并表示衷心的感谢! 由于编者水平有限,难免有所疏漏,恳请广大读者多提宝贵意见。
E-mail:nc@czili.edu.cn

编 者
2007年11月

目录

实训项目一　数控仿真加工教学系统

课题一　工作任务与数控仿真系统加载文件格式……………………………………（1）
　模块一　工作任务…………………………………………………………………（1）
　模块二　数控仿真加工教学系统加载文件格式…………………………………（3）
课题二　FANUC 0i-MC 系统轮廓铣削仿真加工……………………………………（5）
课题三　SINUMERIK 802D 系统轮廓铣削仿真加工………………………………（17）
课题四　华中系统轮廓铣削仿真加工…………………………………………………（25）

实训项目二　数控铣削机床的基本操作

课题一　数控铣削机床基础知识………………………………………………………（30）
　模块一　数控铣削机床构成、功能及用途………………………………………（30）
　模块二　数控铣削机床型号和主要参数…………………………………………（32）
课题二　数控铣削机床操作规程………………………………………………………（34）
　模块一　数控铣削机床安全操作规程……………………………………………（34）
　模块二　数控铣削机床的日常维护与保养………………………………………（35）
课题三　数控铣削机床的基本操作……………………………………………………（39）
　模块一　FANUC 0i-MC 系统……………………………………………………（39）
　　单元一　认识操作面板…………………………………………………………（39）
　　单元二　开、关机与返回参考点操作…………………………………………（48）
　　单元三　手动操作………………………………………………………………（50）
　　单元四　程序编辑和管理操作…………………………………………………（53）
　　单元五　MDI 及自动运行操作…………………………………………………（55）
　模块二　华中 HNC-21/22M 系统………………………………………………（58）
　　单元一　认识操作面板…………………………………………………………（58）
　　单元二　开、关机与返回参考点操作…………………………………………（64）
　　单元三　手动操作………………………………………………………………（66）
　　单元四　程序编辑和管理操作…………………………………………………（68）
　　单元五　MDI 及自动运行操作…………………………………………………（71）

模块三　SINUMERIK 802D 系统……………………………………………（74）
　　　　单元一　认识操作面板……………………………………………………（74）
　　　　单元二　开、关机与返回参考点操作……………………………………（81）
　　　　单元三　手动操作…………………………………………………………（82）
　　　　单元四　程序编辑和管理操作……………………………………………（84）
　　　　单元五　MDA 及自动运行操作…………………………………………（86）
课题四　常用工量具及测量………………………………………………………（89）
　　模块一　常用工量具的认识……………………………………………………（89）
　　模块二　工件测量和读数方法…………………………………………………（96）

实训项目三　工件与刀具的装夹

课题一　工件的装夹……………………………………………………………（100）
　　模块一　夹具的分类、组成和作用…………………………………………（100）
　　模块二　工件的装夹…………………………………………………………（101）
课题二　刀具的装夹……………………………………………………………（111）
　　模块一　铣削基本知识………………………………………………………（111）
　　模块二　刀柄、刀具及安装…………………………………………………（114）

实训项目四　工件的平面铣削与对刀、刀具补偿及
　　　　　　工件坐标系设置

课题一　工件的平面铣削………………………………………………………（118）
　　模块一　工件水平平面的铣削………………………………………………（118）
　　模块二　侧平面的铣削………………………………………………………（121）
课题二　对刀、刀具补偿及工件坐标系设置…………………………………（123）
　　模块一　对刀操作……………………………………………………………（123）
　　模块二　工件坐标系与刀具补偿的设置……………………………………（127）

实训项目五　轮廓、型腔的铣削加工

课题一　轮廓的铣削加工………………………………………………………（133）
　　模块一　不带半径补偿的轮廓(槽)加工……………………………………（133）
　　模块二　带半径补偿的外轮廓加工…………………………………………（148）
课题二　型腔的铣削加工………………………………………………………（152）
　　模块一　带半径补偿的型腔加工……………………………………………（152）
　　模块二　内、外轮廓加工中的残料清除……………………………………（156）

实训项目六　子程序、旋转与固定循环的加工

课题一　应用子程序的轮廓加工………………………………………………（162）

模块一　同一轮廓的分层铣削加工……………………………………………(162)
　　模块二　相同轮廓在不同位置的铣削加工……………………………………(166)
课题二　应用坐标系旋转的铣削加工…………………………………………………(170)
　　模块一　应用坐标系旋转的铣削加工…………………………………………(170)
　　模块二　应用坐标系旋转和子程序的铣削加工………………………………(173)
课题三　孔的固定循环加工……………………………………………………………(179)
　　模块一　点、钻、铰孔的固定循环加工………………………………………(179)
　　模块二　镗孔、攻丝的固定循环加工…………………………………………(189)

实训项目七　铣削综合加工

　　模块一　铣削综合加工…………………………………………………………(196)
　　模块二　加工质量分析…………………………………………………………(223)

附　　录

附录一：基本指令表……………………………………………………………………(228)
　一、FANUC 0i－MC 系统……………………………………………………………(228)
　二、华中 HNC－21/22M 系统………………………………………………………(231)
　三、SINUMERIK 802D 系统…………………………………………………………(232)
附录二：切削用量表……………………………………………………………………(236)
附录三：操作练习题……………………………………………………………………(240)
附录四：过程性考核单…………………………………………………………………(248)

实训项目一 数控仿真加工教学系统

实训目的与要求

1. 利用数控仿真加工教学系统进行数控铣削加工的各种功能练习、程序验证练习。
2. 掌握三种数控系统的开机、返回参考点、主轴启动、工件装夹、刀具选择与安装等仿真操作。
3. 掌握程序输入、编辑、加载等操作;掌握对刀、工件坐标系设置,刀具长度、半径补偿设置;在自动运行方式下熟练进行数控仿真加工并进行程序验证。

课题一 工作任务与数控仿真系统加载文件格式

模块一 工作任务

一、零件图纸

在 VNUC 数控仿真系统中加工如图 1-1 所示的工件,毛坯尺寸 120×80×20(mm),工件材料 45 号钢。

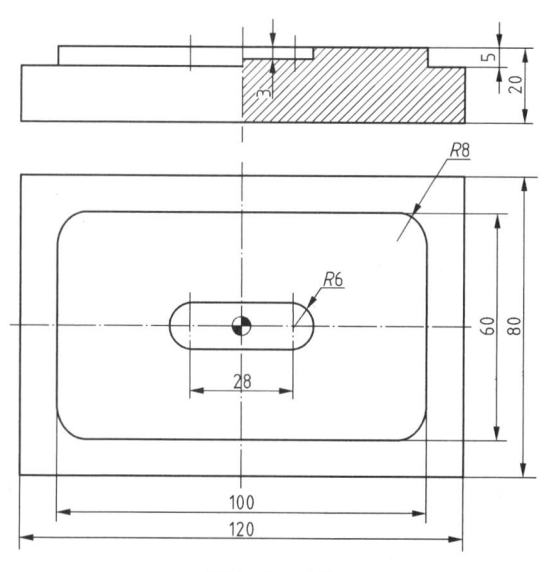

图 1-1 工件

二、刀具选用

刀具选用时涉及的刀具及切削用量见表1-1。

表1-1 刀具及切削用量

参数 刀号	刀具名称	刀具材料	刀具补偿号		刀具转速 (r/min)	进给速度 (r/min)
			FANUC 0i-MC 系统、 华中 HNC-21/22M 系统	SINUMERIK 802D 系统		
T1	⌀16立铣刀	高速钢	H1、D1	D1	600	100
T2	⌀10键铣刀	高速钢	H2、D2	D1	800	30

三、参考程序

各系统参考程序见表1-2。

表1-2 各系统参考程序

FANUC 0i-MC 系统、 华中 HNC-21/22M 系统	SINUMERIK 802D 系统	说　明
O1001	LKJG001	程序文件名
%1（华中系统）		
G90 G80 G40 G21 G17 G94	G90 G40 G71 G17 G94	程序初始化
M06 T01	M06 T01	换取1号刀，⌀16 mm立铣刀
G90 G54	G90 G54	绝对编程方式，调用 G54 工件坐标系
G00 X0.0 Y50.0	G00 X0.0 Y50.0	刀具快速进给至起刀点
G43 Z120.0 H01	G00 Z120.0 D01	执行1号刀长度补偿使刀具快速进给到 Z120.0 处
M03 S600	M03 S600	主轴正转，转速 600 r/min
Z2.0 M08	Z2.0 M08	刀具快速下降到 Z2.0 处，冷却液打开
G01 Z-5.0 F50	G01 Z-5.0 F50	Z轴方向直线进给，速度 50 mm/min
G41 G01 X-10.0 Y40.0 D01	G41 G01 X-10.0 Y40.0 D01	执行刀具半径左补偿
G03 X0.0 Y30.0 R10.0	G03 X0.0 Y30.0 CR=10.0	走过渡圆弧
G01 X42.0 F100	G01 X42.0 F100	X、Y平面外轮廓加工开始，进给速度 100 mm/min
G02 X50.0 Y22.0 R8.0	G02 X50.0 Y22.0 CR=8.0	
G01 Y-22.0	G01 Y-22.0	
G02 X42.0 Y-30.0 R8.0	G02 X42.0 Y-30.0 CR=8.0	
G01 X-42.0	G01 X-42.0	
G02 X-50.0 Y-22.0 R8.0	G02 X-50.0 Y-22.0 CR=8.0	
G01 Y22.0	G01 Y22.0	

续 表

FANUC 0i-MC 系统、华中 HNC-21/22M 系统	SINUMERIK 802D 系统	说　　明
G02 X−42.0 Y30.0 R8.0	G02 X−42.0 Y30.0 CR=8.0	
G01 X0.0	G01 X0.0	X、Y 平面外轮廓加工结束
G03 X10.0 Y40.0 R10.0	G03 X10.0 Y40.0 CR=10.0	走过渡圆弧
G40 G01 X0.0 Y50.0	G40 G01 X0.0 Y50.0	刀具半径补偿取消
G00 Z150.0	G00 Z150.0	快速抬刀
M05	M05	主轴停转
G49 Z0.0 M09	Z0.0 D0 M09	刀具快速上升到机床零点,冷却液关闭
M06 T02	M06 T02	换 2 号刀,⌀10 mm 键铣刀
G90 G00 X0.0 Y0.0	G90 G00 X0.0 Y0.0	刀具快速进给至起刀点
G43 H02 Z100.0	G0 D01 Z100.0	执行 2 号刀长度补偿使刀具快速进给到 Z100.0 处
M03 S800	M03 S800	主轴正转,转速 600 r/min
Z2.0 M08	Z2.0 M08	刀具快速下降到 Z2.0,冷却液打开
G01 Z−3.0 F20.0	G01 Z−3.0 F20.0	Z 轴方向直线进给,速度 20 mm/min
G41 G01 X5.5 Y0.5 D02 F30.0	G41 G01 X5.5 Y0.5 D01 F30.0	执行刀具半径左补偿
G03 X0.0 Y6.0 R5.5	G03 X0.0 Y6.0 CR=5.5	走过渡圆弧
G01 X−14.0	G01 X−14.0	X、Y 平面内轮廓加工开始,进给速度 30 mm/min
G03 Y−6.0 R6.0	G03 Y−6.0 CR=6.0	
G01 X14.0	G01 X14.0	
G03 Y6.0 R6.0	G03 Y6.0 CR=6.0	
G01 X0.0	G01 X0.0	X、Y 平面内轮廓加工结束
G03 X−5.5 Y0.5 R5.5	G03 X−5.5 Y0.5 CR=5.5	走过渡圆弧
G40 G01 X0.0 Y0.0	G40 G01 X0.0 Y0.0	刀具半径补偿取消
G00 Z150.0	G00 Z150.0	快速抬刀
M05	M05	主轴停转
G49 Z0.0 M09	Z0.0 D0 M09	冷却液关闭
M30	M30	程序结束

模块二　数控仿真加工教学系统加载文件格式

数控仿真系统中的程序,既可以像真实的数控铣削机床一样在程序编辑界面中输入(但输入时必须用鼠标点击仿真界面中相应的字符),又可以在电脑中打开"记事本",在"记事本"中编写程序,按一定格式把编写好的程序保存在电脑中。数控仿真加工教学系统可以用"加载 NC 代码文件"的形式导入加工程序。

不同的数控系统其文件加载格式有所不同,具体格式分别见图 1-2(FANUC 系统文件格式)、图 1-3(SIEMENS 系统文件格式)、图 1-4(华中系统文件格式)。FANUC 0i-MC 系统简称为 FANUC 系统,SINUMERIK 802D 系统为 SIEMENS 公司产品,故又称为 SIEMENS 系统,华中 HNC-21/22M 简称为华中系统。

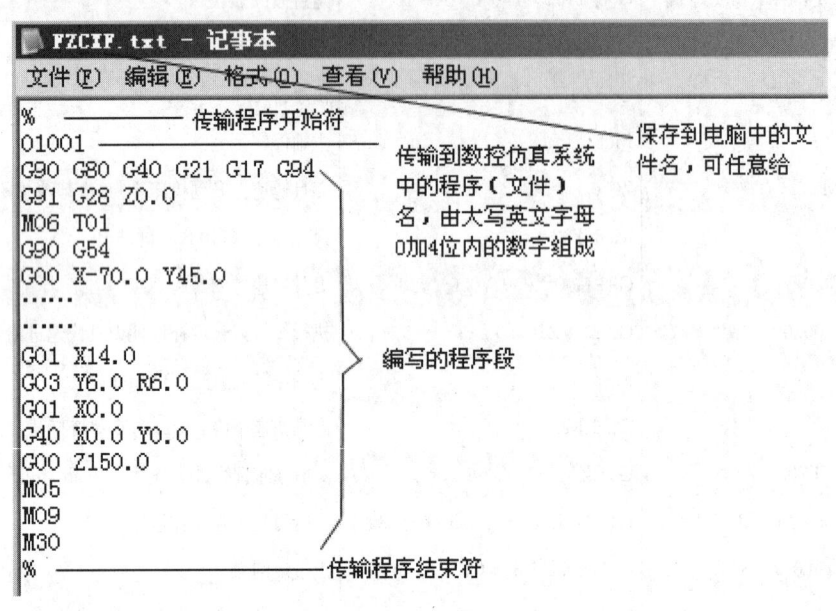

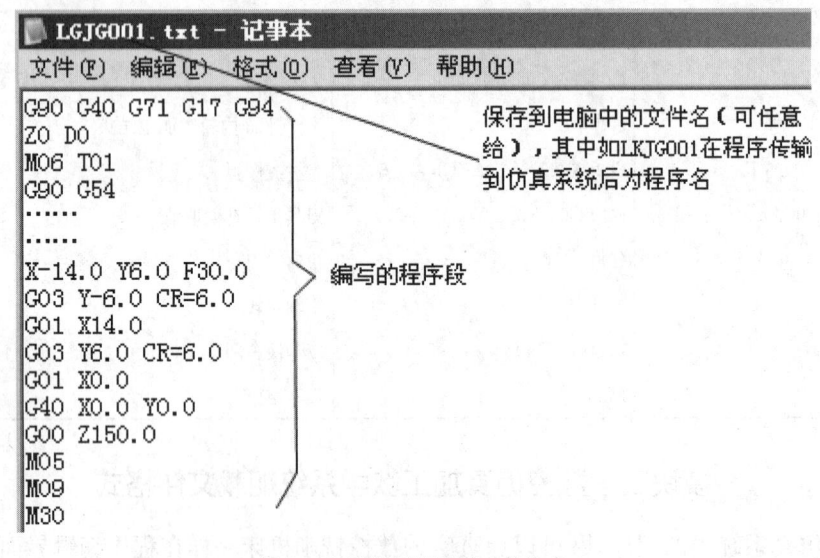

图 1-2 FANUC 系统文件格式

图 1-3 SIEMENS 系统文件格式

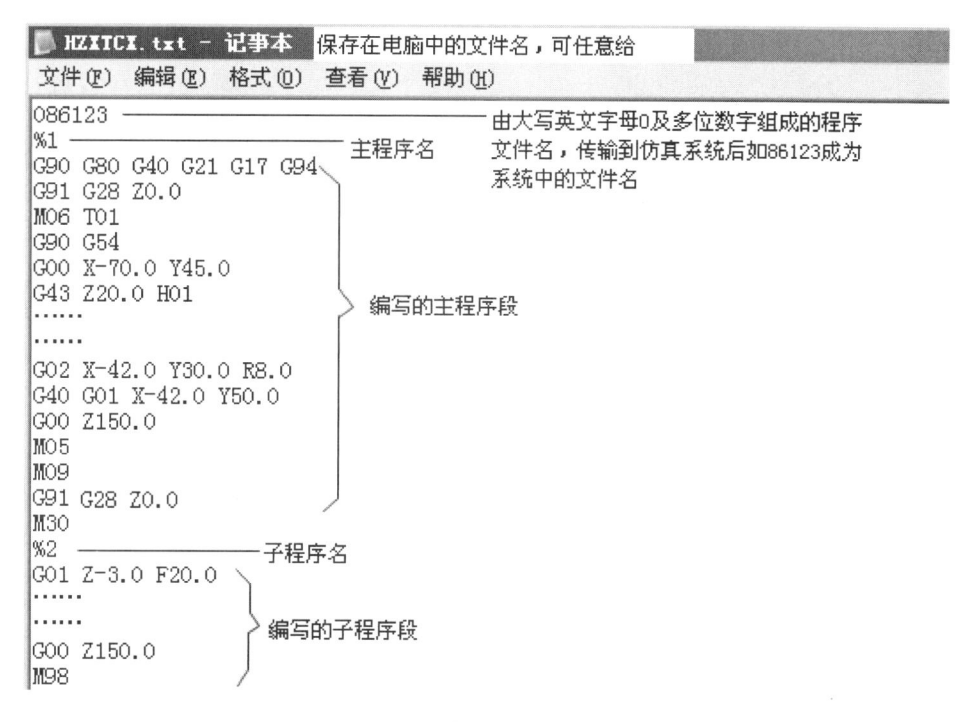

图1-4 华中系统文件格式

在数控仿真加工教学系统中，所有的坐标整数必须加小数点，如：X100.0。如果不加，系统会认为 X100 是移动 0.100 mm。

课题二　FANUC 0i-MC 系统轮廓铣削仿真加工

一、进入仿真系统

具体操作步骤。

（1）双击电脑桌面上的软件图标 ，或者依次点击 WINDOWS 操作系统中的开始 → 程序 → LegalSoft → VNUC4.0 网络版，进入 VNUC4.0 仿真系统，弹出如图 1-5 所示的窗口（数控仿真系统登录窗口）。

（2）在"用户名"、"密码"栏分别输入名称和密码，然后点击图中"登录"键，进入 VNUC4.0 系统。

图1-5 数控仿真系统登录窗口

二、FANUC 0i-MC 系统程序的输入

1. 选择机床与数控系统

点击图 1-6 所示的菜单栏中【选项】→【选择机床和系统】，弹出如图 1-7 所示的机床选择窗口。用户可在该窗口中进行机床和系统的选择。在"机床类型"选项栏选择所用机床，在"数控系统"栏中选择所用系统。本例选用三轴立式加工中心，系统为 FANUC 0i-MC，此时在右边的机床参数栏自动显示出机床的相关参数。点击确认按钮后弹出如图 1-8 所示的仿真机床界面：界面左侧显示区显示的是三轴立式加工中心，右侧的数控系统控制面板则切换成 FANUC 0i-MC 操作系统。

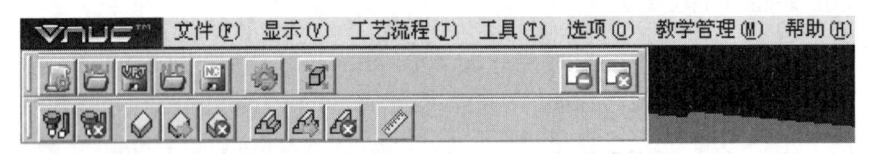

图 1-6 数控仿真系统登录后的菜单栏

图 1-7 机床和系统选择

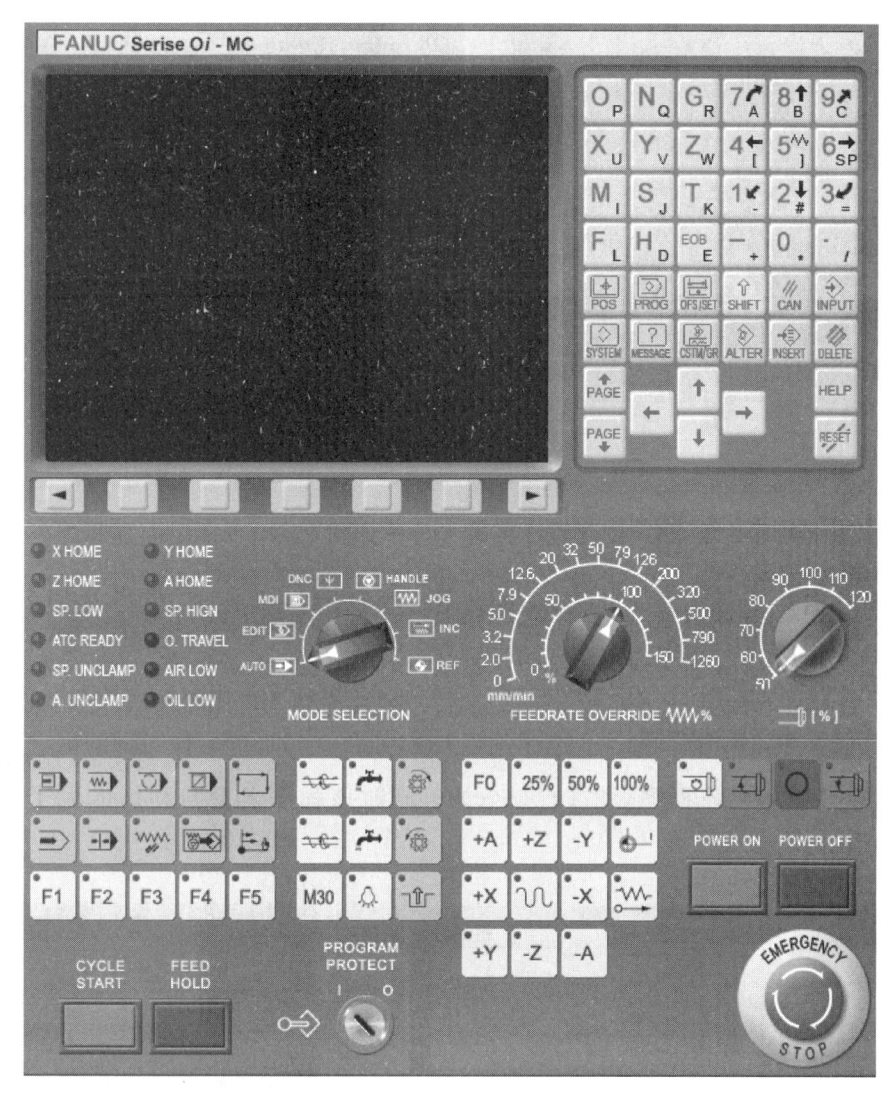

图1-8 FANUC 0i-MC加工中心仿真界面

2. 机床回零

点击 [POWER ON] 给机床加电，然后打开 [EMERGENCY STOP]，再将模式选择旋钮调至机床 [REF]（回零键），使机床处在回参考点零位状态，分别点击坐标轴选择按钮 [+Z]、[+X]、[+Y]，此时机床执行回参考点命令，回零后显示的界面如图1-9所示。

3. 新建程序

新建程序可通过机床按钮新建程序和从外部导入程序完成。

（1）通过机床按钮新建程序。将模式选择旋钮调至 [EDIT]（编辑键），系统处于编辑运行方式；按下系统面板上的程序键 [PROG]，显示程序屏幕；使用字母和数字键，输入程序号"O1001"；

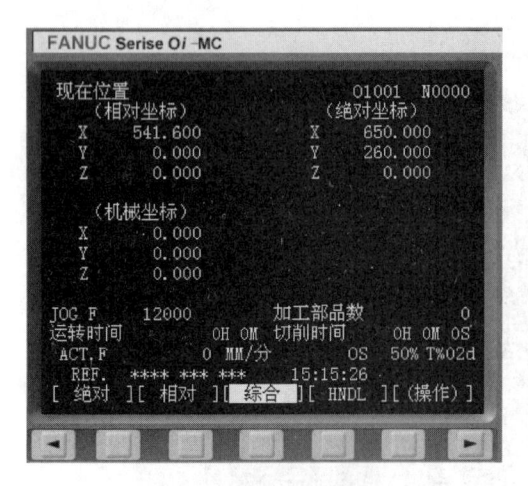

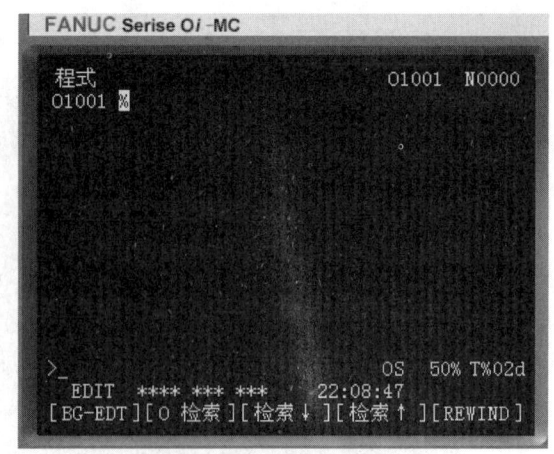

图1-9 机床回零界面　　　　　　　图1-10 新建程序

按下系统面板上的插入键 [INSERT]；此时程序屏幕上显示如图1-10所示的新建程序名，接下来可以输入程序内容；在输入到一行程序段的结尾时，先按 [EOB] 生成"；"，然后再按插入键，这样程序会自动换行，光标出现在下一行的开头。

（2）从外部导入程序。①点击菜单栏"文件"→"加载NC代码文件"，进入图1-11(a)所示界面；②在弹出的对话框中，选择存储文件（如图1-11(b)），按"打开"键；按程序键 [PROG]，显示屏上显示出该程序（图1-11(c)）。同时该程序名会自动加入到DRCTRY MEMORY程序名列表。

(a)　　　　　　　　　　(b)　　　　　　　　　　(c)

图1-11 外部程序导入

4. 编辑程序

下列各项操作均是在编辑状态下，程序被打开的情况下进行的。

（1）字的插入。

①使用光标移动键，将光标移到需插入位置的后一位字符上，如图1-12(a)所示。②键入要插入的字和数据，如：X20.。③按下插入键 [INSERT]。④光标所在的字符之前出现新插入

的数据,同时光标移到该数据上,如图 1-12(b)所示。

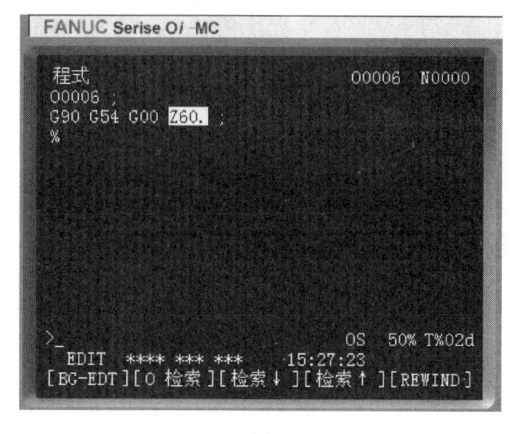

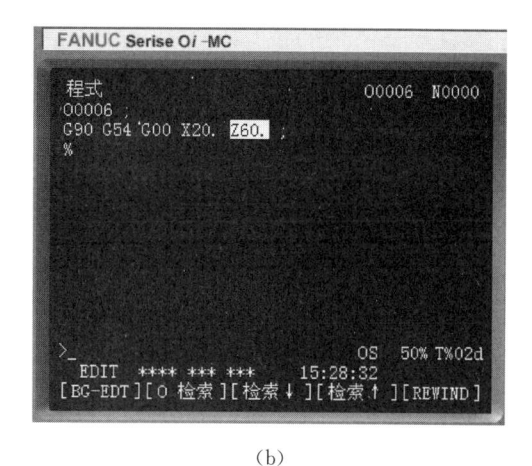

(a)　　　　　　　　　　　　　　(b)

图 1-12　字的插入

(2) 字的替换。

① 使用光标移动键,将光标移到需要替换的字符上。② 键入要替换的字和数据。③ 按下替换键 [ALTER]。④ 光标所在的字符被替换,同时光标移到下一个字符上。

(3) 程序中字的删除。

① 使用光标移动键,将光标移到需要删除的字符上。② 按下删除键 [DELETE]。③ 光标所在的字符被删除,同时光标移到被删除字符的下一个字符上。

(4) 输入缓存区内字的删除。在输入过程中,即字母或数字还在"输入缓存区"、没有按插入键 [INSERT] 的时候,可以使用取消键 [CAN] 来进行删除。每按一下 [CAN],则删除一个字母或数字。

5. 待加工程序输入

在 FANUC 0i-MC 系统中输入或导入表 1-2 所示的 FANUC 系统参考程序。

三、FANUC 0i-MC 系统坐标设定

1. 定义毛坯

(1) 打开毛坯库。进入当前加工中心系统后,点击主界面菜单栏【工艺流程】→【毛坯】,就可以进入如图 1-13 所示的毛坯库。毛坯库的窗口上方为毛坯零件列表,下方的各个按键用于建立新毛坯等等操作,建立的新毛坯都会自动添加到毛坯零件列表里。毛坯零件列表里的毛坯可以被安装到机床上也可以被修改某些属性。在退出当前使用的数控系统后,毛坯零件列表会自动清空。

(2) 新建毛坯。按窗口中的"新毛坯"键,弹出如图 1-14 所示的毛坯设置窗口。在窗口左侧可设置毛坯尺寸、材料、夹具等有关参数。这里我们定义的毛坯尺寸为 120×80×20(mm)。

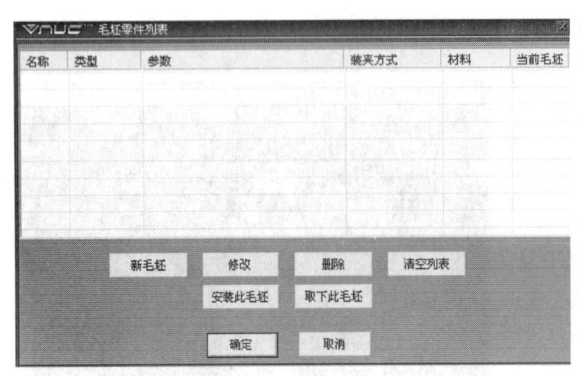

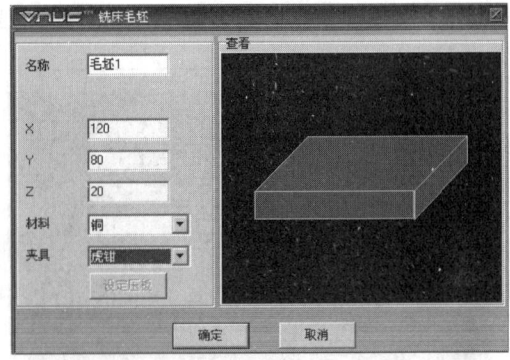

图 1-13　毛坯库

图 1-14　毛坯设置

2. 选择夹具

在夹具下拉菜单中,有工艺板、压板、虎钳三种夹具。可根据加工工艺的要求选择其中一种。本例选用虎钳作为夹具。

当选择了虎钳夹具后,会弹出如图 1-15 所示的设置虎钳窗口。该窗口上方为正视图和俯视图窗口,显示了毛坯和虎钳的位置情况;窗口下方用来设置虎钳的尺寸和调整毛坯与虎钳的相对位置。虎钳的大小自动生成,可以直接使用这些数据,也可手工输入各项尺寸。点击位置调整中的"上移"、"下移"、"左移"、"右移"键,可以使工件在虎钳上移动至合适的位置。完成虎钳设置后,按"确认"键关闭窗口。

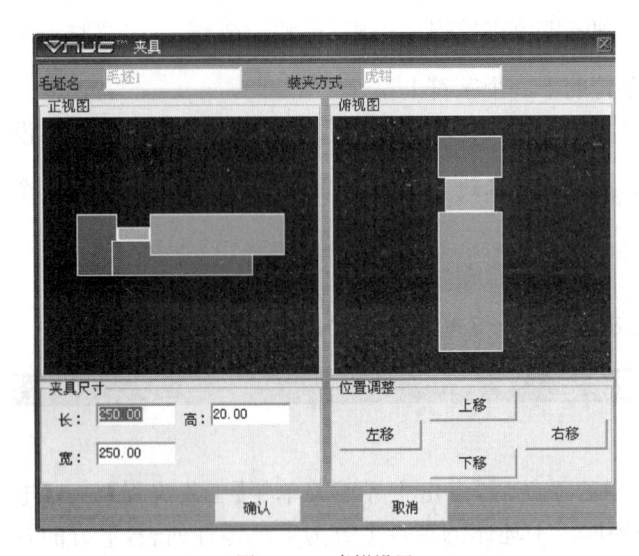

图 1-15　虎钳设置

图 1-16　毛坯安装

3. 安装毛坯

选中毛坯列表中要安装的毛坯,按"安装此毛坯"键并确认关闭毛坯库窗口,机床的工作台上即被安装上毛坯,如图 1-16 所示。

4. 选择刀具

在主菜单中点击【工艺流程】──→【加工中心刀库】,弹出如图 1-17 所示的对话框。该对话框左侧为刀具列表,右侧为当前刀具的参数情况。

选中左侧刀具列表中的1号刀具,在"刀型"中选择"端铣刀","刃数"为"3",其他设置为默认;在对话框右侧修改"刀肩直径"=16,"有效刀长"=50,其他为默认;点击"确认修改"。

选中左侧刀具列表中的2号刀具,在"刀型"中选择"端铣刀","刃数"为"2",其他设置为默认;在对话框右侧修改"刀肩直径"=10,"有效刀长"=35,"夹头内径"=10,其他为默认;点击"确认修改",结果如图1-17所示。

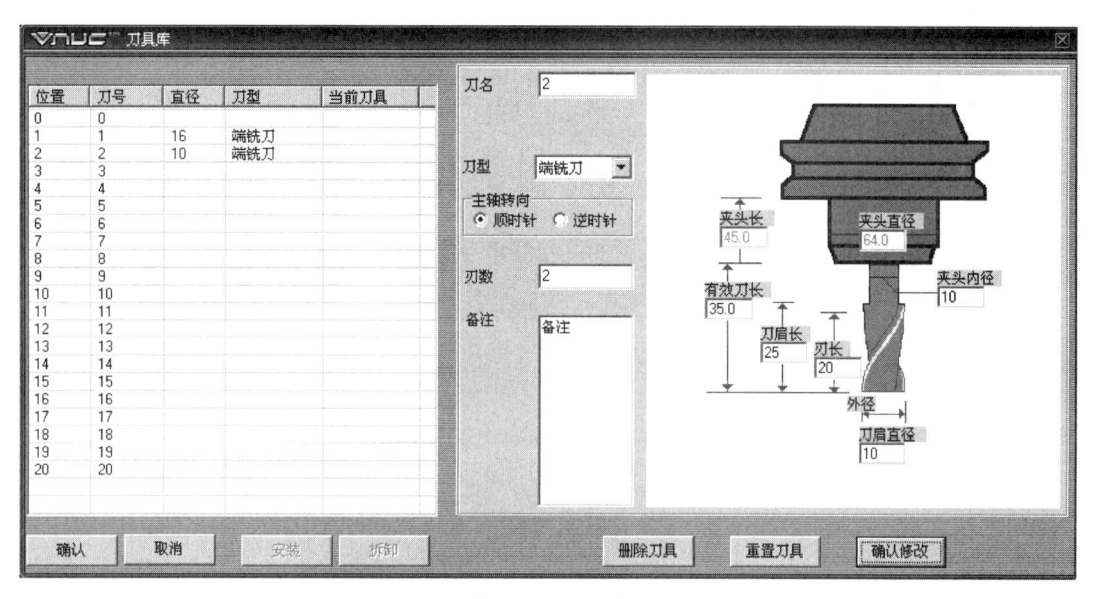

图1-17 刀具库

5. 工件坐标系零位设定

工件坐标系零位设定的方法比较多,本例采用试切法设定。

(1) X轴零位测量。

① MDI运行方式。在图1-17所示的刀具库对话框中选1号刀具,点击"安装",刀具即被安装至主轴。将模式选择旋钮调至"MDI"方式,按下功能软键 [PROG],在弹出的对话框中(如图1-18所示)输入M03S600(点击 [INSERT] 输入),再按下机床控制面板中的启动程序键 [CYCLE START],主轴顺时针600 r/min。

② X轴方向零位设定。将模式选择旋钮调至连续点动键 [JOG](点动速度可通过如图1-19所示的倍率选择开关进行调整),按下机床控制面板上的主轴正转键 [图标],根据刀具与工件相对位置选择 +X 、+Y 、+Z 、-X 、-Y 、-Z ,使刀具接近工件。在移动过程中,可通过变换机床视图功能和平移 [图标]、旋转 [图标]、局部放大 [图标]、缩放 [图标] 等功能(如图1-20所示)变换机床视角。

图 1-18 MDI 方式

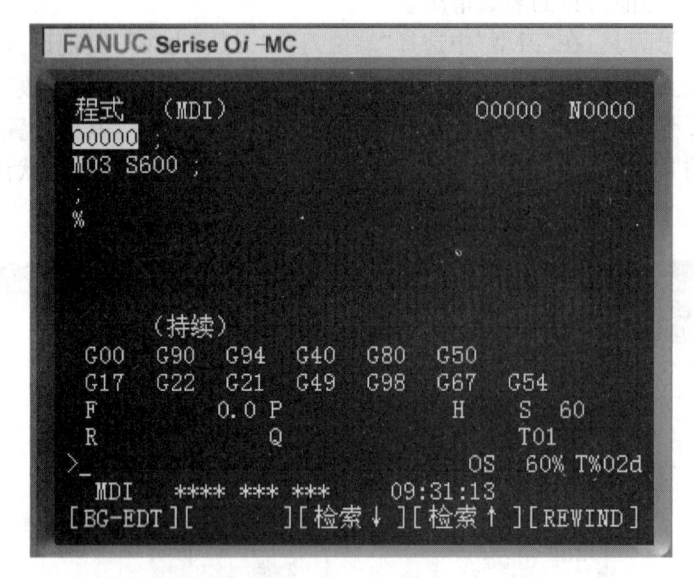

图 1-19 倍率选择旋钮

图 1-20 机床视图操作

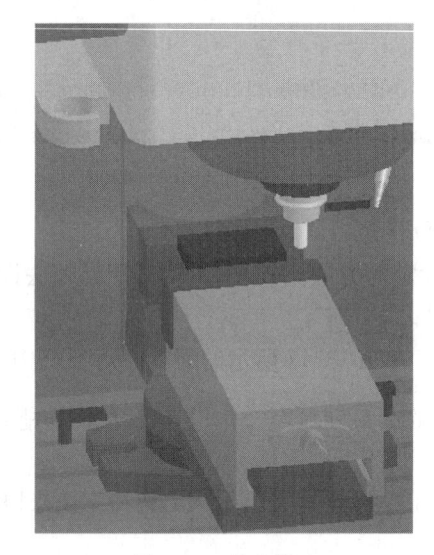

图 1-21 快速接近

图 1-22 手轮

观察刀具和工件的相对位置,特别要注意不能使刀具与工件相撞。当刀具快速接近工件左侧(如图 1-21 所示)位置时应停止。将模式选择旋钮调至手轮键 HANDLE,在主菜单栏【显示】中选择"显示/隐藏手轮",或右击鼠标,在浮动菜单栏中选择"显示/隐藏手轮",弹出如图 1-22 所示的手轮,其功能如表 1-3 所示。

表 1-3 手轮开关功能表

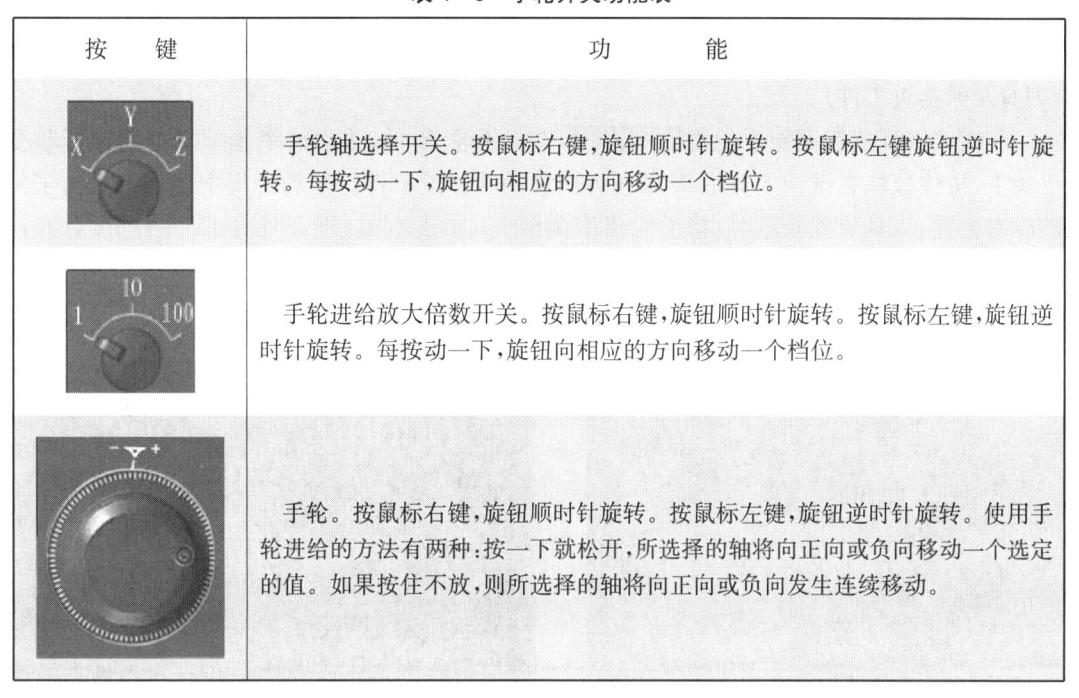

按　键	功　能
	手轮轴选择开关。按鼠标右键,旋钮顺时针旋转。按鼠标左键旋钮逆时针旋转。每按动一下,旋钮向相应的方向移动一个档位。
	手轮进给放大倍数开关。按鼠标右键,旋钮顺时针旋转。按鼠标左键,旋钮逆时针旋转。每按动一下,旋钮向相应的方向移动一个档位。
	手轮。按鼠标右键,旋钮顺时针旋转。按鼠标左键,旋钮逆时针旋转。使用手轮进给的方法有两种:按一下就松开,所选择的轴将向正向或负向移动一个选定的值。如果按住不放,则所选择的轴将向正向或负向发生连续移动。

选择手轮 X 轴,手动倍率选择 100,将鼠标移至手轮上,按住鼠标左键使刀具沿 X 轴负方向移动并接近工件。移动过程中观察刀具与工件的相对位置:当位置较近时,将手轮倍率调至 10,单击左键;当刀具与工件刚一接触有铁屑飞出时马上停止,并记下当前 X 轴的机械坐标:$X-579.6$。

点击位置软键 [POS],进入如图 1-23(a)所示的界面,在此界面中按下对应的功能软键[相对],输入字符"X",此时界面中的 X 坐标不停闪动(如图 1-23(b)所示);按下图 1-23(b)所示界面中对应的功能软键[起源],X 轴相对位置坐标被清零(如图 1-23(c)所示)。

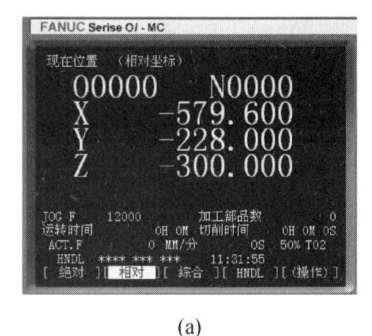

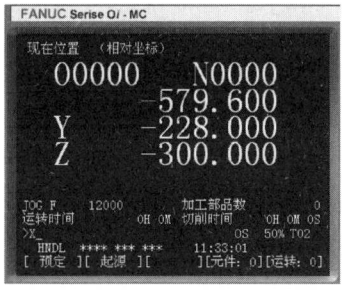

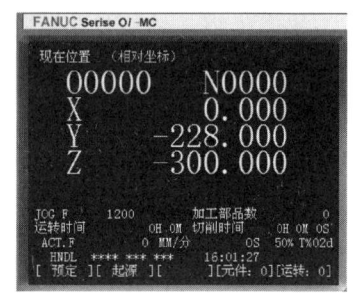

(a)　　　　　　　　　(b)　　　　　　　　　(c)

图 1-23　X 轴相对位置置零

将手轮倍率调至 100,将刀具在 Z 轴方向抬起,模式选择旋钮调至连续点动键 [JOG],根据刀具与工件相对位置选择 [+X]、[+Z]、[-X]、[-Z],使刀具移至如图 1-24 所示的位置(刀具左侧接近工件)。

将模式选择旋钮调至手轮键 [HANDLE],选择手轮 X 轴,手动倍率选择 100;将鼠标移至手轮上,按住鼠标右键使刀具沿 X 轴正方向移动并接近工件。移动过程中观察刀具与工件的相对位置:当其位置较近时,将手轮倍率调至 10,单击右键;当刀具与工件刚一接触有铁屑飞出时马上停止。将所示界面中的 X 相对坐标值(带符号,如图 1-25 所示)除以 2(-136.0/2=-68.0)记下,或记下当前的机械坐标:X-715.6。

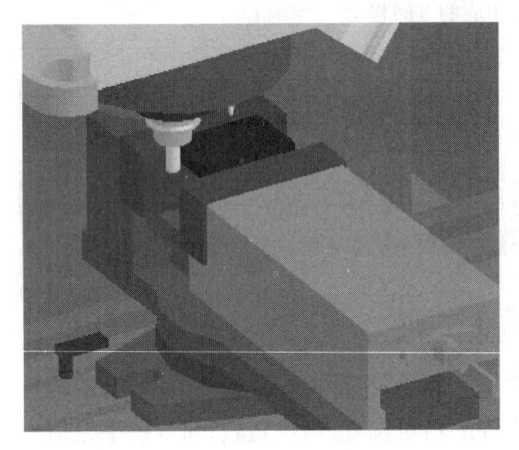

图 1-24 刀具左侧接近工件

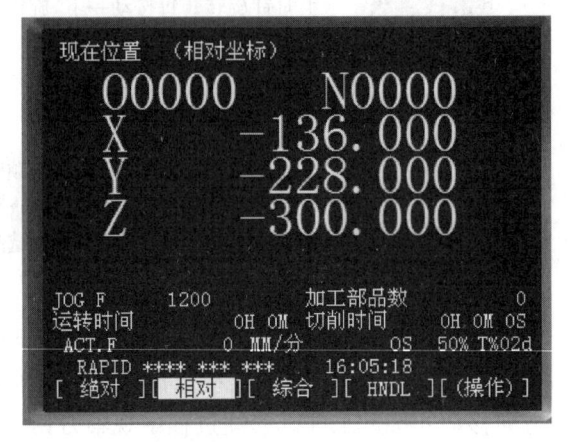

图 1-25 X 轴左侧坐标

点击偏置/设定软键 [OFS/SET],在相应界面中按下功能软键 [坐标系],进入如图 1-26(a)所示界面。点击方向键 [→][←][↓][↑] 使光标移至 G54 的 X 轴坐标位置,输入-68.0,点击 [测量],X 轴坐标零位则如图 1-26(b)所示;或取上面机械坐标(-579.6 与-715.6)的平均值-647.6 直接输入到图 1-26(a)中 G54 的 X 中。

(2) Y 轴方向零位测量。

Y 轴方向坐标零位设定方法与 X 轴方向一样,输入后界面如图 1-26(c)所示。

(3) Z 轴方向刀长测量。

将手轮倍率开关调至 100,将刀具抬高至工件表面一定距离,分别移动 X 轴、Y 轴使刀具移至工件大致的中心位置,左击手轮使刀具靠近工件表面(如图 1-27 所示);当刀具接触到工件表面之后,记下 Z 轴坐标(-276.73);点击键盘区中的偏置/设定按钮 [OFS/SET],点击功能软键进入补正界面。在 1 号刀"形状(H)栏"输入-276.73,"形状(D)"栏输入 8.0;2 号刀"形状(H)"栏输入-276.73,"形状(D)"栏输入 5.0。如图 1-28 所示。

(a)　　　　　　　　　　　　　　　　　(b)

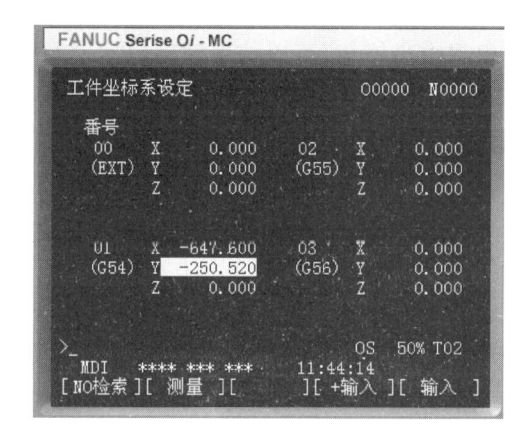

(c)

图1-26　X轴、Y轴方向工件零位设定

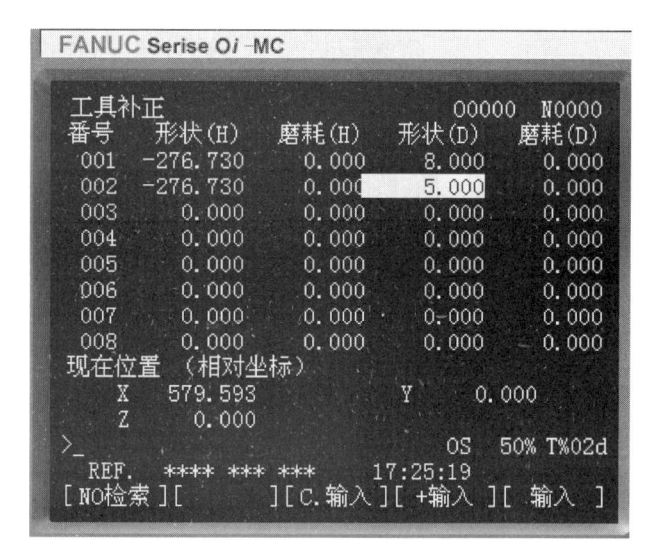

图1-27　Z轴方向零位测量　　　　　图1-28　Z轴方向长度与半径补偿设定

四、FANUC 0i-MC 系统自动加工

1. 自动运行

(1) 工作方式选择 [AUTO]，系统进入自动运行方式。

(2) 直接选择输入到数控系统中的程序或从外部导入程序。

(3) 按循环启动键 [CYCLE START]（指示灯亮），系统执行程序。

2. 程序运行方式选择

可通过选择 [图标]、[图标]、[图标] 来实现程序运行过程中单步、跳选、空运行等方式。

3. 停止、中断零件程序

(1) 如果程序运行过程需中途停止，可以按下循环启动键右侧的进给暂停键 [FEED HOLD]，机床停止运行，并且循环启动键的指示灯灭，进给暂停指示灯亮。再按循环启动键 [CYCLE START]，则能恢复被停止的程序。

(2) 按下数控系统面板上的复位键 [RESET]，可以中断程序加工。再按循环启动键 [CYCLE START]，程序将从头开始执行。

4. 加工结果

零件加工结果如图 1-29 所示。

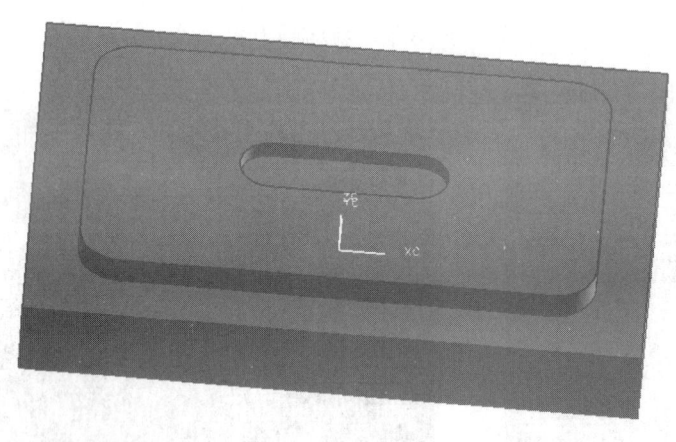

图 1-29 加工结果

五、注意事项

(1) 数控仿真加工教学系统与真实的数控机床在许多方面不尽相同，因此仿真系统的有些操作不可搬到真实的数控机床上，只能作为程序的验证及对真实数控机床绝大多数功

能的熟悉;

(2) 在数控仿真加工教学系统中,每把刀的伸出长度在默认状态下是相同的,在真实的数控机床操作中每把刀的伸出长度是绝对不同的;

(3) 数控仿真加工教学系统的操作过程,必须按照上面的流程进行。

课题三 SINUMERIK 802D 系统轮廓铣削仿真加工

一、进入仿真系统

具体步骤参见"课题二 FANUC 0i-MC 系统仿真加工"的"一、进入仿真系统"。

二、SINUMERIK 802D 系统(SIEMENS 系统)程序输入

1. 选择机床与数控系统

点击菜单栏【选项】→【选择机床和系统】,弹出如图 1-7 所示窗口。本例选用三轴立式加工中心,系统为 SINUMERIK 802D。点击确认按钮后弹出如图 1-30 所示的仿真机床界面:界面左侧显示区显示的是三轴立式加工中心,右侧的数控系统控制面板则切换成 SIEMENS 操作系统。

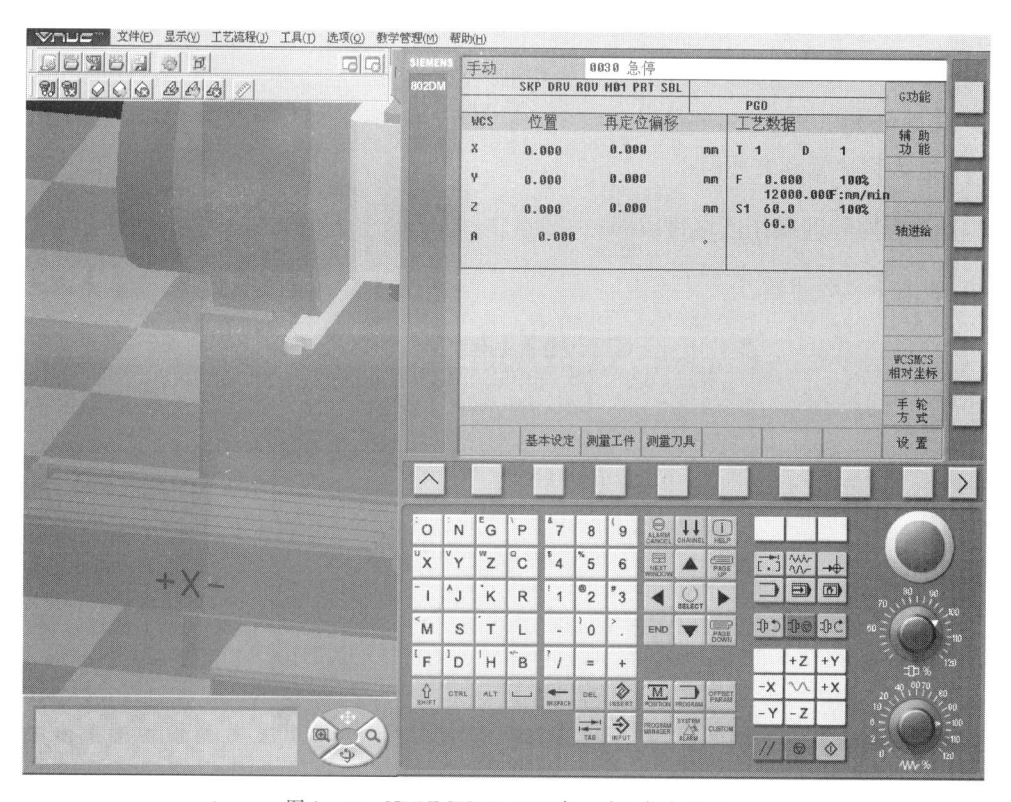

图 1-30 SINUMERIK 802D 加工中心仿真界面

2. 机床回零

(1) 进入系统后,界面上方显示出文字"0030 急停";点击"急停"键,使其抬起,这时该行文字消失。

(2) 按下机床控制面板上的点动键 [∽],再按下参考点键 [⊕],这时界面上 X、Y、Z 坐标轴右侧出现空心圆,如图 1-31(a) 所示。

(3) 分别按下 [+X]、[+Y]、[+Z],机床上的坐标轴移动回参考点,同时界面上坐标轴右侧的空心圆变为实心圆,参考点的坐标值变为 0,如图 1-31(b) 所示。

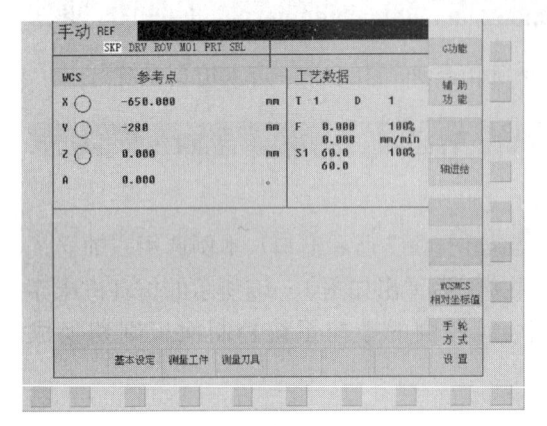

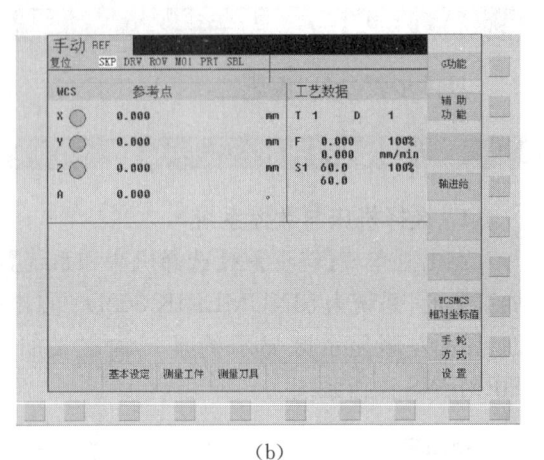

(a)　　　　　　　　　　　　(b)

图 1-31　移动回参考点界面

3. 程序输入

(1) 进入程序管理方式。

①点击程序管理操作区域键 [PROGRAM MANAGER]。②点击 [程序] 下方的软键。③界面显示零件程序列表,如图 1-32 所示。

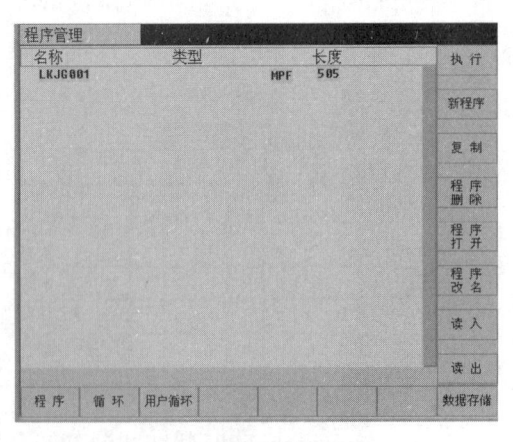

图 1-32　程序管理界面

（2）软键功能介绍。

程序管理界面中软键功能如表1-4所示。

表1-4 程序管理功能

软 键	功 能
执 行	如果零件清单中有多个零件程序，按下该键可以选定待执行的零件程序，再按下数控启动键就可执行程序。
新程序	输入新程序。
复 制	把选择的程序拷贝到另一个程序中。
程 序 删 除	删除程序。
程 序 打 开	打开程序。
程 序 改 名	更改程序名。

（3）创建新程序。

①按下 新程序 。②使用字母键，输入程序名。例如，输入字母PRO1。③按"确认"软键，界面自动进入图1-33所示的程序编辑状态，如果按"中断"软键，则刚才输入的程序名无效。④这时零件程序清单中显示新建立的程序。

（4）编辑当前程序。当零件程序不处于执行状态时，就可以进行编辑。

①点击程序操作区域键 PROGRAM 进入如图1-33所示界面。②点击编辑下方的软键 编 辑 。③打开当前程序。④使用面板上的光标键和功能键来进行编辑。⑤使用光标键，将光标落在需要删除的字符前，按删除键 DEL 删除错误的内容，或者将光标落在需要删除的字符后，按退格删除键 BKSPACE 进行删除，按 INPUT 键可以换行。

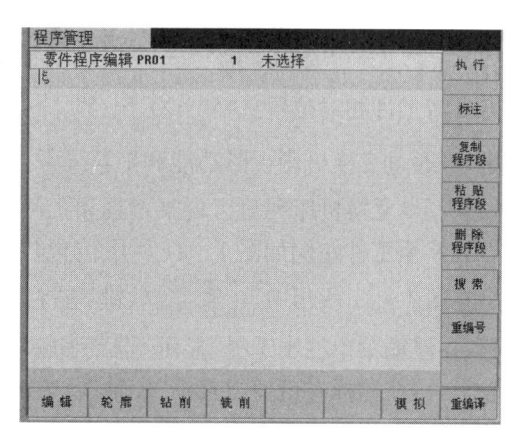

图1-33 程序编辑界面

（5）从外部导入程序。参见FANUC系统部分。

（6）程序输入。把表1-2所示的SIEMENS系统程序输入到系统，程序名：LKJG001。

三、SIEMENS 系统坐标设定

1. 毛坯与刀具选择、安装

参见 FANUC 系统仿真加工。

2. 工件坐标系设定

(1) MDA 方式启动主轴旋转。

①按下机床控制面板上的 MDA 键 ▣，系统进入 MDA 运行方式如图 1-34 所示。②使用数控系统面板上的字母、数字键输入程序段。例如，点击字母键、数字键，依次输入：M03S600，屏幕上则显示输入的数据。③按数控启动键 ◇，系统执行输入的指令，主轴正转。

图 1-34　SIEMENS 系统 MDA 方式　　　　图 1-35　选择手轮方式

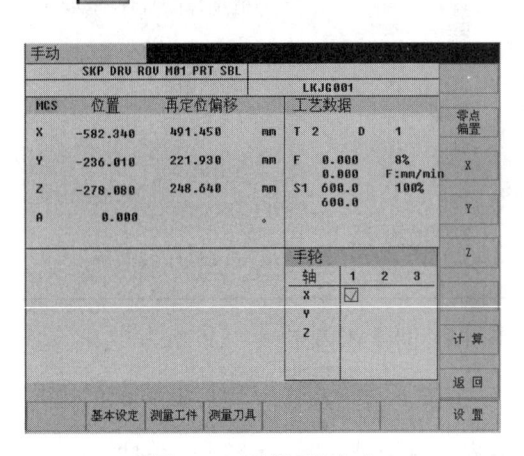

(2) 工件零位测量。

① X 轴方向零位测量。在安装好工件并在主轴上装入刀具后，点击"点动 ⌇⌇"按键；在图 1-34 中点击 WCSMCS相对坐标 软键，选择 机械坐标系 ；按下机床控制面板上的主轴正转键 ⟲，根据刀具与工件相对位置选择 +X 、 +Y 、 +Z 、 -X 、 -Y 、 -Z ，使刀具接近工件，移动过程中，可通过变换机床视图功能和平移 ✥ 、旋转 ↻ 、局部放大 ⊕ 、缩放 ⊙ 等功能（如图 1-20 所示）变换机床视角。观察刀具和工件的相对位置，特别注意不能使刀具与工件相撞，当刀具移至工件左侧如图 1-21 所示位置时停止。

在图 1-31 所示中点 手轮方式 软键，在主菜单栏【显示】中选择"显示/隐藏手轮"，或右击鼠标，在浮动菜单栏中选择"显示/隐藏手轮"。选择"X 轴"，手动倍率选择 100，将鼠标移至手轮上，按住鼠标左键使刀具沿"X 轴"负方向移动并接近工件，移动过程中观察刀具与工件的相对位置，当其位置较近时，将手轮倍率调至 10，单击左键，当刀具与工件刚一接触有铁屑飞时马上停止，并记下当前的机床坐标值，如 X-582.340。点击"点动 ⌇⌇"按键，点 +Z ，使主轴上升；点 -X ，使刀具移动到工件的左侧后，点 -Z ，使主轴下降；继续选择手

轮方式,使刀具向工件移动,当刀具与工件刚一接触有铁屑飞时马上停止,并记下当前的机床坐标值,如 $X-718.000$。

② Y 轴方向零位测量。Y 轴方向的操作与 X 轴方向的操作相同,其前后两侧的机床坐标值分别为:$Y-185.290$ 与 $Y-280.950$。

③ Z 轴方向长度补偿测量。与 FANUC 系统的操作方法相同,这儿的 Z 轴机床坐标值为:$Z-276.730$。

(3) 工件坐标系零位输入。

点击数控系统区的偏置/参数按钮 [OFFSET PARAM],点击 [零点偏置],出现如图 1-36(a)界面,点击方向键 → ← ↓ ↑ 使光标移至 G54 的 X 轴坐标位置,用数字键输入如 -650.170(假定工件坐标系原点在工件上表面的正中,其机床坐标为上面所得两个 X 值的平均值),并点击数控系统区中的 [INPUT] 确认输入,再将光标移至 G54 的 Y 轴坐标位置,输入如 -233.120(同样也是上面所得两个 Y 值的平均值),如图 1-36(b)所示。

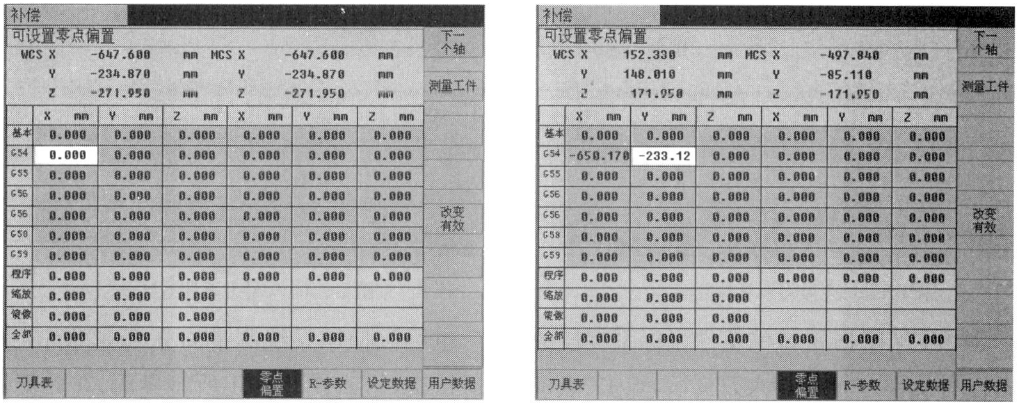

(a)

(b)

图 1-36 X 轴、Y 轴工件坐标系设定

(4) 刀具长度、半径补偿设定。

点击键盘区中的偏置/设定按钮 [OFFSET PARAM],点击对应的软键【刀具表】进入刀具操作界面如图 1-37 所示。点击对应软键【新刀具】→【铣刀】,在图 1-38 所示界面中输入新建刀号 01,点击对应软键【确认】。

在图 1-39 所示界面中输入铣刀的长度补偿"-276.730",点击 [INPUT] 确认;输入半径"8.000",点击 [INPUT] 确认。再次点击对应软键【新刀具】→【铣刀】,在图 1-38 所示界面中输入新建刀号 02,点击对应软键【确认】。在图 1-40 所示界面中输入 2 号刀的长度补偿"-276.730",点击 [INPUT] 确认;输入半径"5.000",点击 [INPUT] 确认。

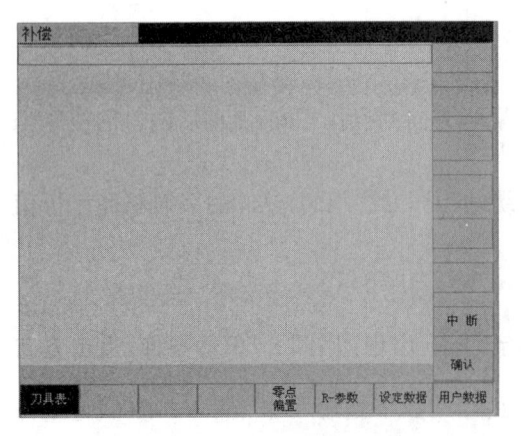

图1-37 刀具操作界面

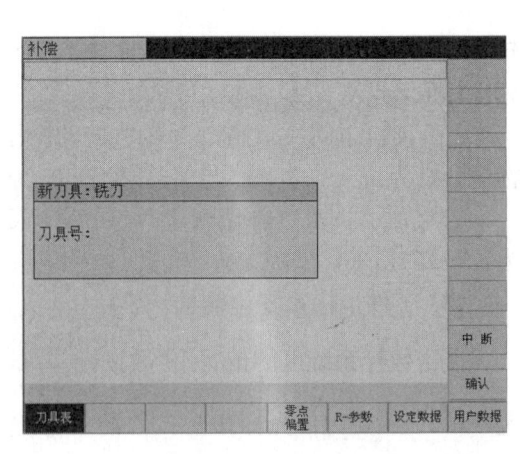

图1-38 新建刀号输入

图1-39 1号刀刀具参数输入

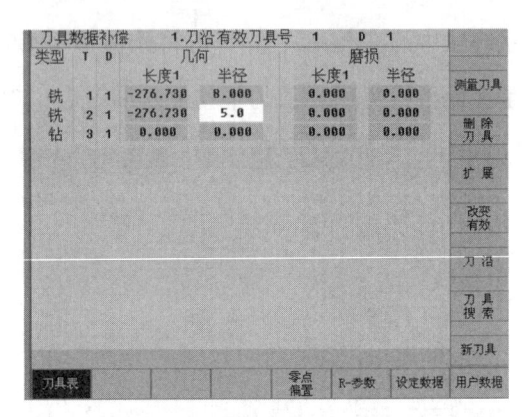

图1-40 2号刀刀具参数输入

对SIEMENS系统的工件坐标系零位的设定,也可以使用系统测量的方法进行。在安装好工件并在主轴上装入刀具后,点击"点动 ～～"按键,进入图1-41所示界面,在此界面中点击 WCSMCS相对坐标 软键,进入图1-42所示界面,选择 相对实际值 软键。

图1-41 坐标系统选择之一

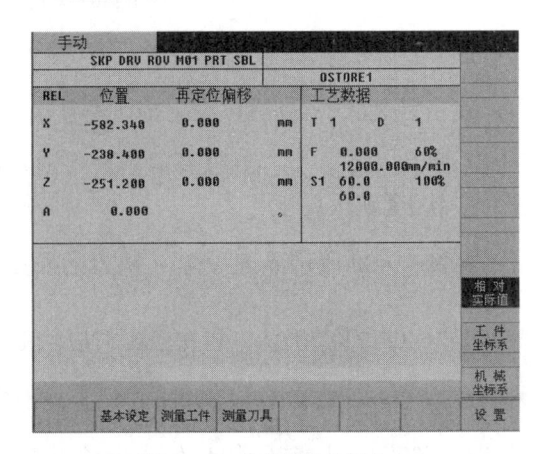

图1-42 坐标系统选择之二

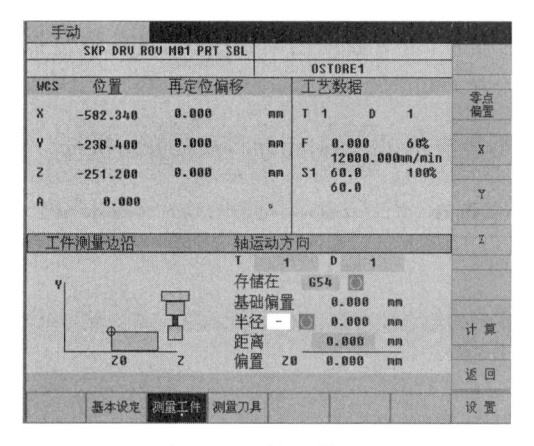

在图 1-42 所示界面中点击 测量工件 ,进入图 1-43 所示界面,点击 基本设定→设定关系 ,再点击 X=0 等,可进行相对坐标清零的操作(图 1-44)。当刀具处在图 1-21 所示位置时,把 X 的相对坐标清零;当刀具到达图 1-24 所示的位置时按 测量工件 ,返回到图 1-43 所示界面,用方向键 → ← ↓ ↑ 分别移动到:"T"位置,输入 1;"D"位置,输入 1;"存储在"位置,用 SELECT 变换到 G54;"半径"位置,用 SELECT 变换到"+",如图 1-45 所示(当刀具处在工件坐标原点的正方向时,选择"-",反之选择"+");"距离"位置,输入相对坐标绝对值的 1/2,然后按"计算",此时在偏置中显示-650.170,与图 1-36(b)所示界面中 G54 后面"X"中的值相同。

图 1-43 测量工件界面

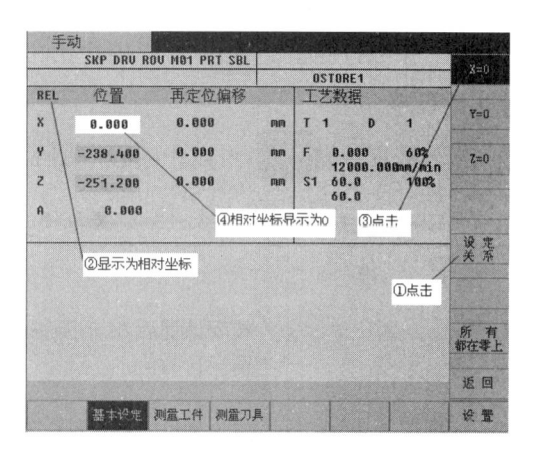

图 1-44 相对坐标清零界面

图 1-45 工件坐标原点 X 设定

四、SIEMENS 系统自动加工

1. 启动程序

(1) 选定待加工程序 LKJG001。

(2) 按下系统控制面板上的自动方式键 ▭，系统进入自动运行方式。

(3) 按下 ◇，系统启动加工。

2. 运行方式选择

点击自动方式窗口下方菜单栏上的 程序控制 软键,选择如表 1-5 所示的运行方式中的一种。

3. 中断与停止程序

(1) 按数控停止键 ◎，可以停止正在加工的程序，再按数控启动键 ◇，就能恢复被停止的程序。

(2) 按复位键 //，可以中断程序加工，再按数控启动键 ◇，程序将从头开始执行。

表 1-5 运动方式选择

按 键	功 能
测试	按下该键后，所有到进给轴和主轴的给定值被禁止输出，此时给定值区域显示当前运行数值
空运行进给	进给轴以空运行设定数据中的设定参数运行
有条件停止	程序在运行到有 M01 指令的程序段时停止运行
跳过	前面有"/"标志的程序段将跳过不予执行
单一程序段	每运行一个程序段，机床就会暂停
ROV 有效	按快速修调键，修调开关对于快速进给也生效

4. 加工结果

零件加工结果如图 1-29 所示。

五、注意事项

参见"课题二 FANUC 0i-MC 系统"的"五、注意事项"。

课题四 华中系统轮廓铣削仿真加工

一、进入仿真系统

步骤参见"课题二 FANUC 0i-MC系统仿真加工"的"一、进入仿真系统"。

二、华中系统程序输入

1. 选择机床及数控系统

点击菜单栏【选项】→【选择机床和系统】,弹出如图1-7所示窗口,本例选用三轴立式加工中心,华中世纪星系统。仿真界面切换至如图1-46所示的界面。

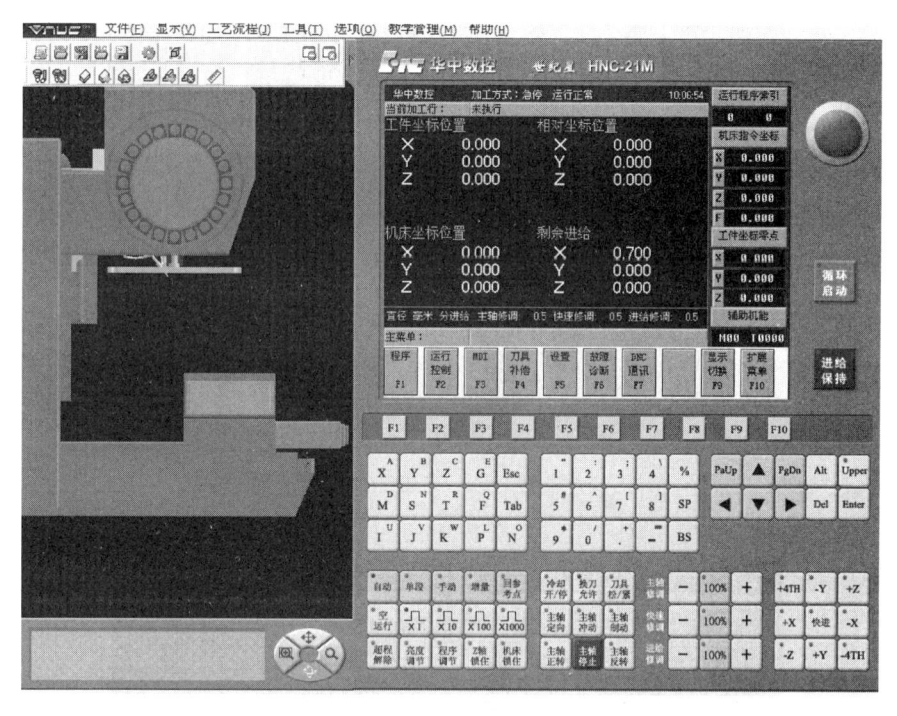

图1-46 华中系统仿真界面

2. 机床回零

(1) 进入系统后,此时界面的上方显示文字:急停。点击急停键 ,使急停键抬起,这时该行文字消失。

(2) 按下"回参考点"按键 (指示灯亮)。

(3) 按下 +Z 按键,Z立即回到参考点。

(4) 依同样方法,分别按下 +Y 、 +X 按键,使Y、X返回参考点。

3. 通过机床面板程序录入

(1) 新建程序。在如图1-47(a)所示的菜单栏中,点击程序F1,进入如图1-47(b)所示子菜单栏;点击编辑程序 F2,进入如图 1-47(c)所示界面;点击编辑程序 F2,进入如图 1-47(d)所示界面;点击新建程序 F3,弹出如图 1-47(e)所示界面。输入文件名,如 O007,按下 Enter,进入如图 1-48 所示的程序输入界面。

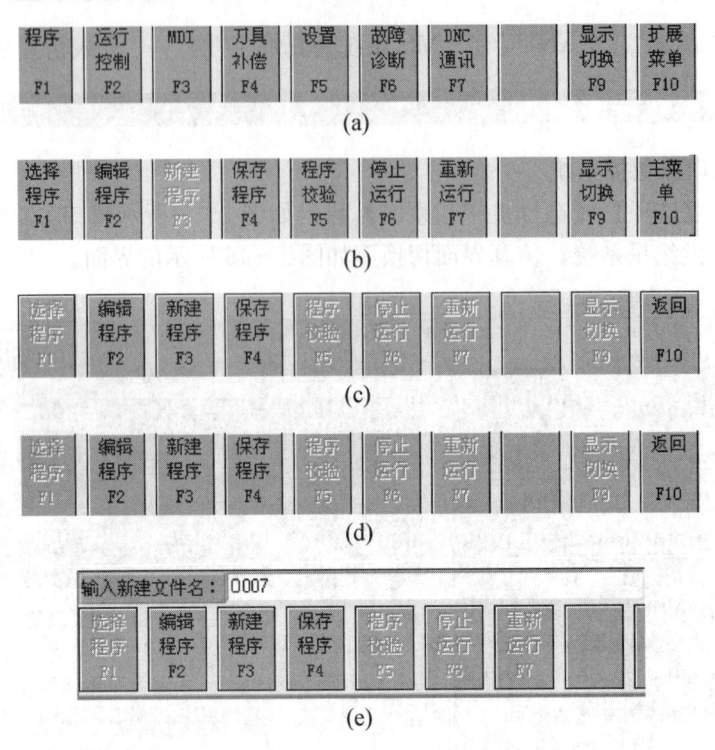

图 1-47 新建程序

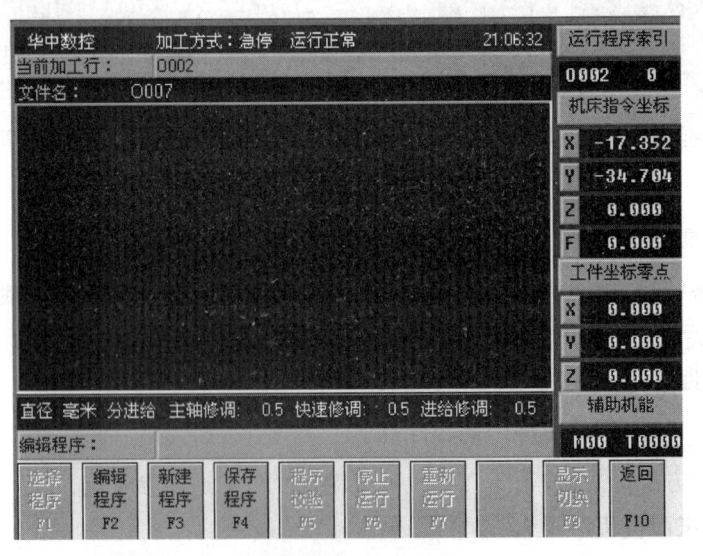

图 1-48 程序输入界面

用户可先在打开的文件中输入程序名%1,然后通过键盘输入相应的加工程序即可。

(2) 编辑程序。按下如图1-47(a)所示F1,再按下如图1-47(b)所示F1,弹出如图1-49所示界面,通过MDI键盘中的方向键,选中相应程序并按 Enter ,打开进入该程序的编辑界面。

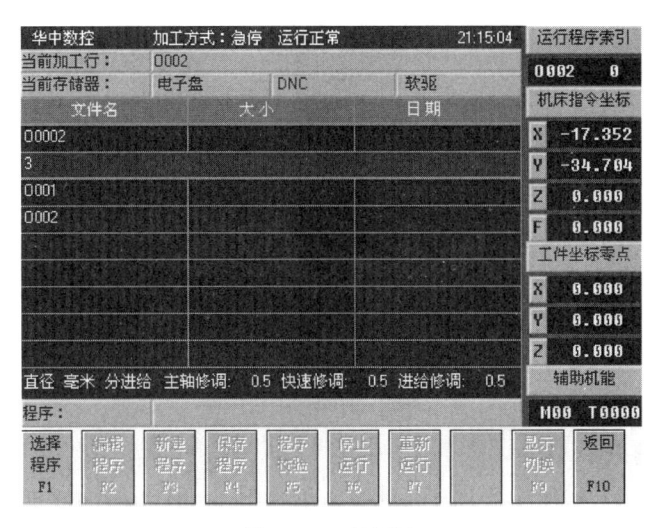

图1-49 选择程序

(3) 保存程序。编辑特定程序后,按下如图1-47(b)所示界面的F4保存程序即可。

(4) 打开程序。在图1-47(b)中按F1就进入图1-49所示界面,在此界面中通过 ▲ 、▼ 选择所需要打开的程序,然后按 Enter 就可以打开程序了。

4. 外部程序导入

参见FANUC系统。

5. 待加工程序输入

把表1-2所示华中系统程序输入系统,程序名:%1。

三、华中系统坐标设定

1. 毛坯与刀具选择、安装

参见FANUC-0I系统仿真加工。

2. 工件坐标系设定

(1) MDI方式。

①在主菜单中点击"F3MDI方式"进入如图1-50所示界面。②在"MDI运行对话框"中输入相应的代码(M03S600)并按 Enter 确认。③按下机床控制面板中的 循环启动 键执行。

(2) 零位测量。参见FANUC与SIEMENS部分。

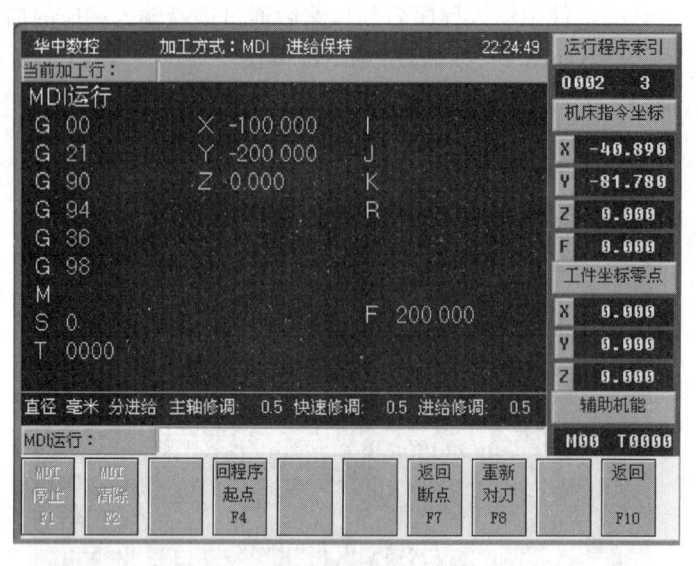

图 1-50 华中系统 MDI 方式

3. 工件零位输入

(1) 在如图 1-51(a)所示界面中点击 F5,进入图 1-51(b)所示界面;在图 1-51(b)所示界面击 F1,进入图 1-51(c)所示界面;在图 1-51(c)所示界面选择坐标系 G54 并输入 (X-647.593Y-250.52Z0)然后按 Enter 键确认,结果如图 1-52 所示。

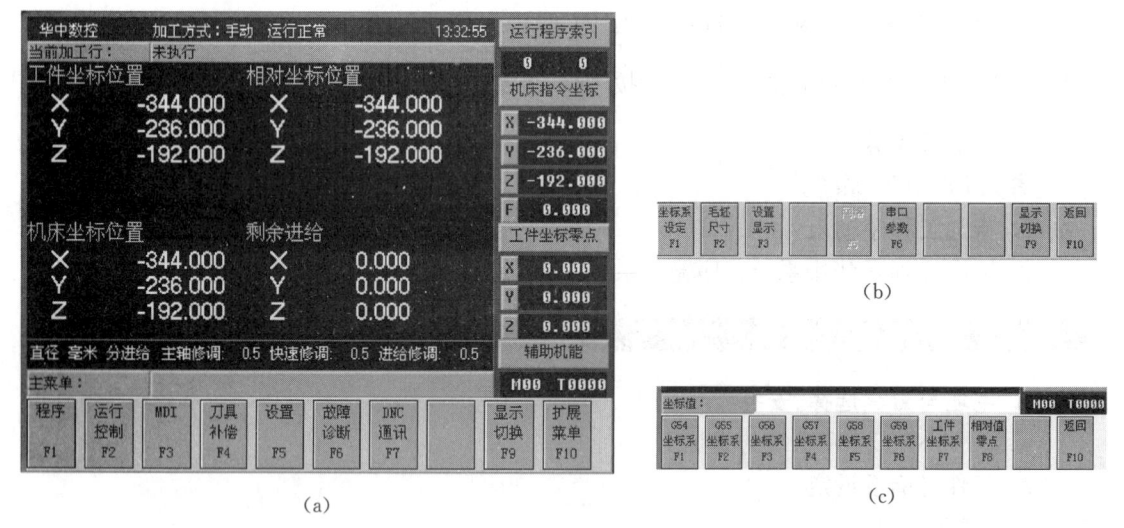

图 1-51 坐标系选择

(2) 连续按 F10 两次,返回图 1-51(a)所示界面中,点击 F4 进入刀具补偿界面,再点击 F2 刀库表。用鼠标选中刀具位置后,输入相应刀长及半径并确认,结果如图 1-53 所示。

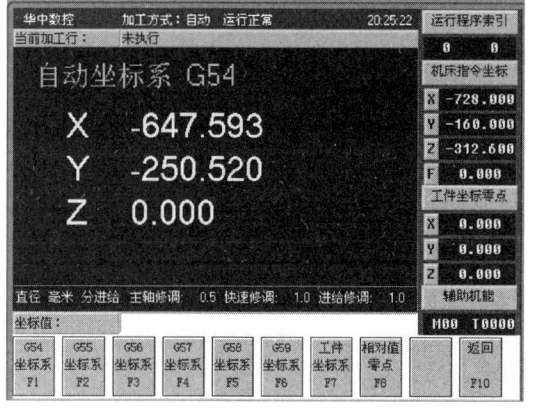

图 1-52　G54 坐标输入　　　　　　　图 1-53　刀补输入

四、华中系统自动加工

1. 自动加工

（1）选定待加工程序。

（2）按下机床控制面板中的 自动 键。

（3）按下机床控制面板中的 循环启动 键。

2. 单段运行

（1）按下机床控制面板上的 单段 键，进入单段自动运行方式。

（2）按下 循环启动 按键，运行一个程序段，机床就会减速停止，刀具、主轴均停止运行；再按下 循环启动 按键，系统执行下一个程序段，执行完成后再次停止。

3. 加工结果

零件加工结果如图 1-29 所示。

五、注意事项

参见"课题二　FANUC 0i-MC 系统"的"五、注意事项"。

实训项目二　数控铣削机床的基本操作

实训目的与要求

1. 了解数控铣削机床的结构组成、功能及用途。
2. 了解数控铣削机床的主要参数。
3. 正确、安全地使用加工中心及数控铣床。
4. 理解操作面板上各按钮、旋钮的作用和应用；理解显示器中各菜单的意义。
5. 掌握加工中心及数控铣床的返回参考点操作、手动操作；掌握加工中心及数控铣床的手动输入、自动运行功能操作；掌握加工中心及数控铣床的程序编辑功能操作。

课题一　数控铣削机床基础知识

模块一　数控铣削机床构成、功能及用途

一、数控铣削机床构成

数控铣削机床根据有、无刀库分为：加工中心（图2-1）、数控铣床（图2-2）。图2-3所示是数控机床的构成及工作过程。

(a) 大连机床集团 VDF850　　　(b) 北京机电院机床有限公司 VMC750E

图2-1　立式加工中心

(a) 大连机床集团XD40A(去除全防护罩后)　　(b) 北京第一机床厂XKA714(去除半防护罩后)

图2-2　数控铣床

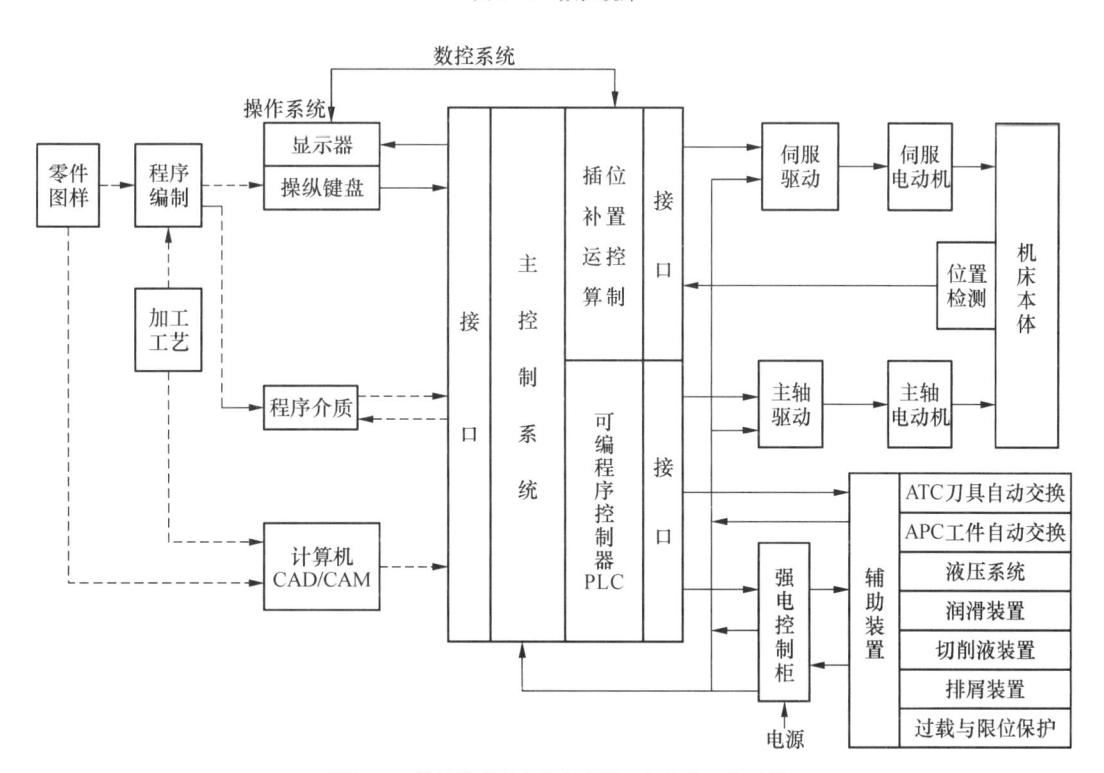

图2-3　数控机床的主要组成部分与基本工作过程

二、功能及用途

加工中心是一种功能较全的数控加工机床。它把铣削、镗削、钻削、攻螺纹和切削螺纹等功能集中在一台设备上，因而具有多种工艺手段。加工中心设置有刀库，刀库中存放着不同数量的各种刀具或检件,在加工过程中由程序自动选用和更换这些刀具或检件。(这是加工中心与数控铣床的主要区别)。

加工中心与同类数控机床相比其结构较复杂、控制系统功能较多。加工中心最少有三个运动坐标轴,多的达十几个。其控制功能最少可实现两轴联动控制,实现刀具运动直线插补和圆弧插补;多的可实现五轴联动、六轴联动,从而保证刀具进行复杂加工。加工中心还具有不同的辅助机能,如:各种加工固定循环、刀具半径自动补偿、刀具长度自动补偿、刀具破损报警、刀具寿命管理、过载超程自动保护、丝杠螺距误差补偿、丝杠间隙补偿、故障自动诊断、工件与加工过程图形显示、人机对话、工件在线检测和加工自动补偿、离线编程等,这些机能提高了加工中心的加工效率,保证了产品的加工精度和质量。

模块二　数控铣削机床型号和主要参数

加工中心、数控铣床因其生产厂家的不同,其型号、规格亦各不相同,但其功能有许多相同之处。表 2-1 所示为部分厂家生产的加工中心型号和主要参数;表 2-2 所示为部分厂家生产的数控铣床型号和主要参数。

表 2-1　部分厂家生产的加工中心(立式)型号和主要参数

型　号	主　要　参　数		所配置的数控操作系统	生产厂家
VMC750E	工作台尺寸(长×宽)(mm)	1 000×580	华中 HNC-21/22M	北京机电院机床有限公司
	行程(mm)	X762,Y510,Z560		
	快速移动速度(m/min)	24		
	切削进给速度(mm/min)	3~15 000		
	主轴转速范围(r/min)	60~8 000		
	主轴锥孔	No:40(7:24)		
	主轴电机功率(kW)	7.5		
	刀库容量	21 把		
	选刀方式	盘式		
	换刀时间(sec)	5.5		
	刀柄型号	BT40		
	拉钉	BT40-45°		
	最大刀具直径(mm)	⌀80		
	刀具最大重量(kg)	7		
	工作台 T 型槽(槽数×槽宽×槽距)(mm)	3×18×200		
	外形轮廓尺寸(L×W×H)(mm)	2 985×2 550×2 958		
	机床重量(kg)	5 000		

续　表

型号	主要参数		所配置的数控操作系统	生产厂家
VDF-850	工作台尺寸(长×宽)(mm)	1 000×500	FANUC 0i-MC SINUMERIK 802D	大连机床集团
	行程(mm)	X850,Y510,Z515		
	X/Y/Z快速移动速度(m/min)	20/20/18		
	切削进给速度(mm/min)	1～7 600		
	主轴转速范围(r/min)	80～8 000		
	主轴锥孔	No:40(7:24)		
	主轴电机功率(kW)	7.5		
	刀库容量	20把		
	选刀方式	盘式		
	换刀时间(sec)	6～8		
	刀柄型号	BT40		
	拉钉	BT40-45°		
	最大刀具直径(mm)	⌀100		
	刀具最大重量(kg)	7		
	工作台T型槽(槽数×槽宽×槽距)(mm)	5×18×100		
	外形轮廓尺寸(L×W×H)(mm)	3 116×2 260×2 460		
	机床重量(kg)	4 500		

表2-2　部分厂家生产的数控铣床型号和主要参数

型号	主要参数		所配置的数控操作系统	生产厂家
XKA714	工作台尺寸(长×宽)(mm)	1 100×400	华中HNC-21/22M	北京第一机床厂
	行程(mm)	X600,Y450,Z500		
	快速移动速度(m/min)	8		
	切削进给速度(mm/min)	X、Y:6～3 200 Z:3～1 600		
	主轴转速范围(r/min)	低速档:100～800 高速档:500～4 000		
	主轴锥孔	ISO:40(7:24)		
	主轴电机功率(kW)	5.5		
	刀柄型号	JT40		
	拉钉	P40T-1		
	工作台T型槽(槽数×槽宽×槽距)(mm)	3×18×90		
	外形轮廓尺寸(L×W×H)(mm)	2 233×1 830×2 293		
	机床重量(kg)	3 500		

续 表

型 号	主 要 参 数		所配置的数控操作系统	生产厂家
XD-40(A)	工作台尺寸(长×宽)(mm)	800×420	FANUC 0i-MC SINUMERIK 802D	大连机床集团
	行程(mm)	X600,Y420,Z520		
	X/Y/Z快速移动速度(m/min)	24/24/24		
	切削进给速度(mm/min)	1~10 000		
	主轴转速范围(r/min)	80~8 000		
	主轴锥孔	No:40(7:24)		
	主轴电机功率(kW)	5.5		
	刀柄型号	BT40		
	拉钉	BT40-45°		
	工作台T型槽(槽数×槽宽×槽距)(mm)	3×18×125		
	外形轮廓尺寸(L×W×H)(mm)	2 310×2 040×2 317		
	机床重量(kg)	4 000		

了解加工中心、数控铣床的主要技术参数,可以帮助我们根据数控机床的性能特点,合理地编写加工程序,高效率地使用数控机床进行零件的加工。

课题二 数控铣削机床操作规程

模块一 数控铣削机床安全操作规程

(1) 开机前,要检查数控机床各部分是否完好;中央自动润滑系统油箱及主轴强力润滑油箱(在数控铣削机床运行的过程中,如果油温控制器所显示的温度不能达到所调节的温度,说明润滑油不足)中的润滑油是否充裕,发现不足,应按规定的润滑油牌号进行补充。

(2) 检查压缩空气开关是否已经打开并达到所需的压力;切削液是否充裕。

(3) 打开电气总开关。

(4) 按下数控机床控制面板上的"ON"按钮,启动数控系统,等自检完毕后,可进行其他的操作。

(5) 手动返回参考点。首先返回+Z方向,然后返回+X和+Y方向;返回参考点后应及时退出参考点,先退-X和-Y方向,然后退-Z方向。

(6) 手动操作时,在X轴、Y轴移动前,必须使Z轴处于较高位置,以免撞刀。

(7) 装入刀库的刀具不得超过规定的重量和长度,刀具装入刀库前,应擦净刀柄和主轴锥孔。

(8) 数控系统出现报警时,要根据报警号,查找原因,及时排除警报。

(9) 在自动运行程序前,必须认真检查程序,确保程序的正确性;在工作台上严禁放置任何与加工无关的物件,如:平口钳扳手、量具、毛刷、木锤等。在操作过程中必须集中注意力,谨慎操作,运行前关闭防护门。运行过程中,一旦发现问题,及时按下紧急停止按钮。

(10) 实习学生在操作时,旁观的同学禁止按控制面板上的任何按钮、旋钮,以免发生意外及事故。

(11) 注意不得使切屑、切削液等进入刀库,一旦进入应及时清理干净。

(12) 严禁任意修改、删除机床参数。

(13) 关闭数控机床前,应使刀具处于较高位置;把工作台上的切屑等清理干净(对工作台上的切屑等杂物,应使用毛刷、长柄棕刷等刷下;对细小的切屑可采用切削液冲洗,严禁用压缩空气进行清理,以防油污、切屑、灰尘或砂粒从细缝侵入精密轴承或堆积在导轨上面);将进给速度修调旋钮置零。

(14) 关机时,先按下控制面板上的"OFF"按钮,然后关闭电气总开关。

模块二　数控铣削机床的日常维护与保养

一、数控铣削机床的润滑

数控铣削机床在高速运行、受载切削的过程中,机床导轨、滚珠丝杠、主轴等会出现磨损的现象。润滑剂能保持数控铣削机床正常的运行和减少磨损,另外润滑剂还有防锈、减振、密封等作用。

润滑可分为:①流体润滑。指使用的润滑剂为流体,又包括气体润滑(采用气体润滑剂,如空气、氢气、氦气、氮气、一氧化碳和水蒸气等)和液体润滑(采用液体润滑剂,如矿物润滑油、合成润滑油、水基液体等)两种。②固体润滑。指使用的润滑剂为固体,如石墨、二硫化钼、氮化硼、尼龙、聚四氟乙烯、氟化石墨等。③半固体润滑。指使用的润滑剂为半固体,是由基础油和稠化剂组成的塑性润滑脂,有时根据需要还加入各种添加剂。

在数控铣削机床中,由于润滑部位的不同,所采用润滑方式也不相同。在导轨、滚珠丝杠等部位主要使用液体润滑,由数控铣削机床的中央润滑系统通过油泵从油箱中吸油,经滤油器过滤后送到分油器,然后沿油管分流到各摩擦面进行润滑。

在数控铣削机床主轴部件中的润滑方式通常有:循环式润滑方式、高级润滑脂与润滑油混合润滑方式两种方式。

1. 循环式润滑方式

循环式润滑方式采用液压泵供油强力润滑,可有效地把主轴组件的热量带走,同时在油箱中使用油温控制器控制油液温度,以保证主轴不发热。这种润滑方式因润滑油的交换量比较大,所以需要液压泵专门负责抽吸润滑后存留在箱内的油液。此时,吸油管要尽量位于最低处,尤其是在主轴为立式时更应如此。

2. 高级润滑脂与润滑油混合润滑方式

采用此方式往往是主传动部分用润滑油润滑,而主轴部件特别是主轴轴承用高级润滑脂润滑。这种方式可大大简化结构,降低制造成本且维护保养简单。因为密封存放于主轴轴承处的高级润滑脂可长期使用(8年左右),在正常工作条件下既不会稀化流出,也不会因润滑不充分导致主轴端部高的温升。

二、切削液

在数控铣削机床切削加工中，正确地选用切削液，对降低切削温度和切削力、减少刀具磨损，提高刀具耐用度、改善加工表面质量、保证加工精度、提高生产率，都有非常重要的作用。

1. 切削液的作用

（1）冷却作用。切削温度取决于切削时所产生的热量与传导的热量之差，切削液正是从这两个方面起到冷却作用。一是减少刀具与切屑、工件之间的摩擦，减少切削热的产生；二是将产生的切削热从切削区迅速带走，降低切削温度。常用的切削液有：水溶液、乳化液和油类。冷却性能最好的是水溶液，其次是乳化液，油类最差。

（2）润滑作用。切削液的润滑作用是指它可减少刀具与切屑、工件之间摩擦的能力。

（3）清洗作用。清洗作用是指切削液在喷淋的过程中将粘附在刀具或工件上的细碎切屑清除，以减少刀具的磨损，防止划伤工件已加工表面，保证加工精度。

（4）防锈作用。为使工件、工作台面等不受周围介质（空气、水分）的腐蚀，要求切削液有一定的防锈作用。防锈作用的强弱取决于切削液本身的成分和添加剂的作用。

2. 切削液的选用

切削液应根据工艺要求、工件材料、刀具材料切削方式等合理选用。

（1）粗加工时，加工余量和切削用量较大，刀具易磨损，应以降低切削温度为主要目的，选择以冷却为主的切削液。

（2）精加工时，为保证工件精度、表面质量和刀具耐用度，选择以润滑为主的切削液。

（3）使用高速钢刀具加工金属材料时，应使用切削液；使用硬质合金刀具加工金属材料时，一般不使用切削液（如果使用，应在切削开始前就进行喷淋，严禁在切削开始后进行喷淋而导致硬质合金刀具开裂）。

（4）加工铸铁等脆性材料时，一般不使用切削液；加工不锈钢等合金材料时，应选用冷却、润滑性能较好的切削液（为防止粘刀，可在切削液中适当添加一定量的食醋）。

三、数控机床的日常维护与保养内容

数控机床是机电一体化在机械加工领域中的典型产品，它将电子电力、自动化控制、电机、检测、计算机、机床、液压、气动和加工工艺等技术集中于一体，具有高精度、高效率和高适应性的特点。

要发挥数控机床的高效益，就要保证它的开动率，这就对数控机床提出了稳定性和可靠性的要求。数控机床中传动部件等运动副的润滑良好，机床的磨损少，机床的精度得到保证；电气部分没有尘埃积聚，电气短路的可能性小；液压和气压系统中没有泄漏等现象，数控机床的辅助动作产生误动作的可能性就小；等等，这样数控机床的故障发生率就低，从而保证了数控机床的稳定性和可靠性。数控机床故障发生率的降低离不开数控机床平时的维护和保养。

对数控机床进行维护保养的目的就是要延长机械部件的磨损周期,延长元器件的使用寿命,保证数控机床长时间稳定可靠地运行。

数控机床的维护保养要有科学的管理,有计划、有目的制定相应的规章制度,对此应该严格遵守。对维护过程中发现的故障隐患应及时加以清除,避免停机待修,从而延长平均无故障时间,增加机床的开动率。表2-3所示为某加工中心定期维护保养的项目表。

表2-3 某加工中心定期维护保养项目表

维护保养周期	检查及维护保养内容
日常维护保养	1. 清除围绕在工作台、底座、十字滑台等周围的切屑灰尘,以及其他的外来物质。 2. 清除机床表面上下的润滑油、切削液与切屑。 3. 清除无护盖保护的导轨上的所有外来物质。 4. 清理导轨护盖。 5. 清理外露的极限开关及其周围。 6. 小心地清理电气组件。 7. 检查中央润滑油箱的油量液面,应维持油量在适当的液位。 8. 检查并确认空气过滤器的杯中积水已被完全排除干净。 9. 检查所需的压力值是否达到正确值。 10. 检查管路有无漏油,如果发现漏油,应采取必要的对策。 11. 检查切削液、切削液管,切削液箱中是否有外来物质,如有将其清除。 12. 检查切削液容量,如有需要则添加补充。 13. 检查操作面板上的指示灯是否正常或是闪烁不定。
每周维护保养	1. 完成日常保养。 2. 检查主轴前端,刀塔与其他附件是否出现锯齿状裂纹或其他的损伤。 3. 清理主轴的四周围。 4. 检查液压系统的油液位,如有需要添加补充所指定的液压油。
每月维护保养	1. 完成每周保养。 2. 清理电气箱内部与NC设备,如果空气过滤器已脏则更换,不要使用溶剂清洗过滤网。 3. 检查机床水平,检查其他地脚螺栓与固锁螺帽的松紧度并调节。 4. 清理导轨的刮油片,如有耗损或破裂情形则更换。 5. 检查变频器与极限开关是否功能正常。 6. 清理主轴头润滑单元的油路过滤器。 7. 检查配线是否牢固,有无松脱或中断的情形。 8. 检查互锁装置的功能是否正常。 9. 更换切削液,清洗切削液箱及管路内部,重新加入新的切削液。
半年维护保养	1. 完成每周与每月的保养。 2. 清理NC设备中电气控制单元与机床。 3. 更换液压油以及主轴头与工作台的润滑剂,在供应新的液压油或是润滑剂之前,先清理箱体内部。 4. 清理所有的电机。

续 表

维护保养周期	检查及维护保养内容
半年维护保养	5. 检查电机的轴承有无噪声,如果有异音,将其更换。 6. 目视检查电气装置与操作面板。 7. 检查每一个指示器与电压计,看是否正常,如有需要,将其调整或是更换。 8. 冲洗润滑泵,按照制造者的指示,清洗主轴头润滑过滤器。 9. 使用一个测试用卷尺,检查机床的移动。 10. 测量每一个驱动轴的间隙,如有必要调整其间隙。

四、维护保养时应注意的事项

（1）执行维护保养与检查工作之前,应先按下紧急停止开关或关闭主电源。

（2）为了使数控机床维持最高效率的运转,以及随时得以安全的操作,维护保养与检查工作必须持续不断地进行。

（3）事先妥善规划维护保养与检查计划。

（4）如果保养计划与生产计划抵触,也应安排执行。

（5）在电气箱内工作或是在数控机床内部维修时,应将电源关闭并加以闭锁。

（6）不要以压缩空气清理数控机床,这样会导致油污、切屑、灰尘或砂粒从细缝侵入精密轴承或堆积在导轨上面。

（7）尽量少开电气控制柜门。加工车间飘浮的灰尘、油雾和金属粉末落在电气柜上容易造成元器件间绝缘电阻下降,从而出现故障。因此,除了定期维护和维修外,平时应尽量少开电气控制柜门。

五、其他维护保养内容

1. 数控机床电气柜的散热通风

通常安装于电柜门上的热交换器或轴流风扇,能对电控柜的内外进行空气循环,促使电控柜内的发热装置或元器件,如驱动装置等进行散热。应定期检查控制柜上的热交换器或轴流风扇的工作状况,风道是否堵塞,否则会引起柜内温度过高而使系统不能可靠运行,甚至引起过热报警。

2. 支持电池的定期更换

数控系统存储参数用的存储器采用CMOS器件,其存储的内容在数控系统断电期间靠支持电池供电保持。在一般情况下,即使电池尚未消耗完,也应每年更换一次,以确保系统能正常工作。电池的更换应在CNC系统通电状态下进行。

3. 备用印制线路板的定期通电

对于已经购置的备用印制线路板,应定期装到CNC系统上通电运行。实践证明,印制线路板长期不用易出故障。

4. 数控系统长期不用时的保养

数控系统处于长期闲置的情况下,要经常给系统通电,在数控机床锁住不动的情况下,让系统空运行。系统通电可利用电器元件本身的发热来驱散电气柜内的潮气,保证电器元件性能的稳定可靠。实践证明,在空气湿度较大的地区,经常通电是降低故障的一个有效措施。

课题三　数控铣削机床的基本操作

模块一　FANUC 0i-MC 系统

单元一　认识操作面板

应用 FANUC 0i-MC 系统的数控铣削机床操作面板,由显示器与 MDI 面板、机床操作面板、手持盒等组成。图 2-4 所示为显示器与 MDI 面板;图 2-5 所示为机床操作面板部分;图 2-6 所示为手持盒。

一、显示器与 MDI 面板

显示器与 MDI 面板是由一个 9″CRT 显示器和一个 MDI 键盘构成。MDI 键盘上各键功能见表 2-4。

表 2-4　CRT/MDI 面板上各键功用

键	名　称	功　用　说　明
O_P	地址/数字输入键	按下这些键,输入字母、数字和运算符号等
↑ SHIFT	上档键	按下此键,在地址输入栏出现上标符号(显示器倒数第三行),由原来的)__变为)^,此时再按下"地址/数字输入键",则可输入其右下角的字母、符号等
EOB_E	段结束符键	在编程时用于输入每个程序段的结束符";"
POS	位置显示键	在 CRT 上显示加工中心当前的工件、相对或综合坐标位置
PROG	程序键	在 EDIT 方式,显示在内存中的信息和所有程序名称,进入程序输入、编辑状态 在 MDI 方式,显示和输入 MDI 数据,进行简单的程序操作
OFS/SET	偏置量等参数设定与显示键	刀具长度、半径偏置量的设置,工件坐标系 G54～G59、G54.1P1～P48 和变量等参数的设定与显示
SYSTEM	系统参数键	系统参数等设置按此键进入

实训项目二　数控铣削机床的基本操作

续表

键	名 称	功 用 说 明
MESSAGE	报警显示键	按此键显示报警内容、报警号
CSTM/GR	图像显示键	可显示当前运行程序的走刀轨迹线形图
INSERT	插入键	在编程时用于插入输入的字（地址、数字）
ALTER	替换键	在编程时用于替换已输入的字（地址、数字）
CAN	回退键	按下此键，可回退清除输入到地址输入栏")"后的字符
DELETE	删除键	在编程时用于删除已输入的字及删除在内存中的程序
INPUT	输入键	除程序编辑方式外，输入参数值等必须按下此键才能输入到NC内。另外，与外部设备通讯时，按下此键，才能启动输入设备，开始输入数据或程序到NC内
RESET	复位键	按下此键，复位CNC系统。包括取消报警、中途退出自动操作运行等
PAGE↑ PAGE↓	界面变换键	用于CRT屏幕选择不同的界面。PAGE↑:返回上一级界面。PAGE↓:进入下一级界面
←↑→↓	光标移动键	用于CRT界面上、下、左、右移动光标（系统光亮显示）
HELP	帮助键	可以获得必要的帮助
	屏幕软键	屏幕软键根据CRT界面最后一行所提供的信息，进入相应的功能界面 ◄:菜单返回键。返回上一级菜单 ►:菜单扩展键。进入下一级菜单
CF卡槽	存储卡接口	CF存储卡插入此接口后，可以浏览存储卡内的文件，并以纯文本的格式，输入/输出不同类型的数据，如加工程序、系统参数、偏置量数据等；在DNC(在线加工)方式下，可对超长程序进行加工，而不必使用传输软件及传输数据线

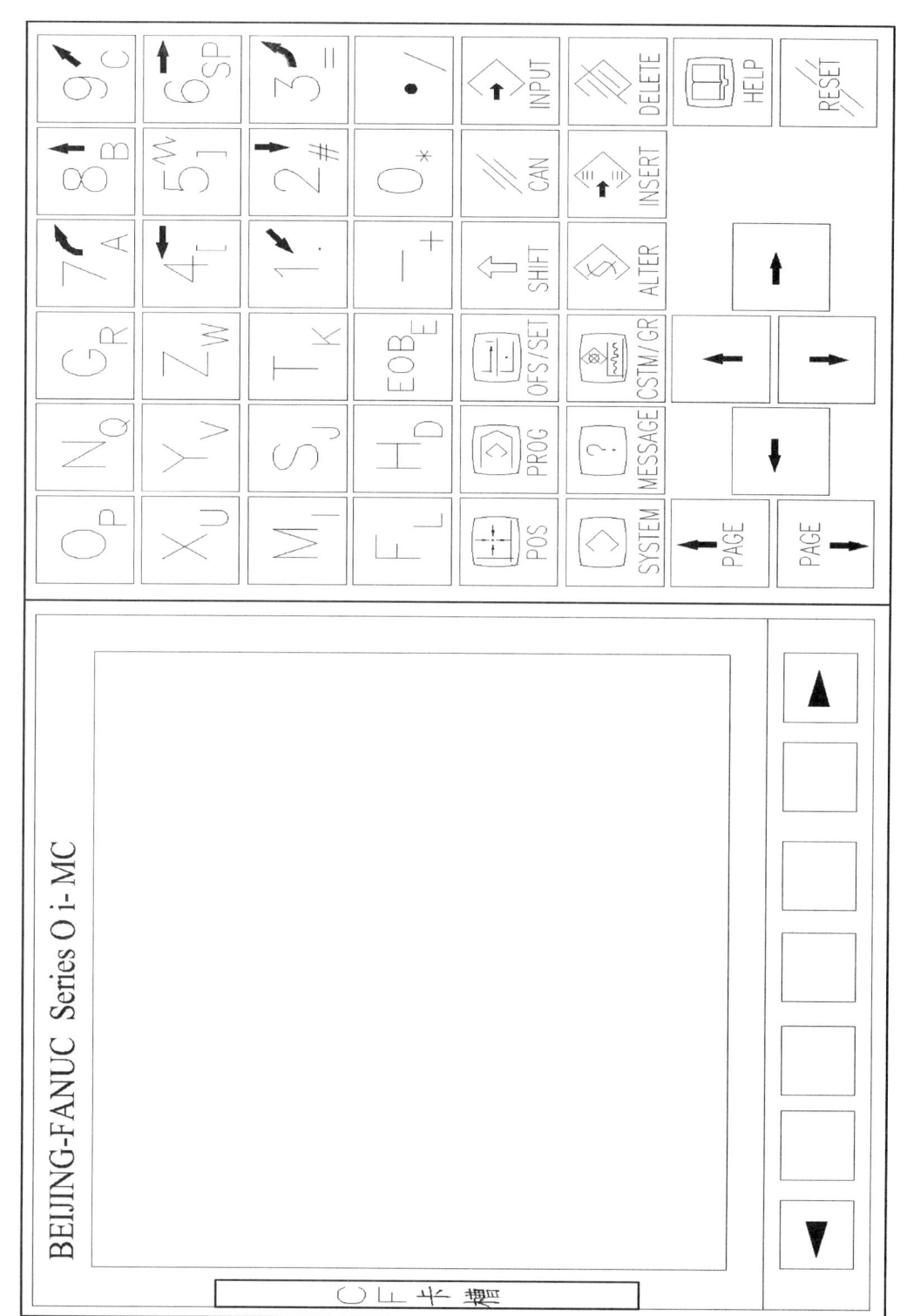

图 2-4 显示器与 MDI 面板

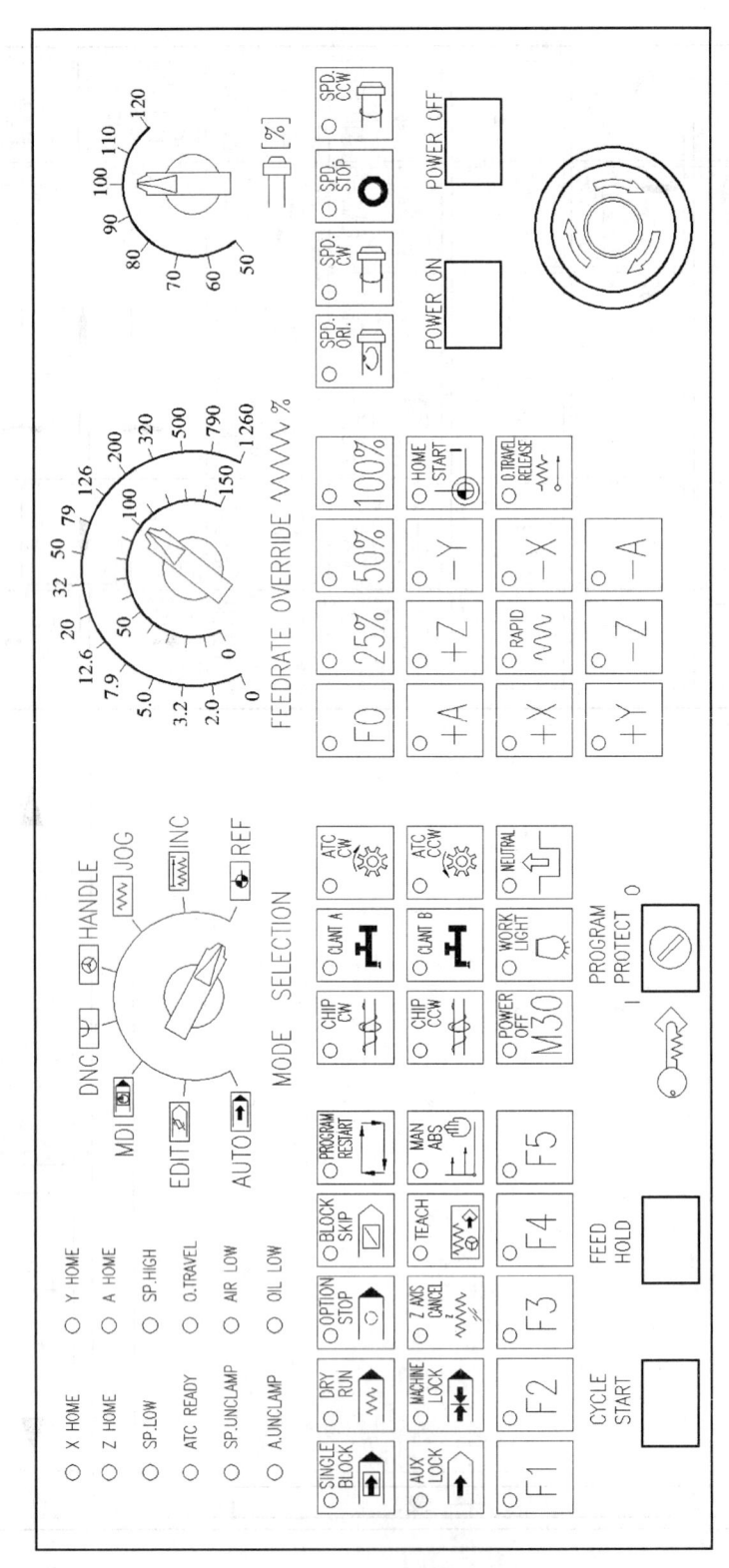

图 2-5 机床操作面板

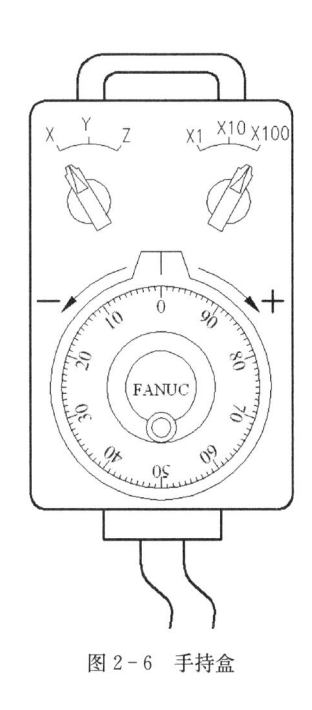

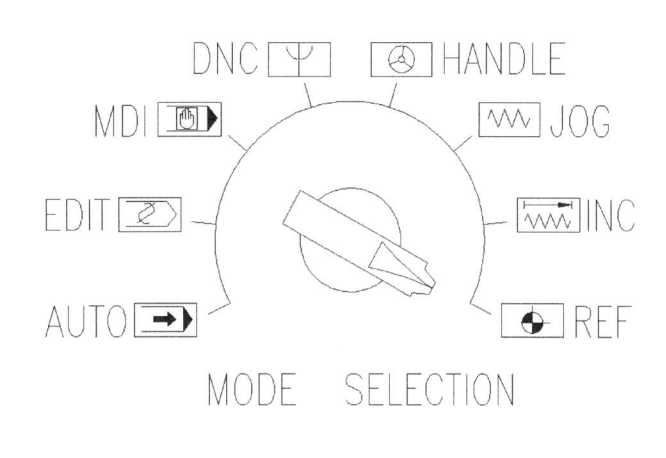

图2-6 手持盒　　　　　　　　　图2-7 工作方式选择旋钮

二、机床操作面板

1. 工作方式

工作方式选择旋钮见图2-7,具体各工作方式的功用参见表2-5。

表2-5 各工作方式的功用

旋钮所指位置	工作方式	功 用 说 明
AUTO	自动方式	可自动执行存储在NC里的加工程序
EDIT	编辑方式	可进行零件加工程序的编辑、修改等
MDI	手动数据输入方式	可在MDI界面进行简单的操作、修改参数等
DNC	在线加工方式	可通过计算机控制机床或通过存储卡进行零件加工
HANDLE	手轮方式	此方式下手摇脉冲发生器生效
JOG	JOG进给方式	此方式下,按下进给轴选择按钮开关,选定的轴将以JOG进给速度移动,如同时再按下"快移(RAPID)"按钮,则快速叠加

实训项目二 数控铣削机床的基本操作

续 表

旋钮所指位置	工作方式	功用说明
INC	增量进给方式	此方式下,按下进给轴选择按钮开关,选定的轴将以手动进给倍率开关所指定的速度移动1mm
REF	参考点返回方式	配合进给轴选择按钮开关可进行各坐标轴的参考点返回

2. 手动进给速度倍率开关(图 2-8)

以 JOG 手动或自动操作各轴的移动时,可通过调整此开关来改变各轴的移动速度。在 JOG 手动移动各轴时,其移动速度等于外圈所对应值×3;在自动操作运行时,其移动速度等于内圈所对应值‰×编程进给速度 F。

3. 手摇脉冲发生器(图 2-9)

在手轮操作方式(HANDLE)下,通过图 2-10 中的选择坐标轴与倍率旋钮(×1、×10、×100 分别表示一个脉冲移动 0.001 mm、0.010 mm、0.100 mm),旋转手摇脉冲发生器可运行选定的坐标轴。

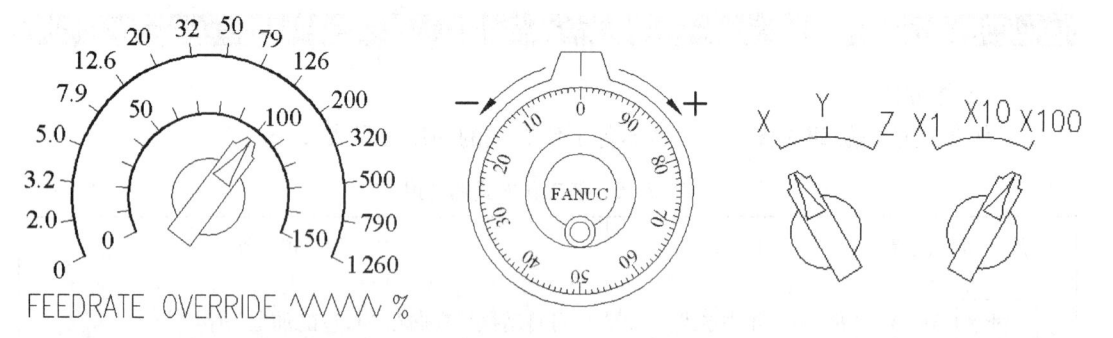

图 2-8 手动进给倍率开关　　图 2-9 手摇脉冲发生器　　图 2-10 选择坐标轴与倍率旋钮

4. 快速进给速率调整按钮

快速进给速率调整按钮是在对自动及手动运转时的快速进给速度进行调整时使用,具体内容见表 2-6。

表 2-6 快速进给速率调整按钮

按钮	F0	25%	50%	100%
对应的速度	495 mm/min	3 750 mm/min	7 500 mm/min	15 000 mm/min
使用场合	自动运转时:G00、G28、G30。 手动运转时:快速进给,返回参考点。			

5. 主轴倍率选择开关(图 2-11)

自动或手动操作主轴时,旋转主轴倍率选择开关可调整主轴的转速。

6. 进给轴选择按钮开关(图 2-12)

JOG 方式下,按下欲运动轴的按钮,被选择的轴会以 JOG 倍率进行移动,松开按钮则轴停止移动。

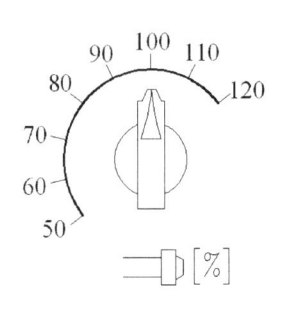

图 2-11 主轴倍率选择开关　　图 2-12 进给轴选择按钮　　图 2-13 紧急停止按钮

7. 紧急停止按钮(图 2-13)

运转中遇到危险的情况,立即按下此按钮,机械将立即停止所有的动作;欲解除时,顺时针方向旋转此钮(切不可往外硬拽,以免损坏此按钮),即可恢复待机状态。

8. 操作功能

操作功能的具体内容参见表 2-7。

表 2-7 操作功能

按　钮	功　能	功　用　说　明
CYCLE START	循环启动按钮	在自动运行和 MDI 方式下使用,按下此按钮后可进行程序的自动运转
FEED HOLD	进给保持按钮	在自动运行和 MDI 方式下,按下＜CYCLE START＞按钮进行程序的自动运转,在此过程中按下此按钮可使其暂停;再次按下＜CYCLE START＞按钮可继续自动运转
SINGLE BLOCK	单程序段开关	"ON"(指示灯亮):在自动运转时,仅执行一单节的指令动作,动作结束后停止 "OFF"(指示灯熄):连续性地执行程序指令
DRY RUN	空运行开关	"ON"(指示灯亮):以手动进给倍率开关(图 2-8)所设定的进给速度替换原程序所设定的进给速度 "OFF"(指示灯熄):以程序所设定的进给速度运行

续 表

按 钮	功 能	功用说明
OPTION STOP	选择停止开关	"ON"(指示灯亮):当 M01 已被输入程序中,则当 M01 被执行后,机械会自动停止运行 "OFF"(指示灯熄):程序中选择停止指令 M01 视同无效,机械不作暂时停止的动作
BLOCK SKIP	程序段跳过开关	运行到程序段前加"/"的程序段时仍会执行
PROGRAM RESTART	程序再启动	"ON"(指示灯亮):程序再启动功能生效。用于指定刀具断裂后或者公休后重新启动程序时,将要启动的程序段的顺序号,从该段程序重新启动机床,也可用于高速检查程序 "OFF"(指示灯熄):程序再启动功能无效
AUX LOCK	辅助功能闭锁开关	"ON"(指示灯亮):功能 M、S、T 等辅助功能无效
MACHINE LOCK	机床闭锁开关	"ON"(指示灯亮):机床三轴被锁定,无法移动,但程序指令坐标仍会显示
Z AXIS CANCEL	Z 轴闭锁开关	"ON"(指示灯亮):在自动运行时,机床 Z 轴被锁定
TEACH	教导功能开关	"ON"(指示灯亮):可在手动进给试切削时编写程序
MAN ABS	手动绝对值开关	"ON"(默认指示灯亮):在自动操作、手动操作时,其移动量进入绝对记忆中 "OFF"(指示灯熄):在自动操作、手动操作时,其移动量不进入绝对记忆中
F1	风冷却控制开关	"ON"(指示灯亮):风冷却开 "OFF"(指示灯熄):风冷却关 (F2~F5 为备用按钮)

续 表

按 钮	功 能	功 用 说 明
CHIP CW / CHIP CCW	排屑正、反转开关	"ON"(指示灯亮):排屑螺杆依顺时针(连续控制)、逆时针方向转动(点动控制) "OFF"(指示灯熄):排屑螺杆不动作
CLANT A / CLANT B	切削液控制开关	"ON"(指示灯亮):切削液1、2流出 "OFF"(指示灯熄):切削液1、2停止
ATC CW / ATC CCW	刀库正、反转开关	ATC刀库依顺时针、逆时针方向转动 "OFF"(指示灯熄):ATC刀库不动作
POWER OFF M30	M30自动断电	"ON"(指示灯亮):在自动运行时,系统执行完M30后,机床将在设定的时间内自动关闭总电源
WORK LIGHT	工作灯开关	"ON"(指示灯亮):工作灯亮 "OFF"(指示灯熄):工作灯灭
NEUTRAL	主轴手动齿轮换档	保留功能选项
HOME START	原点复归开关	必须在参考点原点(REF)模式下使用此键
O.TRAVEL RELEASE	超程解除开关	当按下时,可以解除超程引起的急停状态
SPD.CW / SPD.CCW	主轴正、反转开关	"ON"(指示灯亮):主轴依设定的RPM值,作顺时针、逆时针方向旋转
SPD.STOP	主轴停止开关	"ON"(指示灯亮):主轴立即停止旋转
SPD.ORI.	主轴定向开关	"ON"(指示灯亮):主轴返回定向位置

续 表

按　钮	功　能	功　用　说　明
POWER ON　POWER OFF	电源 ON/OFF 按钮开关	按下"POWER ON"开关,系统上电 按下"POWER OFF"开关,系统断电
PROGRAM PROTECT	程序保护开关	"1":允许程序和参数的修改 "0":防止未授权人员修改程序和参数

9. 指示灯

指示灯的说明具体内容参见表 2-8。

表 2-8　指示灯说明

指示灯	功　能	说　明
○ X HOME 等	X、Y、Z、A 轴参考点指示灯	"ON"(指示灯亮):表示各坐标已到达参考点位置
○ SP. HIGH ○ SP. LOW	主轴高、低档指示灯	"ON"(指示灯亮):表示主轴位于高、低档
○ ATC READY	刀库 ATC 指示灯	"ON"(指示灯亮):表示 ATC 状态正常,可执行 ATC 动作 "OFF"(指示灯熄):表示 ATC 状态不正常,无法执行 ATC 动作
○ O. TRAVEL	紧急停止指示灯	"ON"(指示灯亮):表示紧急停止
○ SP. UNCLAMP	主轴松刀指示灯	"ON"(指示灯亮):表示主轴刀具已松开 "OFF"(指示灯熄):表示主轴刀具已夹紧
○ A. UNCLAMP	第 4 轴松开指示灯	"ON"(指示灯亮):表示转台已松开 "OFF"(指示灯熄):表示转台已夹紧
○ AIR LOW	气压不足指示灯	"ON"(指示灯亮):须检查气压或管路 "OFF"(指示灯熄):气压正常
○ OIL LOW	润滑油油量不足指示灯	"ON"(指示灯亮):须检查油量或油压 "OFF"(指示灯熄):油量和油压正常

单元二　开、关机与返回参考点操作

操作按钮等的说明(三种操作系统均适用):

<　>是指机床操作面板上的按钮、旋钮开关。如:<EDIT>、<CYCLE　START>等等。

□是指 MDI 键盘上的按键。如:|POS|、|PROG|等等。

[　　]是指 CRT 显示器所对应的软键。如:[程序]、[工件系]等等。

一、开机操作

开机的步骤如下:
(1) 按数控机床操作规程进行必要的检查。
(2) 等气压到达规定的值后打开后面的机床开关。
(3) 如果图 2-13 中的紧急停止按钮处在压下状态,则顺时针旋转此按钮使其处在释放状态。
(4) 按下<POWER ON>按钮,系统将进入自检。
(5) 自检结束后,在显示器上将显示图 2-14 所示界面。如果没有进入此界面,而进入图 2-15 所示的系统报警显示界面(在任何操作方式下,按 MESSAGE 都可以进入此界面),则提醒操作者注意数控机床有故障,必须排除故障后才能继续以后的操作。

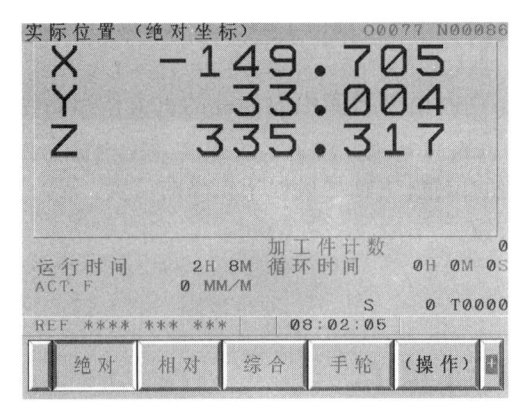

图 2-14 开机后绝对坐标显示界面　　　　图 2-15 报警信息显示界面

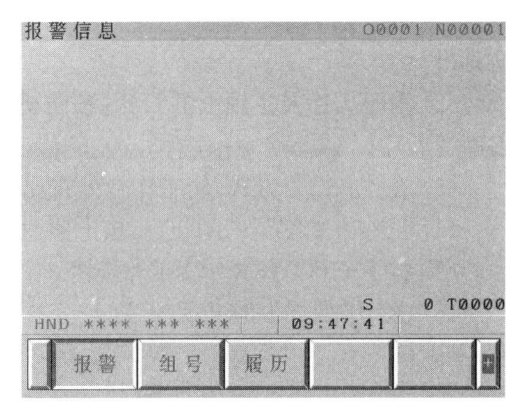

二、返回参考点操作

这是开机后,为了使数控系统对机床零点进行记忆所必须进行的操作。其操作步骤如下:
(1) 在图 2-7 所示的工作方式选择旋钮中选择<REF>。
(2) 在图 2-12 所示的进给轴选择按钮中分别按下<+Z>、<-X>、<+Y>,此时会发现 X 轴、Y 轴、Z 轴三轴的参考点指示灯在闪烁。
(3) 按下原点复归开关<HOME START>,机床将首先进行"+Z"的返回参考点移动,移动结束后进行"-X"与"+Y"的联动返回参考点。图 2-16 为返回参考点后,按了[综合]所显示的综合坐标界面。
(4) 加工中心返回参考点后,为便于工件装夹等操作,要退离参考点,在图 2-7 所示的工作方式选择旋钮中选择<JOG>,在图 2-12 所示的进给轴选择按钮中分别按下<+X>、<-Y>、<-Z>退出。

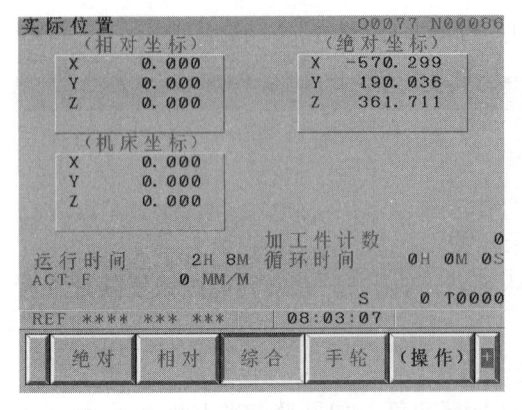

图 2-16 返回参考点后的综合坐标显示界面　　　　图 2-17 相对坐标显示界面

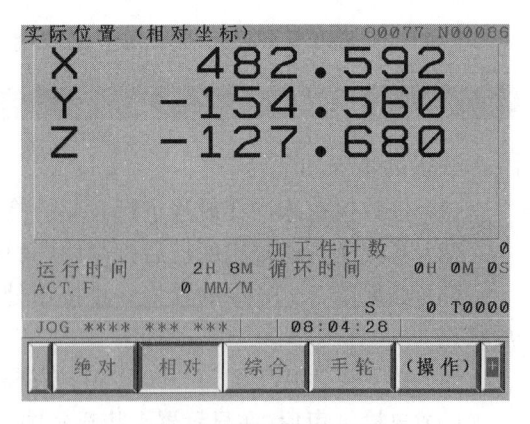

三、关机操作

(1) 取下加工好的零件;清理数控机床工作台面上夹具及沟槽中的切屑,启动排屑把切屑排出。

(2) 取下刀库及主轴上的刀柄(预防机床在不用时由于刀库中刀柄等的重力作用而使刀库变形)。

(3) 在<JOG>方式,使工作台处在比较中间的位置;主轴尽量处于较高的位置。

(4) 工作方式旋至<REF>,按下紧急停止按钮。

(5) 按下<POWER　OFF>按钮。

(6) 关闭后面的机床电源开关。

单元三　手动操作

一、坐标位置显示方式操作

数控机床坐标位置显示方式有三种形式:综合、绝对、相对。分别见图 2-16、图 2-14、图 2-17。连续按 POS 或分别按[绝对]、[相对]、[综合]可进入相应的界面。

相对坐标可以在图 2-16 或图 2-17 所示的界面中进行坐标值归零及预置等操作,特别在对刀操作中利用坐标位置的归零及预置可以带来许多方便。坐标归零及预置的操作方法如下:

(1) 进入如图 2-16 或图 2-17 所示界面,按 X (或 Y 、 Z),此时界面转换成图 2-18 所示的界面,可以看到此界面的最后一行已发生转换,而上面 X(或 Y、Z)发生闪烁。按[归零]后,X 轴的相对坐标被清零(图 2-19)。另外也可按 X 、 0 ,然后按[预置],同样可以使 X 轴的相对坐标清零。

(2) 如果要使坐标在特定的位置预设为某一坐标值(如采用标准值为 50 mm 的 Z 轴设定器,而把主轴返回参考点后的位置设置为 Z-50),则按 Z 、 — 、 5 、 0 ,然后按[预置],此时 Z 轴坐标将预置为 −50(图 2-19)。

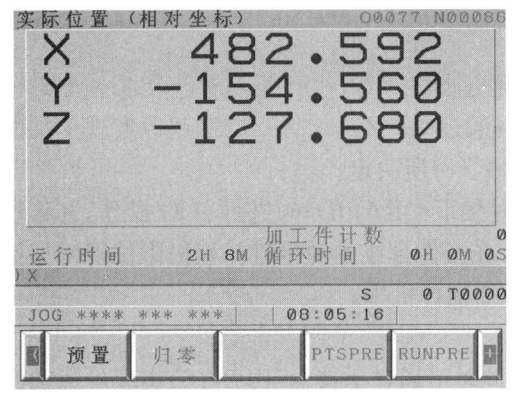

图 2-18 相对坐标归零操作界面 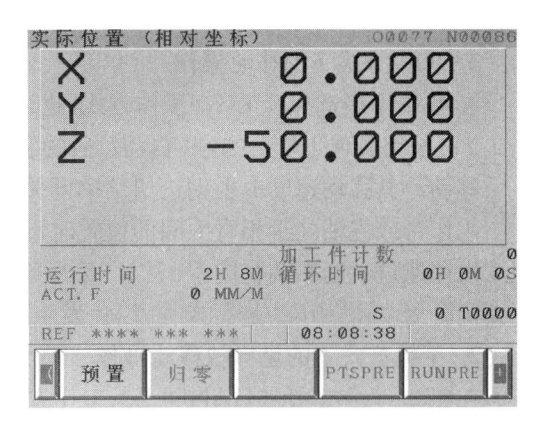　　图 2-19 X 轴相对坐标归零与 Z 轴相对坐标预置后的界面

(3) 如果要使所有的坐标都归零,先在图 2-18 所示界面按[归零],然后在新的界面中按[全部],此时所有相对坐标将全部显示为零。

二、主轴的启动操作及手动操作

(1) 方式选择<MDI>,按 PROG,进入如图 2-20 所示界面。

(2) 分别输入 M→3→S→3→0→0→EOB→INSERT,最后 O0000 处显示"O0000 M3 S300;"(图 2-21)。

(3) 按<CYCLE START>,此时主轴作正转。

(4) 选择<JOG>或<HANDLE>按<SPD.STOP>,此时主轴停止转动;按<SPD.CW>,此时主轴正转;按<SPD.STOP>按<SPD.CCW>,此时主轴反转。在主轴转动时,通过转动主轴倍率选择开关(图 2-11)可使主轴的转速发生修调,其变化范围为 50%~120%。

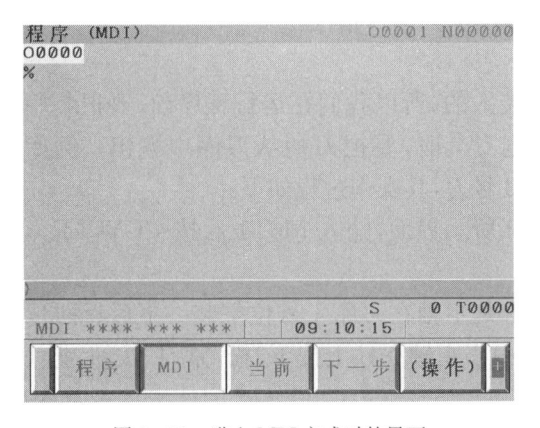

图 2-20 进入 MDI 方式时的界面 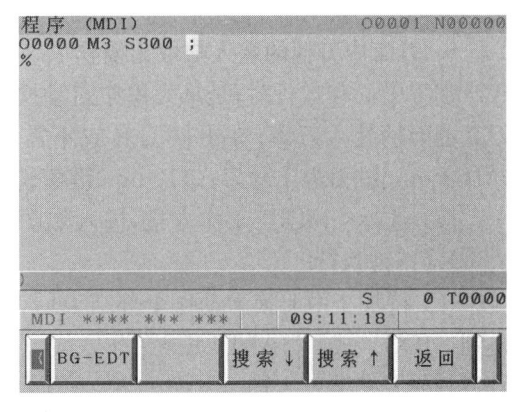　　图 2-21 MDI 方式输入后的界面

三、坐标轴移动及其他操作

1. JOG 方式下的移动操作

在图 2-7 中选择<JOG>工作方式,此时可通过图 2-12 中<＋X>、<－X>、<＋Y>、<－Y>按钮实现工作台的左、右、前、后的移动;通过<＋Z>、<－Z>按钮可实现主轴的上下移动。其移动速度由手动进给倍率开关(图 2-8)所决定。

工作台或主轴处于相对中间的位置时可同时按下<RAPID>,进行 JOG 操作,其移动速度由快速进给速率调整按钮(表 2-6)所确定;在工作台或主轴接近行程极限位置时尽量不要同时用<RAPID>进行操作,以免发生超程而损坏机床。

2. 手轮方式下的坐标轴移动操作

在图 2-7 中选择<HANDLE>工作方式,此时可通过手持盒(图 2-6)实现坐标轴的移动。移动哪个坐标、移动的速度多快,可通过图 2-10 中的选择坐标轴与倍率旋钮来实现,如选择"Y"、"×10",则手摇脉冲发生器(图 2-9)转过 1 格(即发出一个脉冲),Y 轴移动 0.010 mm,移动方向与手摇脉冲发生器的转动方向有关,顺时针转动坐标轴正向移动,逆时针转动坐标轴负向移动。

3. 切削液的开关操作

在 JOG 或 HANDLE 方式下进行手动切削时,如果要用切削液,则必须采用手动方法打开切削液(在自动运行时,用 M8 指令自动打开切削液、M9 指令自动关闭切削液),打开及关闭切削液的方法比较简单。按<CLANT A 或 B>,指示灯亮,切削液流出;指示灯熄,切削液停止。

4. 排屑的操作

数控铣削机床在加工过程中切下的切屑,散布在工作台及附近,每天必须作必要的清理。先用长柄棕刷把切屑(注意切削下来的金属边角料必须人工取出)刷到排屑口,然后用切削液把较难清理部位的切屑冲下。排屑必须在 JOG 及 HANDLE 方式下才能进行手动操作,按<CHIP CW>进行切屑的排出。

在清理切屑的过程中严禁用高压气枪(是用来清理已加工好的零件的)吹工作台侧及台面以下部位的切屑,以免切屑溅入传动部件而影响机床的运行精度。

5. 刀库中刀柄的装入与取出操作

加工中心在运行时,是从刀库中自动换刀并装入的,所以我们在运行程序前,要把装好刀具的刀柄装入刀库;在更换刀具或不需要某把刀具时,要把刀柄从刀库中取出。例如 ∅16 mm 立铣刀为 1 号刀;∅10 mm 键槽铣刀为 3 号刀,其操作过程如下:

(1) 选择<MDI>工作方式,进入如图 2-20 所示界面,输入 M6T1 后按<CYCLE START>键执行。

(2) 待加工中心换刀动作全部结束后(实际上是主轴在刀库 1 号位空装一下后返回),换到<JOG>或<HANDLE>工作方式,在加工中心主轴立柱上按下"松/紧刀"按钮,把 1 号刀具的刀柄装入主轴。

(3) 继续在<MDI>方式下,输入 M6T3 后按<CYCLE START>键执行。

(4) 待把 1 号刀装入刀库,在 3 号位空装一下等动作全部结束后,换到<JOG>或

＜HANDLE＞方式,按下"松/紧刀"按钮,把3号刀具的刀柄装入主轴。

取出刀库中的刀具时,只需在MDI方式下执行要换下刀具的"M6T×"指令,待刀柄装入主轴、刀库退回等一系列动作全部结束后,换到＜JOG＞或＜HANDLE＞方式,按下"松/紧刀"按钮,把刀柄取下。

注意:在取下刀柄时,必须用手托住刀柄(主轴停转),预防刀柄松下时掉落在工件、夹具或工作台面上,而引起刀具、工件、夹具或工作台面的损坏等。

例示四 程序编辑和管理操作

一、查看内存中的程序和打开程序

（1）选择＜EDIT＞工作方式。

（2）连续按 PROG ,CRT上的界面在图2-22所示界面与图2-23所示界面之间切换（按[程序]或[列表]同样可以切换）。在图2-22中,显示存储在内存中的所有程序文件名（按 PAGE↓ 或 PAGE↑ 可查看其他程序文件名）；在图2-23中显示上次加工的程序（按 PAGE↓ 可查看其他程序段；按 RESET 返回）。

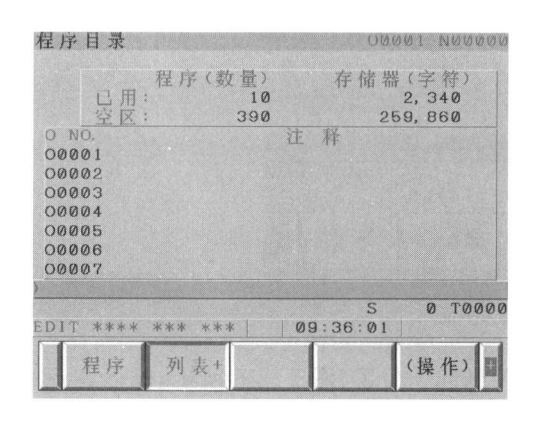

图2-22 存储在内存中的所有程序文件名界面　　图2-23 程序显示界面

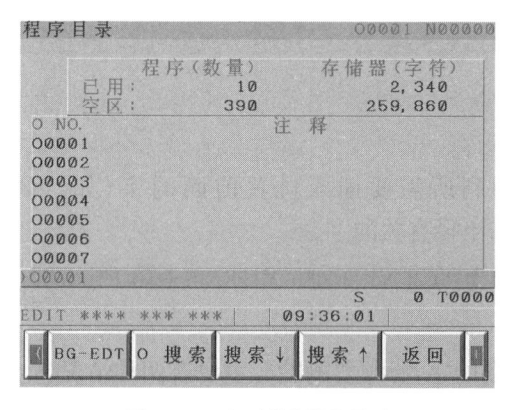

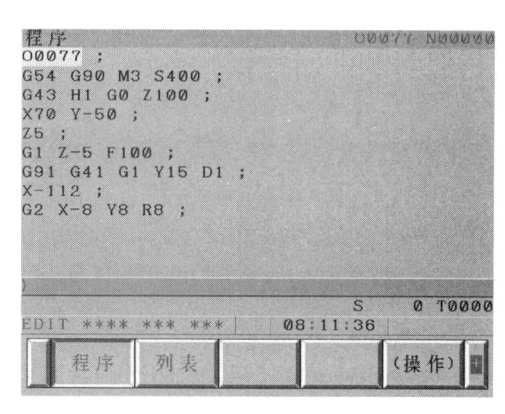

图2-24 打开程序操作界面　　图2-25 打开程序后的界面

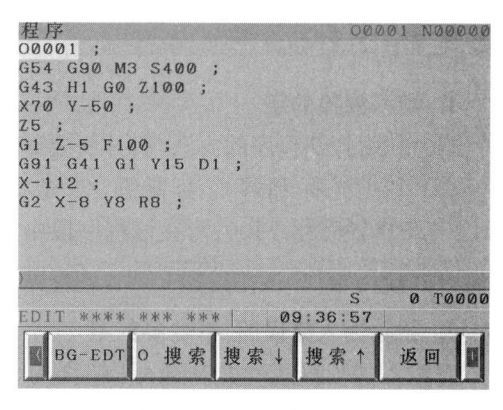

(3) 要打开某个程序,则在图 2-22 中输入 O××××(程序名),此时图 2-22 将变成图 2-24 所示,按[O 搜索]或光标移动键 ←、→、↑、↓ 中的任何一个都可以打开程序,如图 2-25。

二、输入加工程序

(1) 选择＜EDIT＞工作方式。

(2) 在图 2-22 所示界面中查看一下所输入的程序名在内存中是否已经存在,如果已经存在,则把将要输入的程序更名。输入如 O0006(程序名。FANUC 系统的程序名由大写英文字母 O 加 4 位数字所组成)→按 INSERT →按 EOB →按 INSERT ;输入如 M6T1(程序段)→按 EOB →按 INSERT ,……(如图 2-26)。

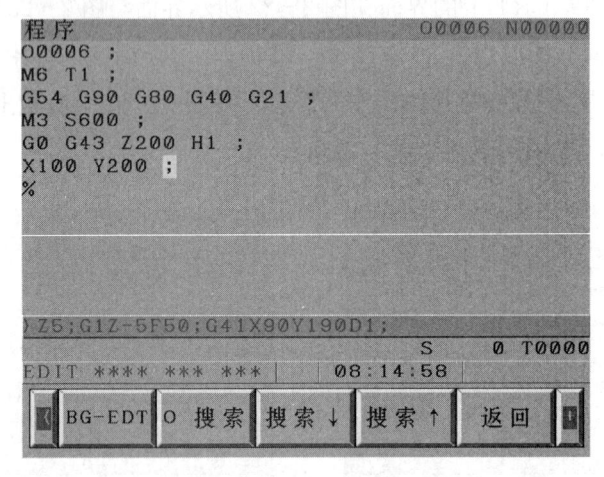

图 2-26 程序输入界面

(3) 程序输入完毕后,按 RESET ,使程序复位到起始位置(图 2-25 所示,光标在程序名处),这样就可以进行自动运行加工了。

三、编辑程序

1. 插入漏掉的字

(1) 利用打开程序的方法,打开所要编辑的程序。

(2) 利用光标和界面变换键,使光标移动到所需要插入位置前面的字(如:"G2 X123.685 Y198.36 F100;",在该程序段中漏掉与半径有关的字。

(3) 输入如 R50 后按 INSERT ,该程序段就变为:"G2 X123.685 Y198.36 R50 F100;"。

2. 删除输入错误的、不需要的字

在输入加工程序过程中输入了错误的、不需要的字,必须要删除。主要有两种情况。

第一种情况:在未按 INSERT 前就发现错误,如图 2-26 界面中">"所指行(在临时内

存中)。处理方法是连续按 CAN 键进行回退清除。

第二种情况:在按 INSERT 后发现有错误(程序段已输入到系统内存中)。处理方法是把光标移动到所需删除的字处,按 DELETE 进行删除。

3. 修改输入错误的字

在程序输入完毕后,经检查发现在程序段中有输入错误的字,则必须要修改。

(1) 利用光标移动键使光标移动到所需要修改的字(如"G2 X12.869 Y198.36 R50 F100;",其中在该程序段中"X12.869"需改为"X123.869")。

(2) 具体修改方法为①输入正确的字,按 ALTER 进行替换;②先按 DELETE 删除错误的字,输入正确的字,按 INSERT 键插入。

(3) 处理完毕后,按 RESET 键,使程序复位到起始位置。

四、删除内存中的程序

1. 删除一个程序的操作

(1) 选择<EDIT>方式按 PROG ,进入图 2-22 所示界面。

(2) 输入 O××××(要删除的程序名,如图 2-24 所示),按 DELETE 删除该程序。

2. 删除所有程序的操作

(1) 选择<EDIT>方式按 PROG ,进入图 2-22 所示界面。

(2) 输入 O-9999,按 DELETE ,删除内存中的所有程序。

3. 删除指定范围内的多个程序

(1) 选择<EDIT>方式按 PROG ,进入图 2-22 所示界面。

(2) 输入"OXXXX,OYYYY"(XXXX 代表将要删除程序的起始程序号,YYYY 代表将要删除程序的终了程序号),按 DELETE ,删除 OXXXX 到 OYYYY 之间的程序。

单元五 MDI 及自动运行操作

一、MDI 运行操作

在 MDI 方式中,通过 MDI 面板可以编制最多 10 行(10 个程序段)的程序并被执行,程序格式和通常程序一样。MDI 运行适用于简单的测试操作,因为程序不会存储到内存中,在输入一段程序段并执行完毕后会马上被清除;但在输入超过两段以上的程序段并执行后不会马上清除,只有关机才被清除。MDI 运行操作过程如下:

(1) 选择<MDI>工作方式,进入图 2-27 所示界面。如果没有进入此界面,按 PROG 进入。

(2) 与通常程序的输入方法相同输入程序段(图 2-28)。

图 2-27 MDI方式界面

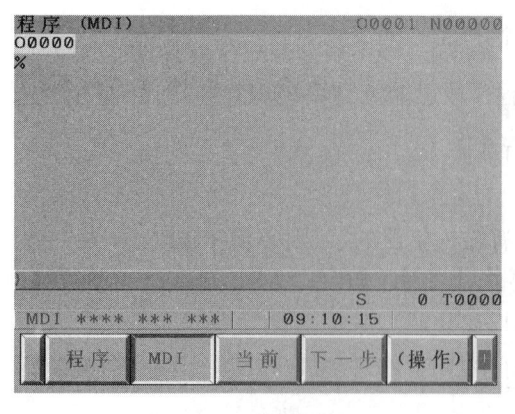

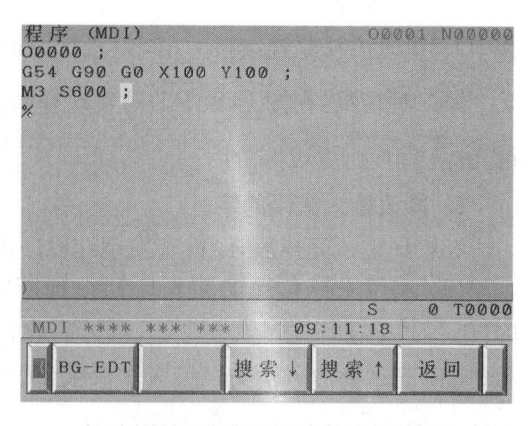

图 2-28 MDI方式输入程序段后的界面

注意如果输入一段程序段,则可直接按<CYCLE START>执行;但输入程序段较多时,需先把光标移回到O0000所在的第一行,然后按<CYCLE START>执行,否则从光标所在的程序段开始执行(如果主轴没有旋转,情况较危险)。

二、内存中程序的运行操作

程序事先存储到内存中,当选择了这些程序中的一个并按下<CYCLE START>后,启动自动运行。操作过程如下:

(1) 在<EDIT>方式下打开或输入加工的程序。

(2) 装夹好工件,在手动方式下对刀并设置好刀具的长度与半径偏置量、工件坐标系(按 OFS/SET 及[偏置]、[工件系]可进入图2-29、图2-30所示界面)。

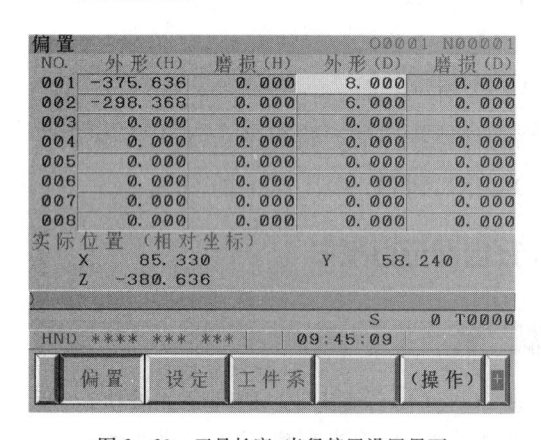

图 2-29 刀具长度、半径偏置设置界面

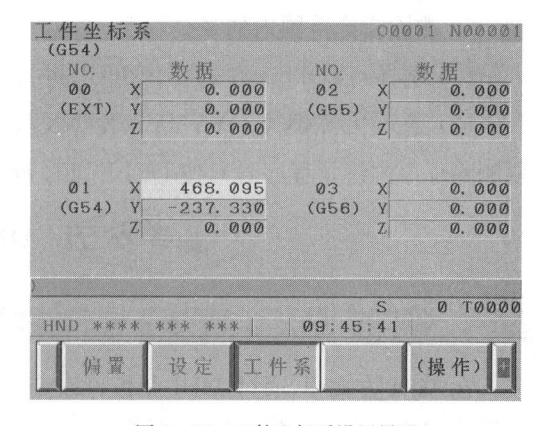

图 2-30 工件坐标系设置界面

(3) 选择<AUTO>方式。

(4) 把表2-6中的选择<25%>;图2-8中的进给倍率开关旋至较小的值;把图2-11中的主轴倍率选择开关旋至100%。

(5) 按下<CYCLE START>,使机床进入自动操作状态。

(6) 把图2-8中的进给倍率开关在进入切削后逐步调大,观察切削下来的切屑情况及加工中心的振动情况,调到适当的进给倍率进行切削加工(有时还需同时调整图 2-11 的主轴倍率);长度偏置等没有问题后,把表 2-6 中的"按钮"选择为 100%。图 2-31 所示为自动运行时程序检视显示界面;图 2-32 所示为按 POS 所显示的坐标界面。

图 2-31 自动运行时程序检查显示界面

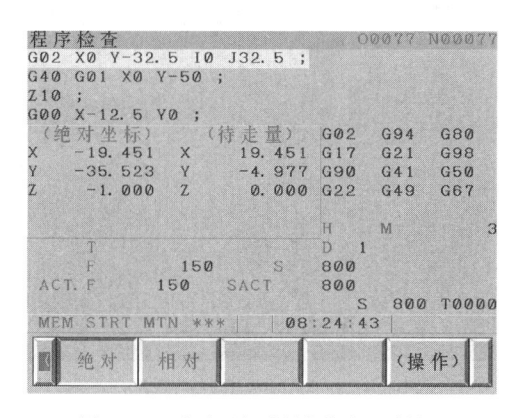

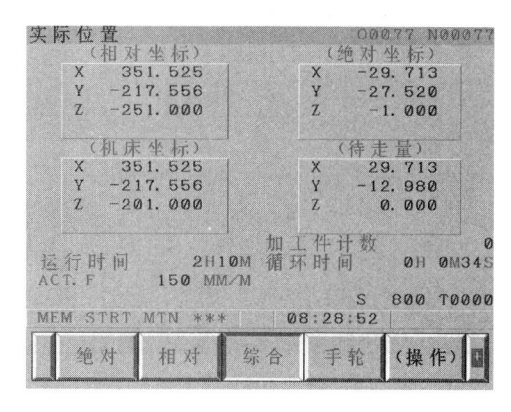

图 2-32 坐标移动显示界面

在自动运行过程中,如果按下<SINGLE BLOCK>,则系统进入单段运行的操作,即数控系统执行完一个程序段后,进给停止,必须重新按下<CYCLE START>,才能执行下一个程序段。

三、图形显示操作

FANUC 0i-MC 系统具有图形显示功能,我们可以通过其线框图观察程序的运行轨迹。如果程序有问题,系统会作相应的报警提示。其操作过程如下:

(1) 在<EDIT>方式下打开或输入加工的程序。
(2) 设置好工件坐标系、刀具的长度与半径偏置量。
(3) 选择<AUTO>方式。
(4) 按下 CSTM/GR 进入图 2-33 所示参数 1 设置界面;按 PAGE↓ 可进入图 2-34 所示参数 2 设置界面。

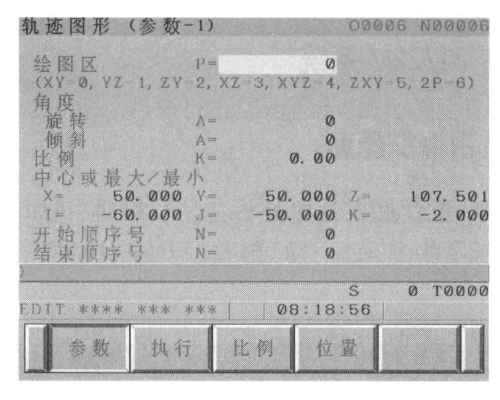

图 2-33 轨迹图形参数 1 设置界面

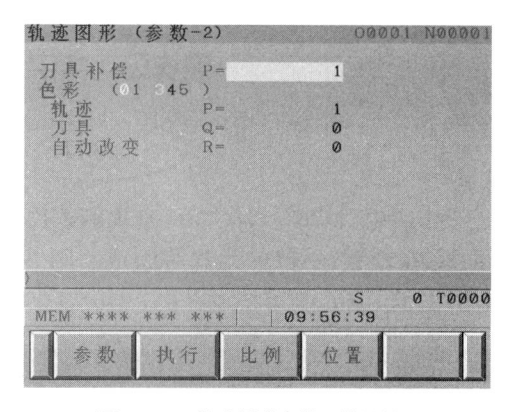

图 2-34 轨迹图形参数 2 设置界面

实训项目二 数控铣削机床的基本操作

(5) 设置好绘图区(视图)参数等后,按[执行],进入图 2-35 所示界面。
(6) 按[(操作)],进入图 2-36 所示界面。

图 2-35 轨迹图形操作界面之一

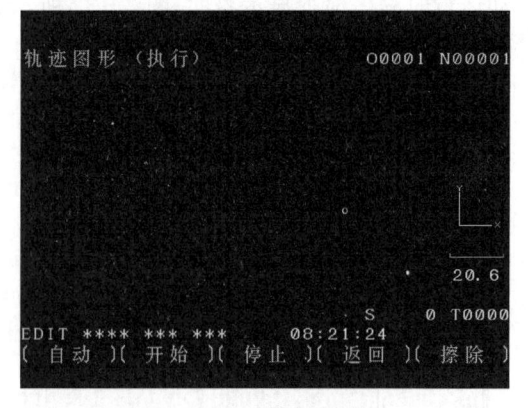

图 2-36 轨迹图形操作界面之二

(7) 按[开始]后,系统将显示轨迹图形,如图 2-37(图 2-34 中 P 设置为 1)、图 2-38(图 2-34 中 P 设置为 0)所示。

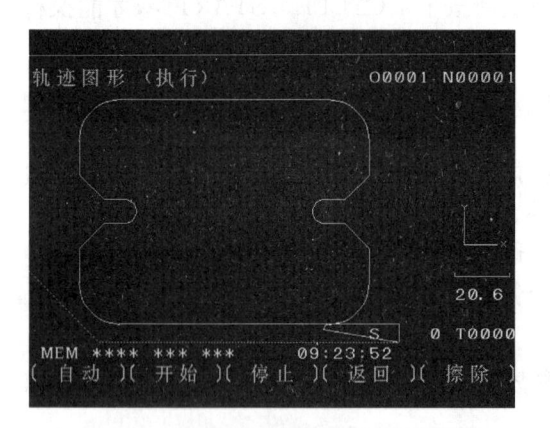

图 2-37 轨迹图形显示界面(带半径偏置)

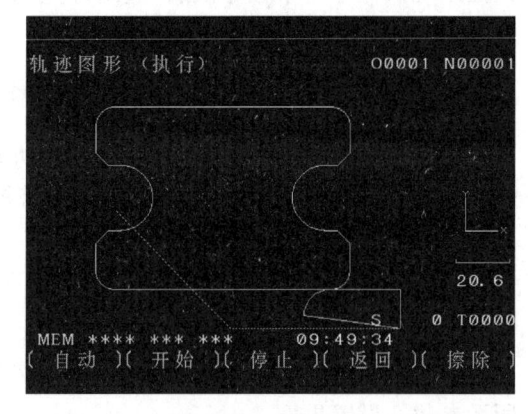

图 2-38 轨迹图形显示界面(不带半径偏置)

模块二 华中 HNC-21/22M 系统

单元一 认识操作面板

应用华中 HNC-21/22M 系统的数控铣削机床操作面板是由显示器、NC 键盘、机床控制面板、功能键、手持单元盒等组成。图 2-39 所示为显示器、NC 键盘、标准机床操作面板,图 2-40 所示为手持单元。

一、显示器与 NC 键盘

显示器位于操作面板的左上部,为 7.7′显示器,用于汉字菜单、系统状态、故障报警的

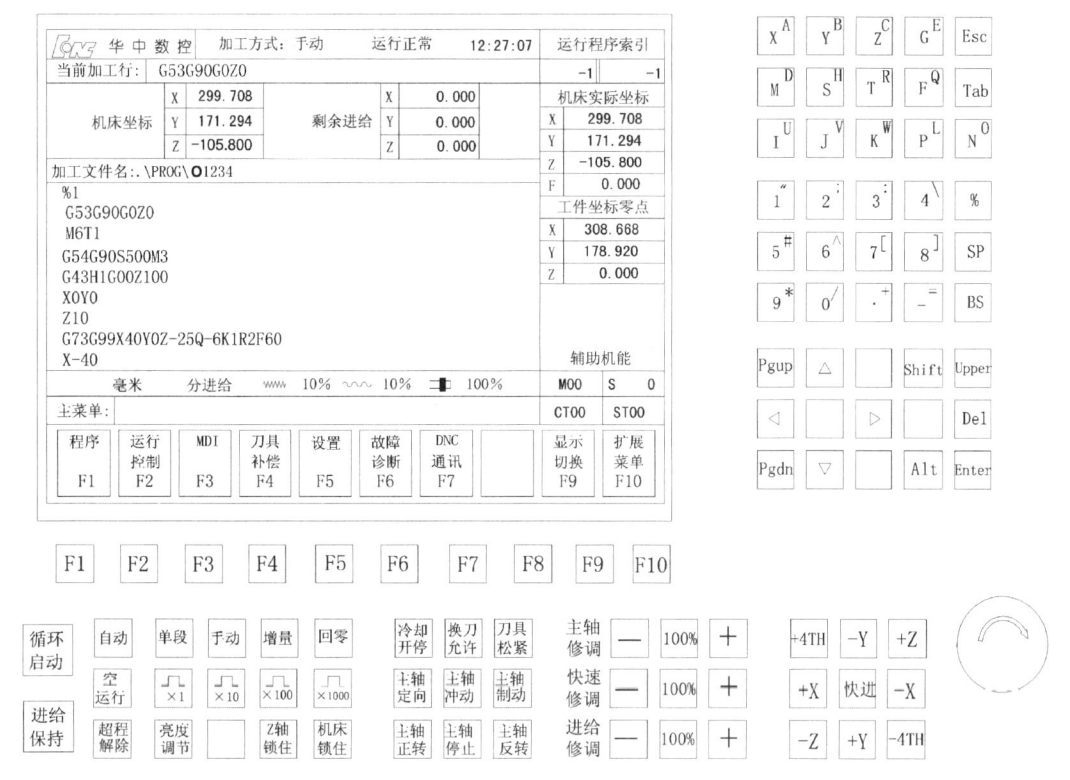

图 2-39 华中 HNC-21/22M 操作面板

显示和加工轨迹的图形仿真等。

NC 键盘包括精简型 MDI 键盘和 F1~F10 十个功能键，标准化的字母数字式 MDI 键盘介于显示器右侧，其中的大部分键具有上档键功能；F1~F10 十个功能键位于显示器的正下方，NC 键盘用于零件程序和参数输入、MDI 及系统管理操作等。MDI 键盘上各键功用见表 2-9。

表 2-9 MDI 面板上各键功用

键	名　　称	功　用　说　明
X^A	地址/数字输入键	按下这些键，输入字母、数字和运算符号等
Esc	取消键	按下此键，可取消某些错误操作
Tab	Tab 键	备用键
%	程序名键	程序第一行选用％＊＊作为程序名
SP	空格键	输入程序或参数需要空格时

实训项目二　数控铣削机床的基本操作

续 表

键	名 称	功 用 说 明
BS	回退键	按下此键,可回退清除输入的字符
Shift	Shift 键	备用键
Upper	上档键	按下此键,输入的地址或数字为该键右上角的地址或数字
Del	删除键	编程时用于删除已输入的字及删除在 CNC 中的程序
Alt	Alt 键	用于一些快捷方式,如查找上一条提示信息:Alt＋K
Enter	回车确认键	用于程序段换行或输入参数时的确认
Pgup Pgdn	界面变换键	用于 CRT 屏幕选择不同的界面,Pgup:返回上一节界面,Pgdn:进入下一级界面
△ ▽ ◁ ▷	光标移动键	用于在 CRT 界面上、下、左、右移动光标

二、机床控制面板

1. 手持单元(图 2－40,在数控铣床上无此单元)

在增量方式下操作手轮,通过图中的选择轴与倍率旋钮(×1、×10、×100 分别表示一个脉冲移动 0.001 mm、0.01 mm、0.1 mm),旋转手轮可移动坐标轴(顺时针往正方向、逆时针往负方向移动)。

2. 倍率修调按钮(图 2－41)

(1) 主轴修调。自动或手动方式旋转主轴时,按＜＋＞(提高)、＜－＞(降低)可修调主轴的转速,修调范围是:10%～150%。

(2) 快速修调。自动加工时,可修调程序中 G00 的进给速度,修调范围是:0%～100%。

(3) 进给修调。手动或自动(G01)操作各轴移动时,可修调移动速度,修调范围是:0%～200%。

3. 进给轴向选择按钮(图 2－42)

手动方式下,需往某轴的某方向移动时,按住该按钮,使

图 2－40 手持单元

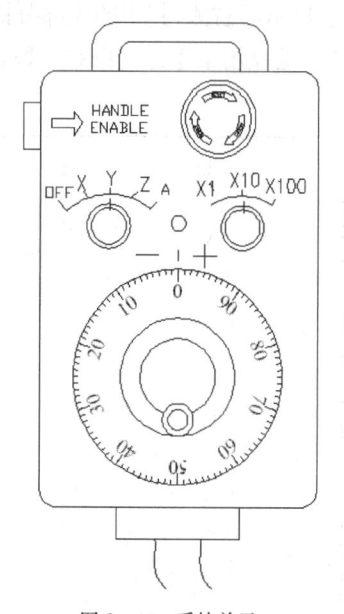

其指示灯亮,移动轴往选择的方向运动;执行快速移动时,需将<快进>按钮同时按下,选择轴将按快速倍率进行移动。选择轴移动时的速度受进给修调倍率的影响。

图 2-41 修调倍率　　图 2-42 进给轴选择　　图 2-43 紧急停止按钮

4. 紧急停止按钮(图 2-43,在图 2-40 的手持单元上也有一个)

开关机时,用于切断和接通伺服电源;运行中遇到危险的情况,立即按下此按钮,切断伺服电源,机床将立即停止所有的动作,需解除时,顺时针方向旋转此按钮,即可恢复待机状态,在重新运行前必须执行返回参考点操作。

5. <循环启动>与<进给保持>按钮

在自动运行和 MDI 方式下,按下<循环启动>按钮可进行程序的自动运行;用<进给保持>按钮可使运行暂停。再次按下<循环启动>可继续自动运行。

6. <自动>方式

可自动执行存储在 NC 内的加工程序,在执行加工前,必须先按下<自动>按钮。

7. <单段>按钮

自动运转时,按下此按钮后,只执行一个程序段的指令动作,动作结束后停止,要继续运转需要重新按下<循环启动>按钮;若需程序连续执行,该按钮不选用,指示灯在熄灭状态。

8. <手动>方式

在此方式下,按下进给轴向选择按钮,选择的轴以手动进给速度移动,如果同时按下<快进>按钮,则速度加快。

9. <增量>方式

在增量方式下,手持单元才起作用。

10. <回零>方式

该方式下,配合进给轴向按钮,可进行各坐标轴的参考点返回。

11. <空运行>按钮

在自动方式下,按<空运行>按钮,CNC 处于空运行状态,程序中编写的进给率被忽略,坐标轴以最大速度快速移动。

12. 增量值选择按钮

增量方式下按此按钮,指示灯亮,点动进给轴向选择按钮,选择轴移动一个脉冲(×1、×10、×100、×1 000 分别表示一个脉冲移动 0.001 mm、0.01 mm、0.1 mm、1 mm)。

13. <超程解除>按钮

用于各坐标轴移动超程时的解除。

实训项目二　数控铣削机床的基本操作

14. ＜亮度调节＞按钮

不断地点击此按钮,屏幕的亮度将发生变化(暗→亮→暗……不断循环)。

15. ＜Z轴锁住＞按钮

在自动运行开始前按此按钮,按键指示灯亮,再按＜循环启动＞按键,Z轴坐标位置信息变化但Z轴不运动。

16. ＜机床锁住＞按钮

自动执行按下此按钮时,按键指示灯亮,再按＜循环启动＞按键,机床坐标轴的位置信息变化但不输出伺服轴的移动指令,机床停止不动,该功能用于校验程序。

17. ＜冷却开停＞按钮

手动方式下,按下此按钮,指示灯亮时表示冷却液开、熄灭时表示冷却液关。

18. ＜换刀允许＞按钮

手动方式下按下此按钮,指示灯亮,允许刀具松/紧操作;再按一下又为不允许刀具松/紧操作,指示灯灭。

19. ＜刀具松紧＞按钮

在换刀允许有效时(指示灯亮),按一下＜刀具松/紧＞按键,指示灯亮,松开刀具;再按一下指示灯灭,表示夹紧刀具。

20. ＜主轴定向＞按钮

当主轴制动无效时按下此按钮,主轴立即执行主轴定向功能,定向完成后按键内指示灯亮,主轴准确停止在某一固定位置。

21. ＜主轴冲动＞按钮

手动方式下,主轴制动无效时按此按钮,指示灯亮,主电机以机床参数设定的转速和时间转动一定的角度。

22. ＜主轴制动＞按钮

手动方式主轴在停止状态下,按下此按钮,主电机被锁定在当前位置。

23. ＜主轴正转＞按钮

按下此按钮,主轴以设定的转速顺时针旋转。

24. ＜主轴停止＞按钮

主轴处于旋转状态时,手动方式按下此按钮,主轴停止转动。

25. ＜主轴反转＞按钮

按下此按钮,主轴以设定的转速逆时针旋转。

华中系统另外具有"校验程序"的功能,实际应用时,上面的15、16两项一般不推荐使用,因其使用后必须重新返回参考点。而"校验程序"功能只在软件本身运行,没有信号发送到伺服单元,所以运行后不必重新进行返回参考点操作。

三、软件操作界面

华中HNC-21/22M系统的软件操作界面如图2-44所示,其界面由如下几个部分组成:

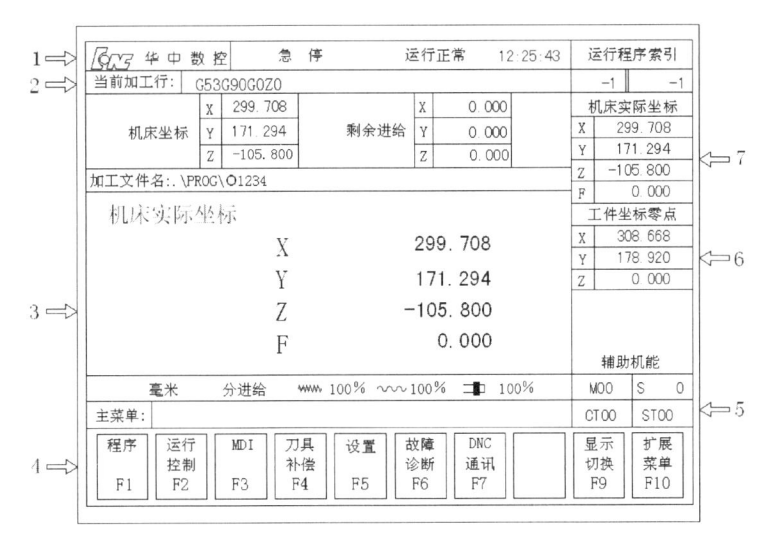

图 2-44 华中 HNC-21/22M 软件操作面板

1. 当前加工方式、系统运行状态及当前时间

（1）工作方式。系统工作方式根据机床控制面板上相应按键的状态，可在自动、单段、手动、增量、回零、急停、复位等之间切换；

（2）运行状态。系统工作状态在"运行正常"和"出错"间切换；

（3）系统时钟。当前系统时间。

2. 当前加工程序行

当前正在或将要加工的程序段。

3. 显示窗口

可以根据需要，用显示切换键[F9]设置窗口的显示内容（有图形、程序、坐标等）。

4. 菜单命令条

通过菜单命令条中的功能键[F1]～[F10]来完成系统功能的一系列操作。

5. 辅助机能

显示自动加工中的 M、S、T 参数。

6. 工件坐标零点

工件坐标系零点在机床坐标系中的坐标。

7. 选定坐标系下的坐标值

坐标系可在机床坐标系、工件坐标系、相对坐标系之间切换；显示值可在指令位置、实际位置、剩余进给、跟踪误差等之间切换。

操作界面中最重要的一块是菜单命令条，系统功能的操作主要通过菜单命令条中的功能键[F1]～[F10]来完成。由于每个功能包括不同的操作，菜单采用层次结构，即在主菜单下选择一个菜单项后，数控装置会显示该功能下的子菜单，再根据该子菜单的内容选择所需的操作，如图 2-45 所示。当要返回主菜单时，按子菜单下的[F10]键即可。

华中 HNC-21/22M 系统的菜单结构如图 2-46 所示（扩展菜单结构略）。

实训项目二　数控铣削机床的基本操作

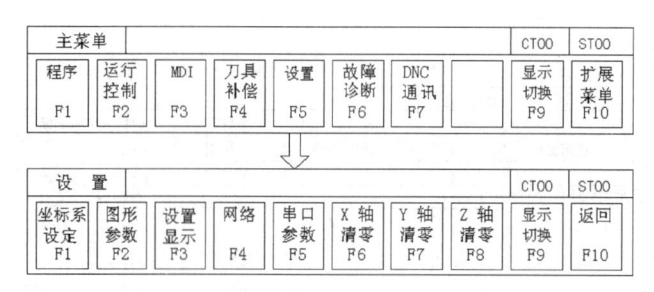

图 2-45 菜单层次

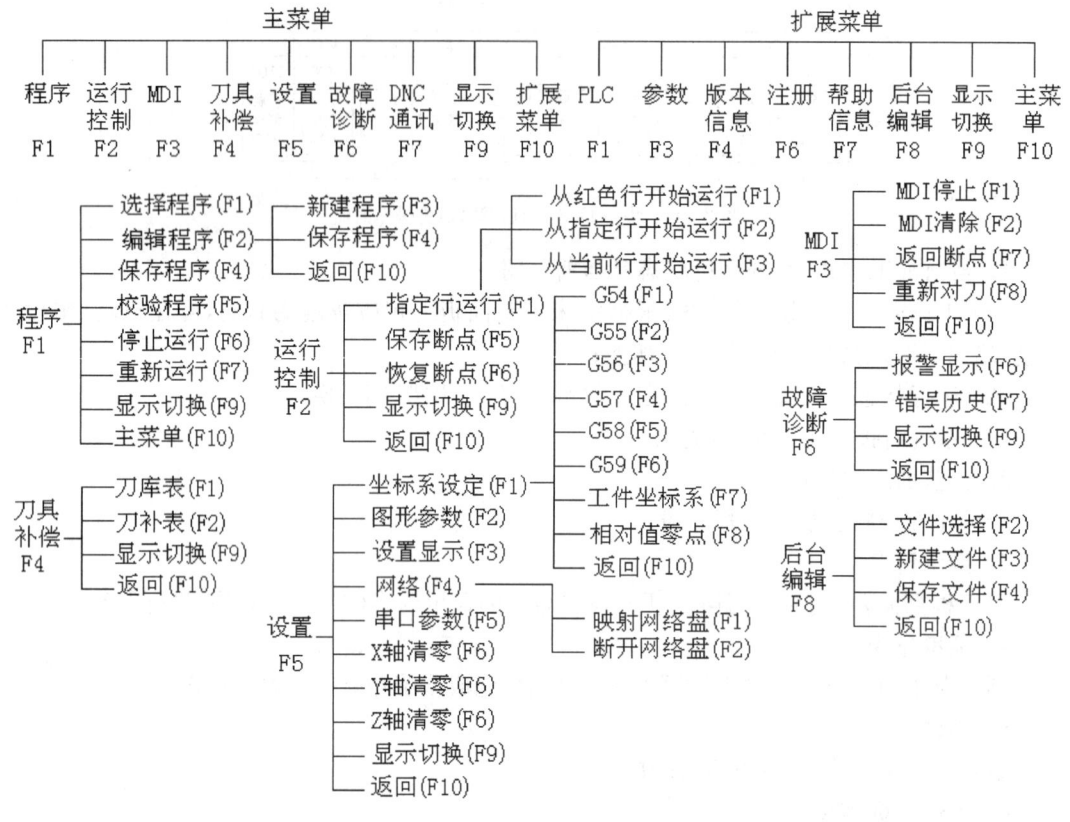

图 2-46 华中 HNC-21/22M 菜单结构

单元二　开、关机与返回参考点操作

一、开机操作

开机的步骤如下：

(1) 按数控机床操作规程进行必要的检查；按下＜紧急停止＞按钮。

(2) 等气压到达规定的值后打开后面的机床开关。

(3) 检查风扇电机运转情况、面板上的指示灯是否正常。

(4) 接通数控装置电源后，HNC-21/22M 自动运行系统软件。进入系统后，软件操作界面当前工作方式显示"急停"，如图 2-47 所示。如果系统运行状态显示"出错"，说明系统有故障，则必须按下［故障诊断］、［报警显示］按钮，系统显示报警内容，如图 2-48 所示。根据提示解决故障，待系统运行状态显示"正常"后顺时针释放＜紧急停止＞按钮，系统复位并接通伺服电源，系统默认进入手动方式，软件操作界面的工作方式变为手动，开机完成。

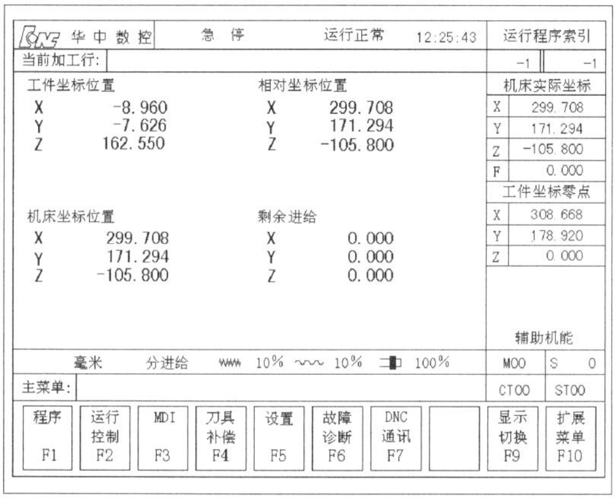

图 2-47 开机状态界面 　　　　　　　　图 2-48 故障诊断提示界面

二、返回参考点操作

(1) 按机床控制面板＜回零＞键，系统显示当前工作方式是回零。

(2) 依次按下＜＋Z＞、＜－X＞或＜＋X＞、＜－Y＞或＜＋Y＞按钮（X 轴、Y 轴的移动由［机床参数］中的"回参考点方向"参数来确定，如：X 轴回参考点方向为"－"，则按＜－X＞），待按钮内的指示灯亮后，机床返回参考点结束，机床坐标系被建立。

返回参考点时必须注意：

回参考点时，为防止机床运行时发生碰撞，一般应选择 Z 轴先回参考点，即先将刀具抬起；

在每次电源接通后，必须先完成各轴的返回参考点操作，然后再进入其他运行方式；

在回参考点前应确保回零轴位于参考点方向相反侧，如 X 轴的回参考点方向为负，则回参考点前应保证 X 轴当前位置在参考点的正方向，否则应手动移动该轴直到满足此条件；

在回参考点过程中若出现超程故障，按住控制面板上的＜超程解除＞按键，待系统运行状态显示"正常"后，向相反方向手动移动该轴，使其退出超程状态，然后返回参考点；

系统各轴回参考点后，在运行过程中只要伺服驱动装置不出现报警，其他报警出现都不需要重新回零，包括按下＜急停＞按键。

三、关机操作

(1) 机床停止加工后，工作台面移动至中间位置；

(2) 按下控制面板上的急停按钮，断开伺服电源；

(3) 断开机床后面的总电源。

手动操作

一、坐标位置显示方式操作

数控机床坐标位置的显示,可在图 2-47 所示开机状态的界面中循环按[显示切换 F9](在加工程序、图形模拟显示、坐标位置三者之间切换)得到。坐标显示方式同样可以选择机床坐标系、工件坐标系或相对坐标系,其操作方式为:在图 2-47 所示界面中按[设置 F5],进入图 2-49 所示界面(在该界面中可通过按[F6]~[F8]进行 X 轴、Y 轴、Z 轴相对坐标的清零),在图 2-49 所示界面中按[F3]就进入图 2-50 所示界面,通过移动选择所需要的坐标系。

图 2-49 设置界面

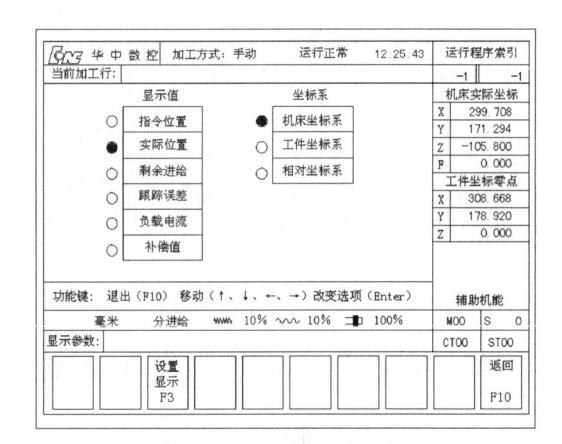

图 2-50 显示值和坐标系设置界面

二、主轴的启动操作及手动操作

(1)方式选择<自动>,在图 2-47 所示界面中按[F3]进入如图 2-51 所示的 MDI 界面,输入如 M3S600,按 Enter 后,按[循环启动]使主轴旋转。

图 2-51 MDI 操作界面

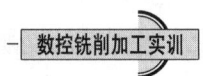

(2) 方式选择<手动>,就可以进行<主轴停止>、<主轴正转>、<主轴反转>、<主轴定向>、<主轴冲动>、<主轴制动>等操作。

三、坐标轴移动及其他操作

1. 手动进给

按下<手动>按键(指示灯亮),系统处于手动运行方式。按压<+X>或<-X>按键(指示灯亮),X 轴将产生正向或负向连续移动;松开<+X>或<-X>按键(指示灯灭),X 轴即减速停止。用同样的操作方法使用按键<+Y>或<-Y>、<+Z>或<-Z>可以使 Y 轴、Z 轴产生正向或负向连续移动。

手动进给时,进给速率为:系统参数最高快移速度的 1/3×<进给修调>选择的进给倍率。按压进给修调右侧的<100%>按键(指示灯亮),进给修调倍率被置为 100%,按一下<+>,修调倍率递增 10%;按一下<->,修调倍率递减 10%,修调倍率的一次增减大小可由 PLC 设定。

在手动进给时,同时按压<快进>按键,则产生相应轴的正向或负向快速运动,坐标轴的快速移动速度受<进给倍率>修调的控制。

手动快速移动的速率为系统参数最高快移速度乘以<快速修调>选择的进给倍率。

2. 增量进给

按一下机床控制面板上的<增量>按键(指示灯亮),系统处于增量进给方式,可增量移动机床坐标轴。按一下<+X>或<-X>按键,X 轴将向正向或负向移动一个增量值,再按一下<+X>或<-X>按键,X 轴将向正向或负向继续移动一个增量值。其他轴的增量移动方法类似。

增量进给的增量值由×1、×10、×100、×1 000 四个增量倍率按键控制,增量倍率按键对应的增量值分别为:0.001 mm、0.01 mm、0.1 mm、1 mm。

3. 手摇脉冲进给

一直按住手持单元侧面的按钮(数控铣床的手轮在操作面板上,没有此按钮),并将坐标轴选择波段开关置于"X"、"Y"、"Z"档时,按一下<增量>按钮(指示灯亮),系统处于手摇进给方式,可手摇进给机床坐标轴。如开关置于"X"("Y"或"Z")档时,旋转手摇脉冲发生器,可控制 X(Y 或 Z)轴正、负方向运动,顺时针或逆时针旋转手摇脉冲发生器一格,X(Y 或 Z)轴将向正向或负向移动一个增量值。

手摇脉冲进给的增量值(手摇脉冲发生器每转一格的移动量)由手持单元的增量倍率波段开关×1、×10、×100 控制,对应的增量值分别为:0.001 mm、0.01 mm、0.1 mm。

4. 切削液的开关操作

打开及关闭切削液的方法比较简单,按一下<冷却开停>,指示灯亮,切削液开(默认值为切削液关),再按一下<冷却开停>,指示灯熄,切削液关。

5. 刀具夹紧与松开

主轴停稳后,在<手动>方式下通过按压<换刀允许>按键(指示灯亮),使得<刀具松紧>操作有效。按下<刀具松紧>按键,松开刀具;放开<刀具松紧>按键,夹紧刀具。

6. 刀库中刀柄的装入与取出操作

以两个刀柄(刀具均已装在其上)为例,将它们分别装入刀库中的1、2号位置(即T1、T2),操作步骤如下:

(1) 在主菜单按下[MDI]键,进入MDI界面(图2-51),输入"M6T1",在<自动>方式下按<循环启动>键,刀库执行换刀动作。动作完成后,刀库当前位置为1号,即主轴上的刀具号为T1(主轴上没有刀柄),在<手动>方式下按<换刀允许>键、再按<刀具松紧>键,将1号刀柄装入主轴(刀柄上的键槽对准主轴上的定位键),按<刀具松紧>键、再按<换刀允许>键,刀柄固定在主轴上,完成换刀动作。

(2) 继续在MDI界面中输入"M6T2",在<自动>方式下按<循环启动>键,刀库执行换刀动作,将主轴上的T1刀柄送到刀库当前位置1号,刀库旋转使2号刀位到当前位置。在<手动>方式下,以装入1号刀柄的方法安装2号刀柄,将其固定在主轴上。

取出刀库中的刀具时,只需在MDI方式下执行要换下刀具的"M6T×"指令,待刀柄装入主轴、刀库退回等一系列动作全部结束后,换到<手动>方式,用手托住刀柄(主轴停转),按<换刀允许>键、再按<刀具松紧>键把刀柄取下。

注意:执行换刀指令前,主轴位置应处于换刀点位置的正方向;安排刀库位置时,应考虑刀库的受力平衡,即刀具在刀库中对称放置。在松下刀柄前必须用手托住刀柄,以免刀具掉在工件、夹具或工作台面上,损坏刀具或工件等。

单元四 程序编辑和管理操作

一、选择程序和删除程序

在图2-47所示的主菜单操作界面下按[F1]键,进入程序功能子菜单。程序命令行与其菜单条的显示如图2-52所示(选择<自动>时显示此界面,在<手动>等方式下F3~F7不显示),在程序功能子菜单下可以对加工程序进行编辑、保存、校验等操作。

图2-52 程序功能子菜单界面

图2-53 选择程序显示界面

在程序功能子菜单下(图2-52)按[F1]键,将弹出如图2-53所示的选择程序菜单,其中:①电子盘程序是保存在数控机床电子盘上的程序文件;②DNC 程序是由串口发送过来的程序文件;③软驱程序是保存在软驱上的程序文件;④网络程序是建立网络连接后,网络路径映射的程序文件。

1. 选择程序的操作方法

(1) 用 NC 键盘上的 ◁ 、◁ 和 Enter 进行存储器的选择(系统默认存储器为电子盘);

(2) 用 △ 、▽ 选中存储器上的一个程序文件;

(3) 按 Enter 键,即可将该程序文件选中并调入加工缓冲区,如图 2-54 所示。

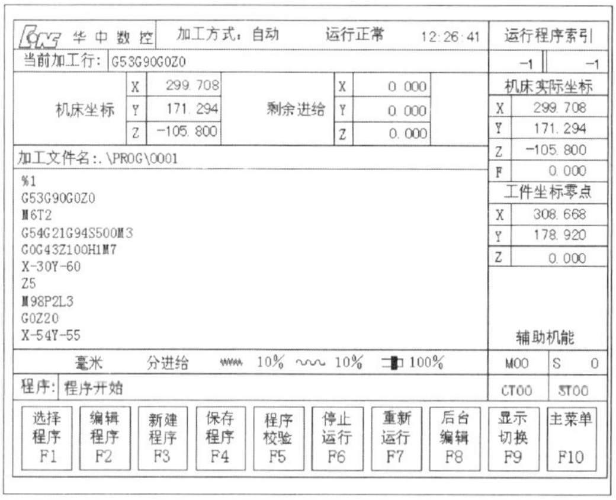

图 2-54 调入程序文件到加工缓冲区界面 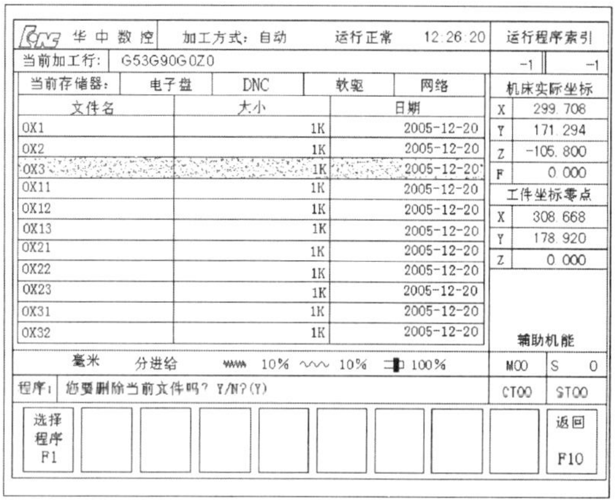   图 2-55 确认是否删除程序文件界面

2. 删除程序文件

删除程序文件的操作步骤如下:

(1) 在图 2-53 所示选择程序界面中,用 △ 、▽ 键移动光标条,选中要删除的程序文件;

(2) 按 Del 键,系统弹出如图 2-55 所示对话框,系统提示是否要删除选中的程序文件,按 Y 或 Enter 将选中的程序文件从当前存储器上删除,按 N 则取消删除操作。

注意:删除的程序文件不可恢复,删除操作前应确认该操作。

二、编辑程序

在图 2-54 所示的程序功能子菜单下按[F2]键,将弹出如图 2-56 所示的编辑程序界面,在此界面下可编辑当前程序。编程中使用的常用键与快捷如下:

Del 删除光标后的一个字符,光标位置不变,余下的字符左移一个字符位置;

Pgup 使编辑程序向程序头滚动一屏,光标位置不变,如果到了程序头,则光标移到文件首行的第一个字符处;

Pgdn 使编辑程序向程序尾滚动一屏,光标位置不变,如果到了程序尾,则光标移到文件末行的第一个字符处;

BS 删除光标前的一个字符,光标向前移动一个字符位置,余下的字符左移一个字符位置;

◁ 使光标左移一个字符位置;

▷ 使光标右移一个字符位置;

△ 使光标向上移一行;

▽ 使光标向下移一行。

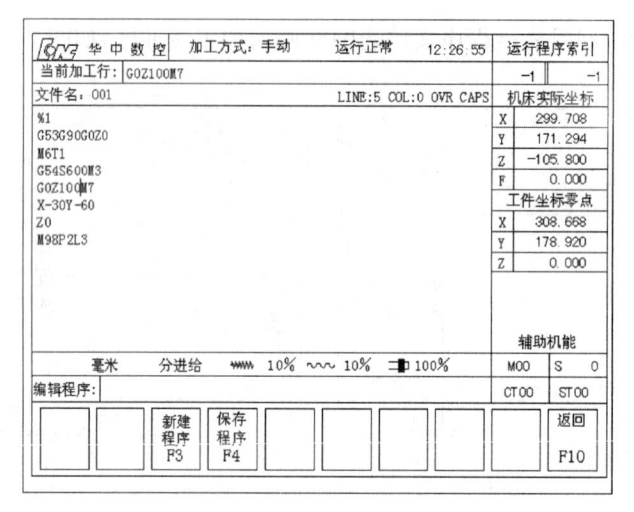

图 2-56 编辑程序界面

三、新建程序和保存程序

1. 新建程序

在指定磁盘或目录下建立一个新文件(华中系统的文件名由大写英文字母 O 加 7 位以内的数字、字母所组成。文件下有程序名,由"％"加数字"1"、"2"等组成),但新文件不能和已存在的文件同名。在编辑程序功能子菜单下(图 2-52)按[F3]键,将进入如图 2-57 所示的新建程序菜单,系统提示输入新建文件名,光标在输入新建文件名栏闪烁,输入文件名后按 Enter 键确认后,即可编辑新建程序文件了(如图 2-56 所示)。

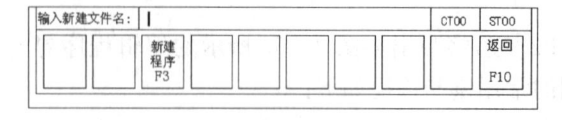

图 2-57 新建程序文件名界面   图 2-58 保存程序界面

2. 保存程序

在编辑状态下(图 2-56)或在程序功能子菜单下(图 2-52)按[F4]键,系统给出图 2-58 所示的文件名,按 Enter 键,将以提示的文件名保存当前程序文件。如果提示文件名需改为其他名字,重新输入文件名后按 Enter 即可。

四、程序校验和图形显示操作

程序校验用于对调入加工缓冲区的程序文件进行校验,并提示可能的错误。新程序在调入或编辑后最好先进行校验,运行正确无误后再进行自动加工。程序校验运行的操作步骤如下:

(1) 在[自动]或[单段]方式下,打开要校验的加工程序;

(2) 在图2-54所示界面中按[F5]键,此时软件操作界面(图2-59)的工作方式显示为"自动校验";

(3) 按机床控制面板上的<循环启动>按键,程序校验开始;

(4) 按[F9]可进行显示切换,图2-59为所有视图图形轨迹显示界面(按[1]～[4]可进行视图切换,图2-60为XY平面图形显示);

图2-59 所有三视图及正轴测视图图形显示界面

图2-60 XY平面图形显示界面

(5) 若程序校验完后正确,光标将返回到程序头且软件操作界面的工作方式显示改为自动或单段;若程序有错,命令行将提示程序的哪一行有错,修改后可继续校验,直到程序正确为止。

注意:校验运行时机床不动作;为确保加工程序正确无误,请选择不同的图形显示方式来观察校验运行的结果。

任务五 MDI及自动运行操作

一、MDI运行操作

在<自动>运行方式下,按下图2-39所示的主菜单中的[F3]键,进入MDI操作界面(图2-51)。

1. 输入MDI指令段

MDI输入的最小单位是一个有效指令字,因此输入一个MDI运行指令段可以有以下两种方法:

(1) 一次输入,即一次输入多个指令字的信息。

(2) 多次输入,即每次输入一个指令字的信息。

2. 运行 MDI 指令段

在输入完一个 MDI 指令段后，按一下操作面板上的<循环启动>键，系统将开始运行所输入的 MDI 指令。如果输入的 MDI 指令信息不完整或存在语法错误，系统会提示相应的错误信息，此时不能运行 MDI 指令，可输入正确的 MDI 指令段后重新运行。

3. 清除当前输入的所有尺寸字数据

在输入 MDI 数据后，按[MDI 清除]键，可清除当前输入的所有尺寸字数据，其他指令字依然有效，显示窗口内 X、Y、Z、I、J、K、R 等字符后面的数据全部消失，此时可重新输入新的数据。

4. 停止当前正在运行的 MDI 指令

在系统正在运行 MDI 指令时，按[MDI 停止]键可停止 MDI 运行，但辅助功能 M 指令不停止动作。

二、内存中程序的运行操作

（一）启动、暂停

1. 启动自动运行

操作过程如下：

（1）在<自动>运行方式下，打开或输入加工的程序，通过程序校验。

（2）装夹好工件，在手动方式下对刀并设置好刀具的长度与半径偏置量（在图 2-39 所示的主菜单中按[F4]进入如图 2-61 所示界面，在此界面中按[F2]进入如图 2-62 所示界面）、工件坐标系（在图 2-49 中按[坐标系设定 F1]进入图 2-63 所示界面）。

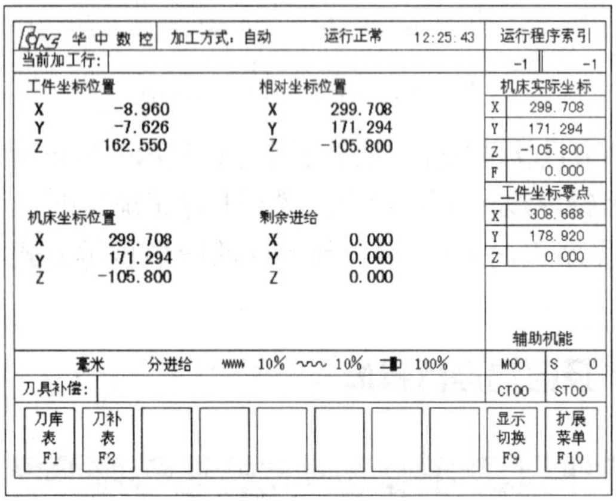

图 2-61　进入刀补表界面 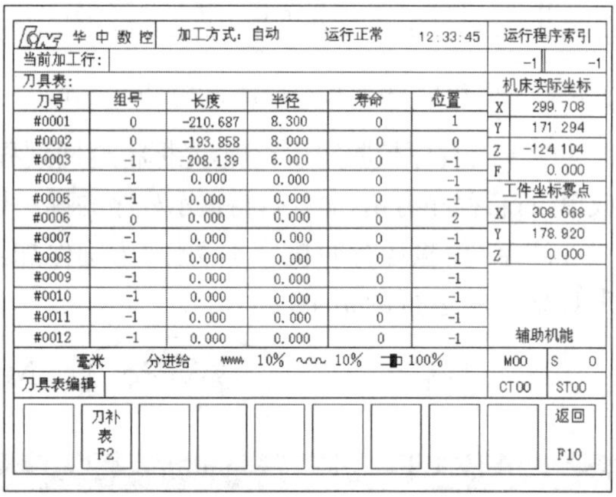　　　　图 2-62　设置刀具长度、半径补偿界面

（3）按一下机床控制面板上的<循环启动>按键（指示灯亮），机床开始自动运行调入的加工程序。

2. 暂停运行

在程序自动运行的过程中，需要暂停运行，操作步骤如下：

（1）在程序运行的任何位置，按一下机床控制面板上的<进给保持>按键（指示灯亮，<自动>按键指示灯灭），系统处于进给保持状态。

(2) 再按机床控制面板上的<循环启动>按键(指示灯亮,<进给保持>按键指示灯灭),机床又开始自动运行调入的加工程序。

(二) 其他运行操作

在系统主菜单操作界面下(图 2-39),按[F2]键进入程序运行控制子菜单。命令行与菜单条的显示如图 2-64、2-65 所示,在运行控制子菜单下可以对程序文件进行[指定行运行]、[保存断点]和[恢复断点]等操作。

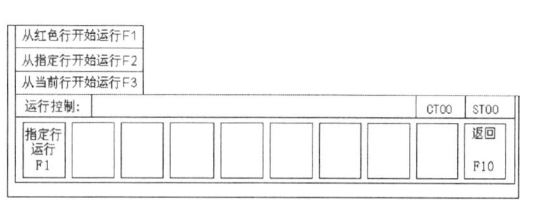

图 2-63 工件坐标系设置界面(G54)

图 2-64 程序运行控制子菜单

图 2-65 暂停运行后选择运行行菜单

(三) 运行时干预

1. 进给速度修调

在自动或 MDI 运行方式下,当 F 指令编程的进给速度偏高或偏低时,可用进给修调右侧的<100%>和<+>、<->按键,修调程序中编制的进给速度。按压<100%>按键,进给修调倍率被置为 100%;按一下<+>按键,进给修调倍率递增 10%;按一下<->按键进给修调倍率递减 10%。

2. 快移速度修调

在自动或 MDI 运行方式下,可用快速修调右侧的<100%>和<+>、<->按键,修调 G00 快速移动时系统参数最高快移速度设置的速度。按压<100%>按键,速修调倍率被置为 100%;按一下<+>按键,快速修调倍率递增 10%;按一下<->按键,快速修调倍率递减 10%。

3. 主轴修调

在自动或 MDI 运行方式下,当 S 指令编程的主轴速度偏高或偏低时,可用主轴修调右侧的<100%>和<+>、<->按键,修调程序中编制的主轴速度。按压<100%>按键,主轴修调倍率被置为 100%;按一下<+>按键,主轴修调倍率递增 10%;按一下<->按键,主轴修调倍率递减 10%。

4. 机床锁住

禁止机床坐标轴动作。在<手动>方式下,按一下<机床锁住>按键,此时在<自动>方式下运行程序,可模拟程序运行,显示屏上的坐标轴位置信息变化,但不输出伺服轴的移动指令,所以机床停止不动,这个功能用于校验程序。使用此功能时,需注意:①用 G28、G29 功能时,刀具不运动到参考点;②机床辅助功能 M、S、T 仍然有效;③在自动运行过程中按<机床锁住>按键机床锁住无效;④在自动运行过程中,只在运行结束时方可解除机床锁住。

三、超程解除

在伺服轴行程的两端各有一个极限开关,作用是防止伺服机构碰撞而损坏机床。每当伺服机构碰到行程极限开关时,就会出现超程。当某轴出现超程([超程解除]按键内指示灯亮)时,系统工作方式显示"急停",运行方式显示"出错",退出超程状态的操作步骤如下:

(1) 一直按压着<超程解除>按键,控制器会暂时忽略超程的紧急情况;

(2) 3 秒~4 秒钟后,系统工作方式显示原来的方式(如[自动]),将加工方式切换为<手动>或<增量>方式,报警解除;

(3) 使该轴向相反方向退出超程状态;

(4) 松开<超程解除>按键,若显示屏上运行状态栏"运行正常"取代了"出错",表示恢复正常,可以继续进行操作。

注意:在操作机床退出超程状态时,请务必注意移动方向及移动速率,以免发生撞机。

模块三　SINUMERIK 802D 系统

案例一　认识操作面板

应用 SINUMERIK 802D 系统的数控铣削机床操作面板,由显示器与 MDI 面板、机床操作面板、手持盒等组成。图 2-66 所示为 CNC 操作面板;图 2-67 所示为机床操作面板部分;图 2-68 所示为显示器;手持盒与 FANUC 系统的数控机床的相同。

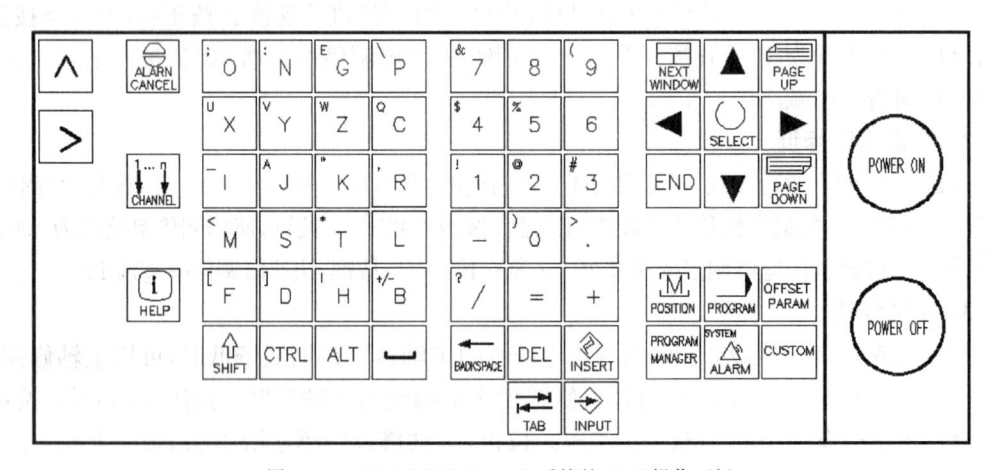

图 2-66　SINUMERIK 802D 系统的 CNC 操作面板

一、CNC 操作面板

SINUMERIK 802D 系统的 CNC 操作面板如图 2-66 所示,各按键功能说明见表 2-10。

表 2-10　SINUMERIK 802D 系统操作面板各按键功能说明

按　　键	功能说明	按　　键	功能说明
∧	返回键	POSITION	加工操作区域键
>	菜单扩展键	PROGRAM	程序操作区域键
ALARM CANCEL	报警应答键	OFFSET PARAM	参数操作区域键
1...n CHANNEL	通道转换键	PROGRAM MANAGER	程序管理操作区域键
HELP	信息键	SYSTEM ALARM	报警/系统操作区域键
SHIFT	上档键	CUSTOM　NEXT WINDOW	未使用
CTRL	控制键	PAGE UP　PAGE DOWN	翻页键
ALT	ALT 键	SELECT	选择/转换键
␣	空格键	END	至程序最后
BACKSPACE	删除键(退格键)	J　Z	字母键(上档键转换对应字符)
DEL	删除键	0　9	数字键(上档键转换对应字符)
INSERT	插入键		
TAB	制表键	▲ ◄ ► ▼	光标键
INPUT	回车/输入键		
POWER ON	开系统电源按钮	POWER OFF	关系统电源按钮

实训项目二　数控铣削机床的基本操作

二、机床操作面板

SINUMERIK 802D 机床操作面板如图 2-67 所示,各按键功能说明见表 2-11。

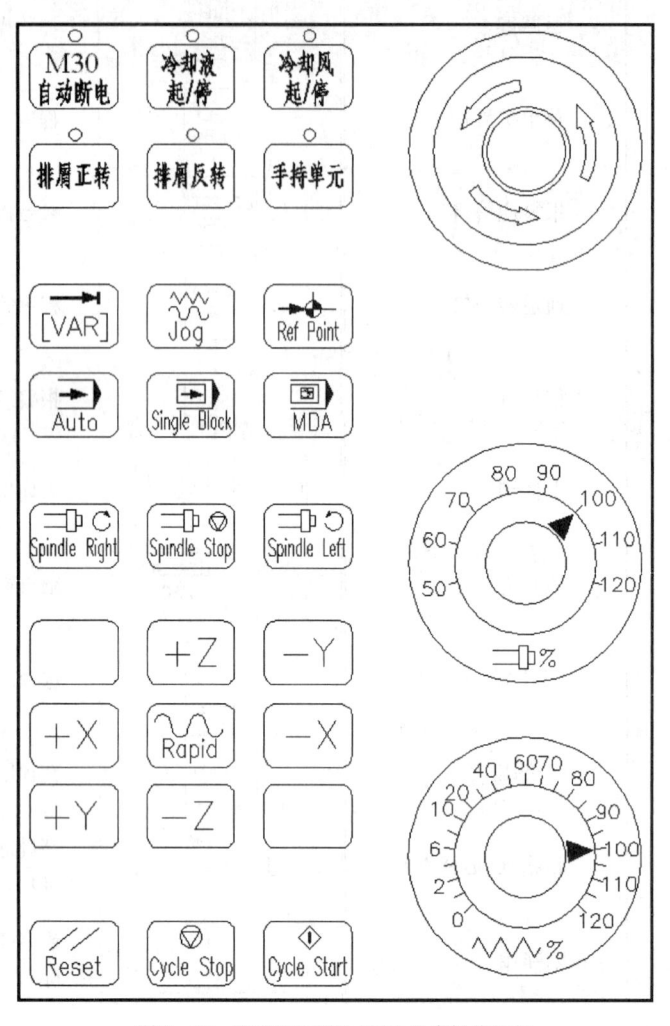

图 2-67 SINUMERIK 802D 机床操作面板

表 2-11 SINUMERIK 802D 系机床控制面板各按键功能说明

按　键	功能说明	按　键	功能说明
M30 自动断电	"ON"(指示灯亮):在自动运行时,系统执行完 M30 后,机床将在设定的时间内自动关闭总电源	MDA	手动数据输入
冷却液 起/停	"ON"(指示灯亮):切削液流出 "OFF"(指示灯熄):切削液停止	Spindle Right	主轴正转

续 表

按　键	功能说明	按　键	功能说明
冷却风起/停	"ON"（指示灯亮）：风冷却开 "OFF"（指示灯熄）：风冷却关	Spindle Stop	主轴停止
排屑正转	"ON"（指示灯亮）：排屑螺杆依顺时针转动（连续控制） "OFF"（指示灯熄）：排屑螺杆不动作	Spindle Left	主轴反转
排屑反转	"ON"（指示灯亮）：排屑螺杆依逆时针方向转动（点动控制。"松开"则指示灯熄，排屑螺杆不动作）	+X　−X	X轴点动
手持单元	"ON"（指示灯亮）：手持单元起作用 "OFF"（指示灯熄）：手持单元无效	+Y　−Y	Y轴点动
[VAR]	增量选择	+Z　−Z	Z轴点动
Jog	点动	Rapid	快速运动叠加
Ref Point	参考点	Reset	复位
Auto	自动方式	Cycle Stop	数控停止
Single Block	单段	Cycle Start	数控启动
	紧急停止按钮		进给速度修调		主轴速度修调

三、显示器屏幕界面

SINUMERIK 802D 屏幕界面如图 2-68 所示。从图中可以看出屏幕划分为以下几个区域：状态区、应用区和说明及软键区。

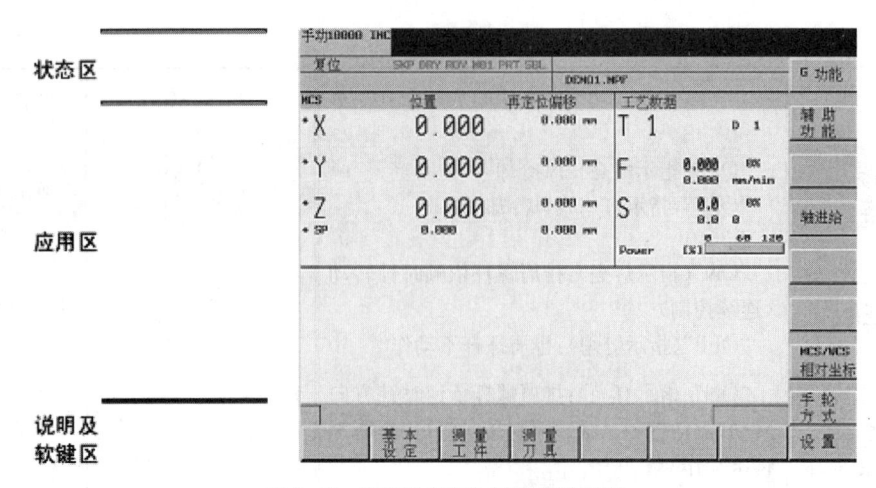

图 2-68 SINUMERIK 802D 屏幕界面

1. 状态区

图 2-69 所示为状态区详图,图中所示单元说明见表 2-12 所示。

图 2-69 状态区

表 2-12 状态区显示单元的说明

图中元素	显 示 及 含 义
①	当前操作区域,有效方式 加工:JOG;JOG 方式下的增量大小 　　　MDA 　　　AUTOMATIC 参数 程序 程序管理器 系统 报警 G291 标记的"外部语言"
②	报警信息行。显示报警内容:1. 报警号和报警文本　2. 信息内容
③	程序状态 STOP:程序停止 RUN:程序运行 RESET:程序复位/基本状态
④	自动方式下的程序控制
⑤	保留

续 表

图中元素	显 示 及 含 义
⑥	NC 信息
⑦	所选择的零件程序（主程序）

2. 说明及软键区

图 2-70 所示为说明及软键区图，图中所示单元说明见表 2-13 所示。

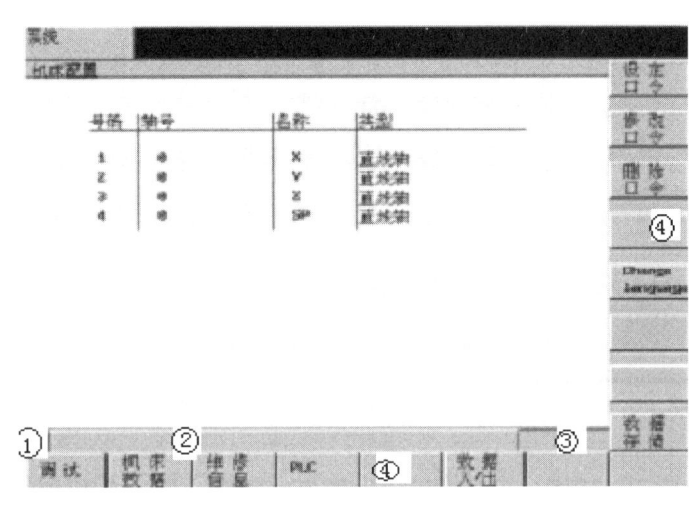

图 2-70 说明及软键区

表 2-13 说明及软键区单元说明

图中元素	显 示	含 义
①	∧	返回键：在此区域出现该符号，表明处于子菜单上。按返回键，返回到上一级菜单。
②		提示：显示提示信息。
③	>	MMC 状态信息 出现扩展键，表明还有其他软键功能。 大小写字符转换。 执行数据传送。 链接 PLC 编程工具
④		垂直和水平软键

标准软键：[返回] 关闭该屏幕格式，返回前一屏幕格式；[中断] 中断输入，退出该窗口；[接收] 中断输入，进行计算。[确认] 中断输入，接收输入的值。

实训项目二 数控铣削机床的基本操作 —79

3. 应用区

应用区上部常显示的是机床实际坐标位置，相对下一个程序段还有没有运动的距离。工艺数据包括当前刀具 T 显示、进给速度 F、主轴转速 S 和主轴功率显示等。中间部分显示零件程序、文件等。不同的屏幕格式显示不同的内容。

四、操作区域

操作区域(图 2-71)基本功能划分如表 2-14 所示。

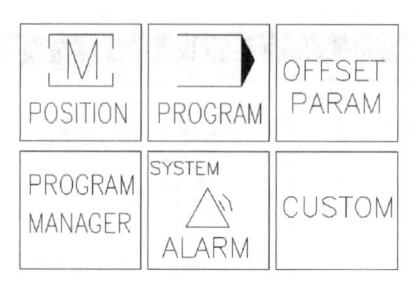

图 2-71 操作区域

表 2-14 操作区域说明

图 标	功 能	意 义
POSITION	加工	机床加工、机床加工状态显示
OFFSET PARAM	偏移量/参数	输入刀具补偿值和零点偏置设定值
PROGRAM	程序	生成零件程序、编辑修改程序
PROGRAM MANAGER	程序管理器	零件程序目录列表
SHIFT + SYSTEM ALARM	系统	诊断和调试
SYSTEM ALARM	报警	报警信息和信息表

SINUMERIK 802D 系统可以通过设定口令对系统数据的输入和修改进行保护。保护级分为三级。用户级是最低级，但它可以对刀具补偿、零点偏置、设定数据、RS232 设定和程序编制/程序修改进行保护。

另外，SINUMERIK 802D 系统还对系统的输入操作设置了计算器。按 上档键 和 = 符号可以启动数值的计算功能。用此功能可以进行数据的四则运算，还可以进行正弦、余弦、平方和开方等运算。

果示二 开、关机与返回参考点操作

一、开机操作

开机的操作步骤：

(1) 按数控机床操作规程进行必要的检查。

(2) 等气压到达规定的值后打开后面的机床开关。

(3) 如果图 2-67 中的紧急停止按钮处在压下状态，则顺时针旋转此按钮使其处在释放状态。

(4) 按下<POWER ON>按钮，系统进行自检后进入"手动 REF"运行方式，如图 2-72 所示。

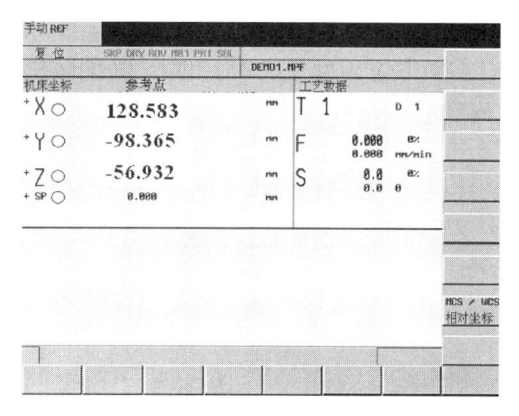

图 2-72 回参考点前

二、回参考点操作

回参考点的操作步骤：

(1) 开机后机床会自动进入"手动 REF(返回参考点)"界面。

(2) 按坐标轴方向键<-Z>、<+X>、<+Y>，手动使每个坐标轴逐一回参考点，直到"回参考点"窗口中显示●符号(图 2-73)，表示各个坐标轴完成回参考点操作。如果选错了回参考点方向，则不会产生运动。○符号表示坐标轴未回参考点。

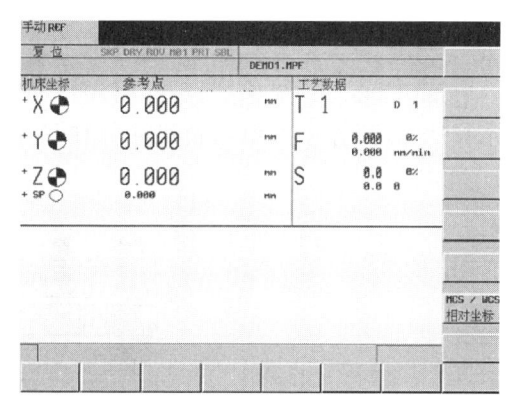

图 2-73 返回参考点后

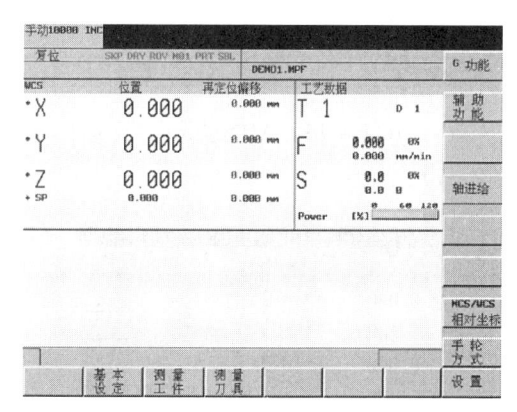

图 2-74 "JOG"状态图

(3) 回完参考点后，通过选择另一种运行方式(如<MDA>、<AUTO>或<JOG>)可以结束回参考点的功能。这里常常进行的操作是按下机床控制面板上的<JOG>键(界面变成图 2-74 所示)，进入手动运行方式，再分别按下方向键使各个坐标轴离开参考点位置，所按坐标轴的方向为"回参考点"方向的反方向。注意不能按错方向键，否则机床会出现坐标轴超程报警信号;如出现超程报警则按坐标轴的反方向退出即可。

三、关机操作

(1) 取下加工好的零件;清理数控机床工作台面上夹具及沟槽中的切屑,启动排屑把切屑排出。

(2) 取下刀库及主轴上的刀柄(预防机床在不用时由于刀库中刀柄等的重力作用而使刀库变形)。

(3) 在＜JOG＞方式,使工作台处在比较中间的位置;主轴尽量处于较高的位置。

(4) 按下＜POWER OFF＞按钮。

(5) 关闭后面的机床电源开关。

单元三 手动操作

一、坐标位置显示方式操作

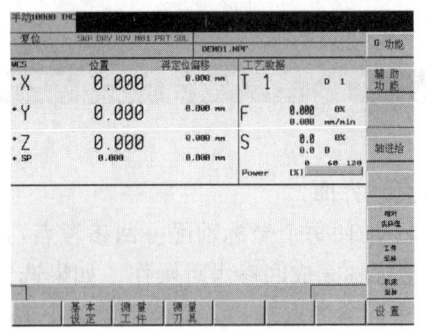

对 SINUMERIK 802D 系统的坐标显示,只需在图 2-74 界面中按[MCS/WCS 相对坐标]这一屏幕软键就可以进入图 2-75 所示的坐标选择界面,在该界面中可进行[相对实际值(REL)]、[工件坐标(WCS)]、[机床坐标(MCS)]的选择。

图 2-75 坐标选择界面

二、主轴的启动操作及手动操作

(1) 方式选择＜MDA＞,进入如图 2-76 所示界面,其各个菜单树及机床操作区见图 2-77。

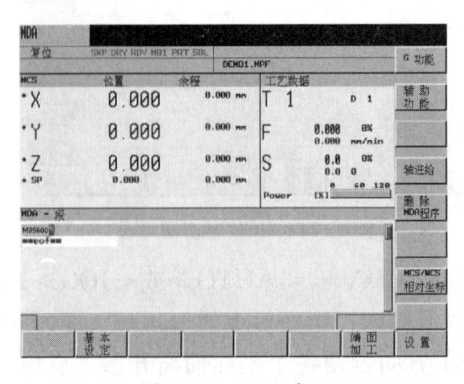

图 2-76 MDA 窗口

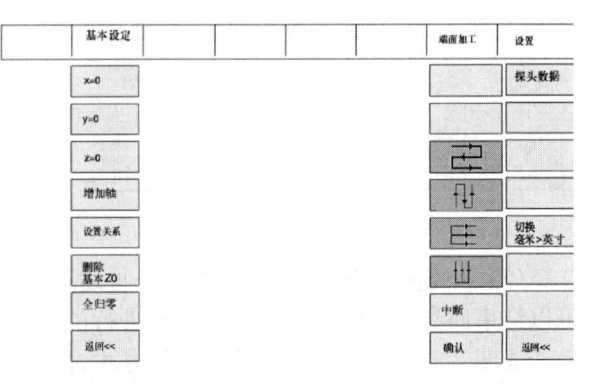

图 2-77 MDA 菜单树及机床操作区

(2) 输入 M3S600 后按 [Cycle Start] 此时主轴作正转。

(3) 选择<JOG>方式,按 [Spindle Stop] 主轴停止转动;按 [Spindle Right]、[Spindle Left] 主轴正转、反转。在主轴转动时,通过转动主轴速度修调(表 2-11)可使主轴的转速发生修调,其变化范围为 50%~120%。

三、手动控制运行及其他操作

1. 手动(<JOG>)操作

在 JOG 运行方式(其各个菜单树见图 2-78 所示)中,可以使坐标轴出现三种方式运行,其速度可以通过进给速度修调旋钮调节,JOG 方式的运行状态如图 2-74 所示。通过机床控制面板上的<JOG>键选择手动运行方式,进入手动运行方式后三种具体操作步骤为:

(1) 连续运动各个坐标轴。按相应的方向键 [+X]~[-Z] 可以使坐标轴运行。只要相应的键一直按着,坐标轴就一直以机床设定数据中规定的速度连续运行。需要时可以用进给速度修调开关调节速度。如果再同时按下 [Rapid] 键,则坐标轴以快速进给速度运行。

图 2-78 JOG 菜单树及操作区位置

(2) 增量运动各个轴。按下 [VAR] 键可以选择 1、10、100、1 000 四种不同的增量(单位为 μm),步进量的大小也依次在屏幕上显示,此时每按一次方向键([+X]~[-Z]),坐标轴相应运动一个步进增量。如果按 [Jog],则可以结束步进增量运行方式,恢复手动状态。

(3) 手轮方式下的坐标轴移动操作。选择<JOG>方式,在图 2-67 中按下 [手持单元],此时可通过使用图 2-6 所示的手持盒进行手轮操作,操作方法与 FANUC 0i-MC 系统的相同。

2. 切削液的开关操作

按 [冷却液 起/停],指示灯亮,切削液流出;再按一下,指示灯熄,切削液停止。

3. 排屑的操作

首先把切屑清理到工作台下面,然后按 [排屑正转] 把切屑排出。

4. 刀库中刀柄的装入与取出操作

例如把 ⌀16 mm 立铣刀刀柄装入刀库 1 号位；⌀10 mm 键槽铣刀刀柄装入刀库 3 号位，其操作过程如下：

(1) 选择＜MDA＞工作方式，进入如图 2-76 所示界面（如果原来有程序段，则按 [删除 MDA程序] 先删除），输入 M6T1 后按 [Cycle Start] 键执行。

(2) 其余的操作与 FANUC 0i-MC 系统的相同。

取出刀库中的刀具方法与 FANUC 0i-MC 系统的相同。同样应注意在取下刀柄时，必须用手托住刀柄（主轴停转），预防刀柄松下时掉落在工件、夹具或工作台面上，而引起刀具、工件、夹具或工作台面的损坏等。

单元 四 程序编辑和管理操作

一、查看内存中的程序和打开、删除程序

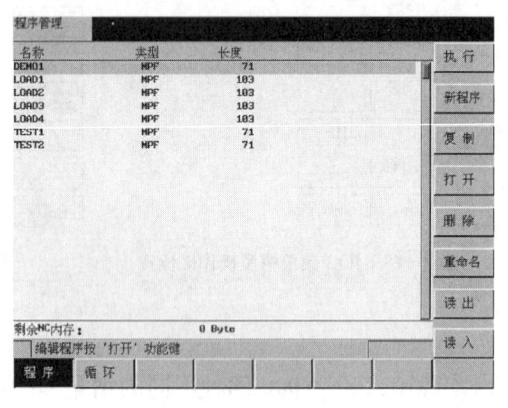

图 2-79 程序管理窗口

在图 2-71 所示的操作区域中按下 [PROGRAM MANAGER] 键，可打开"程序管理器"窗口（图 2-79），在此窗口中罗列了已输入到内存中的程序。在程序目录中用光标键选择零件程序，按 [打开] 键可打开此程序（图 2-80）；按 [删除] 键，则弹出如图 2-81 所示的窗口，按 [中断×] 取消程序的删除，按 [确认√] 删除所选择的程序。程序管理窗口的软键功能见表 2-15。

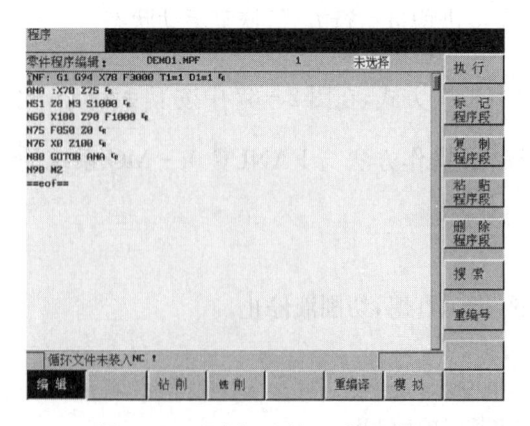

图 2-80 程序打开（输入、编辑）窗口

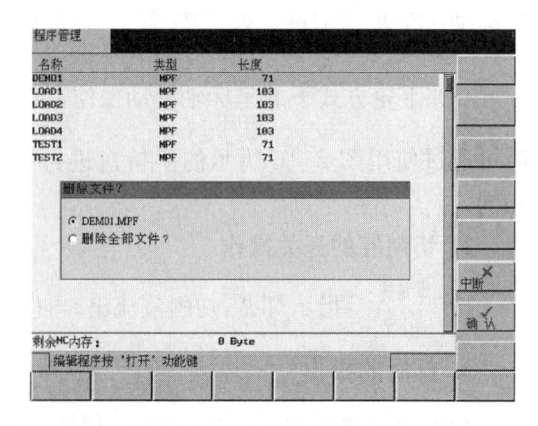

图 2-81 程序删除窗口

表 2-15 程序管理器窗口的软键功能

软　键	功　能　介　绍
程序	按程序键显示零件程序目录。
执行	按下此键选择待执行的零件程序。在下次按数控启动键时启动该程序。
新程序	新建一个程序。
复制	操作此键可以把所选择的程序拷贝到另一个程序中。
打开	按此键可以打开待加工程序或光标所在程序。
删除	用此键可以删除光标定位的程序。
重命名	操作此键出现一窗口,在此可以更改光标所定位的程序名称。输入新程序名按确认键即可。
读出	按此键,通过 RS232 接口把零件程序传出到计算机,进行程序的备份保护。
读入	按此键,通过 RS232 接口把零件程序从计算机上传入到 CNC 系统。
循环	按此键,显示标准循环目录。在标准循环菜单中可以对其进行人机交互式参数编程。

二、输入和编辑加工程序

1. 新建一个程序

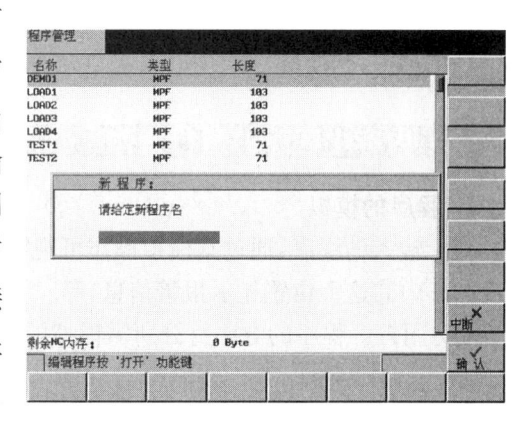

进入图 2-79 的程序管理窗口,按下 新程序 键后便出现如图 2-82 新程序输入窗口。在弹出的菜单中输入程序名(由 8 位以内的数字、字母、下划线所组成),主程序不需输入扩展名".MPF",而子程序输入时必须连同扩展名一起输入,如"L123.SPF"。输入完后按下 确认 键接收输入,生成新程序文件;接下来可以对新程序进行程序段的输入等编辑(图2-80)。按下 中断 键中断程序的编制,并关闭此窗口。

图 2-82 新建程序窗口

2. 编辑或修改程序

按上面打开程序的方法打开要编辑或修改的程序,进入图 2-80 的窗口,通过移动光标键对程序段进行编辑或修改。如果程序已被打开过,这时可按下 PROGRAM 键则直接进入该程序;如果无程序打开则用 [PROGRAM MANAGER] 键打开程序列表进行选择。

图 2-83 为程序菜单树。

编辑	轮廓	钻削	铣削	车削	模拟	重编译
执行					自动缩放	
标记程序段					到原点	
复制程序段					显示…	
插入程序段					缩放+	
删除程序段					缩放-	
搜索					删除画面	
重编号					光标粗/细	

图 2-83 程序编辑菜单树

课示五 MDA 及自动运行操作

一、MDA 运行操作

先按 [Auto],再按 [MDA] 进入图 2-76 所示窗口,按 [删除MDA程序] 删除原有程序,输入要运行的程序段,按 [Cycle Start] 进行 MDA 的运行。

注意如果输入一段程序段,则可直接按 [Cycle Start] 执行;但输入程序段较多时,需先把光标移回到第一行,然后按 [Cycle Start] 执行,否则从光标所在的程序段开始执行,有时情况会很危险。

二、内存中程序的运行操作

1. 程序的模拟

对于输入的程序,通过其模拟操作可观察其轨迹是否正确、程序是否有错误(如有会在图 2-69 中⑥这个位置显示报警信息)等。程序的模拟操作过程如下:

(1) 用打开程序的方法打开所需模拟的程序(图 2-80)。

(2) 按下 [Auto] 和 [POSITION],进入"自动方式"状态窗口,如图 2-84 所示。

(3) 按 [程序控制] 进入程序控制窗口(图 2-85),分别按下 [程序测试]、[空运行进给]、[ROV有效]。

(4) 按 [模拟] 后进入图 2-86 所示窗口;按下 [Cycle Start] 键后,在窗口中部显示图形轨迹。

(5) 模拟完毕后,继续进入图 2-85 所示的程序控制窗口,再次按 [程序测试] 和 [空运行进给],使它们弹出。

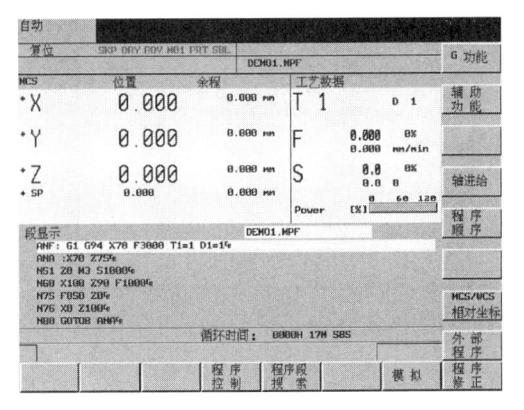

图 2-84 "自动方式"状态窗口

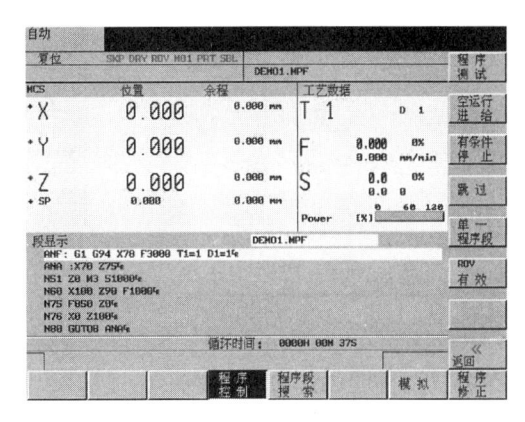

图 2-85 程序控制窗口

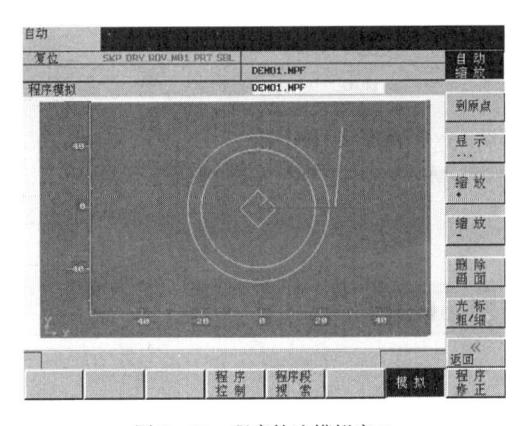

图 2-86 程序轨迹模拟窗口

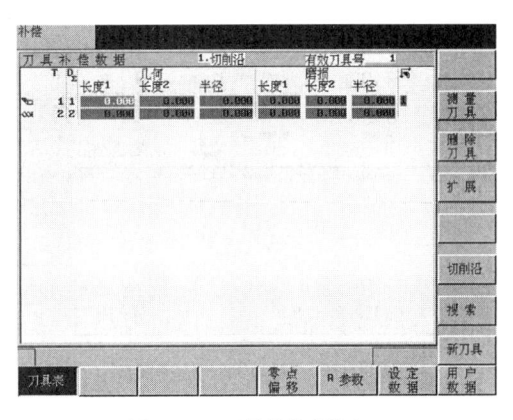

图 2-87 刀具补偿参数窗口

2. 自动运行操作

操作过程如下：

（1）打开或输入加工程序。

（2）装夹好工件，在 Jog 方式进行对刀。按 OFFSET PARAM 进入图 2-87 所示的刀具补偿参数窗口（按 新刀具 进入图 2-88 所示的建立新刀具窗口，按 换刀 后进入图 2-89 所示的刀具号输入窗口），在该窗口下按 测量刀具 进入图 2-90 所示窗口，按 手动测量 进入图 2-91 所示"对刀"窗口，按 测量工件 进入图 2-92 所示的 X 轴方向零点偏置测量窗口（在该窗口按 Y 可进行 Y 轴方向零点偏置的测量，按 基本设定 可进入图 2-93 所示的窗口，在该窗口中按 设置关系 可进行"机床坐标"与"相对坐标"的切换，在图 2-93 中左上角位置显示 REl 后按 X=0 等可进行相对坐标清零的操作），测量完毕按 零点偏移 可进入图 2-94 所示的零点偏置窗口（即工件坐标系窗口，在其"基本"项中应全部为 0）；刀具的长度与半径偏置量设置在图 2-87 中进行。

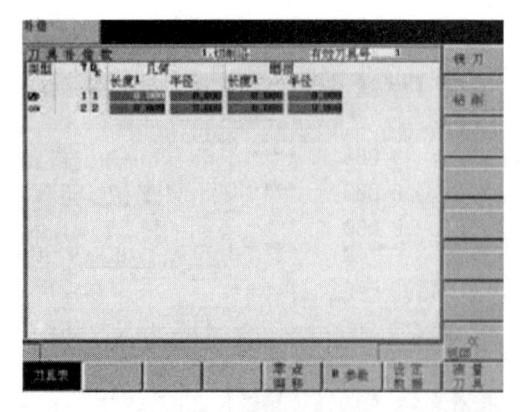

图 2-88　建立新刀具窗口　　　　　　　　　　图 2-89　刀具号输入窗口

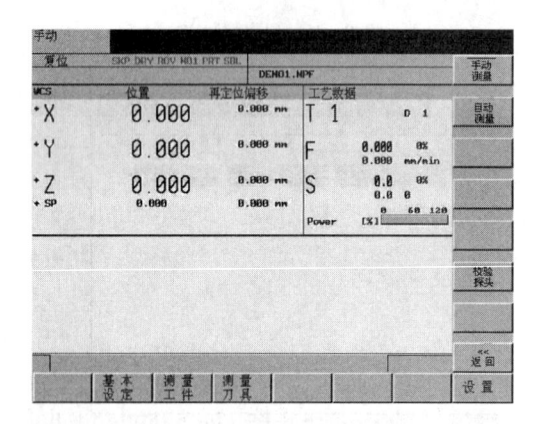

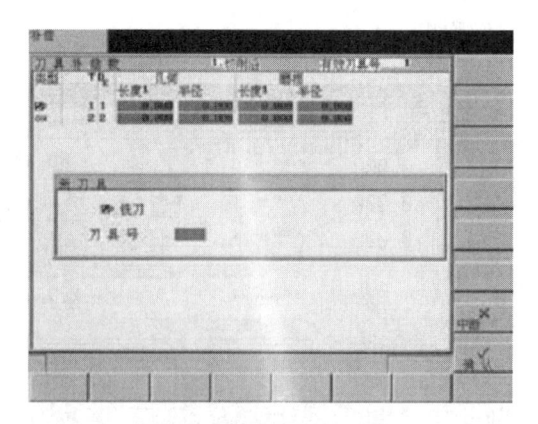

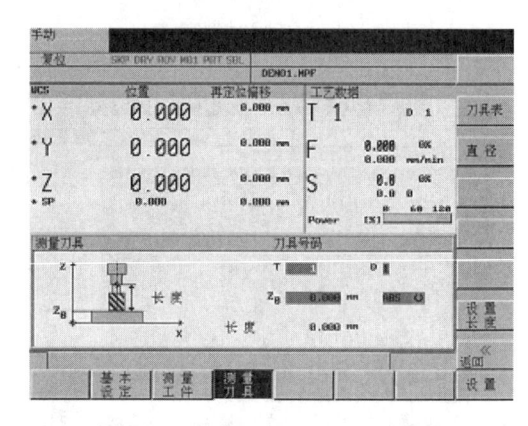

图 2-90　"对刀"形式选择窗口　　　　　　　　图 2-91　"对刀"窗口之刀具长度测量

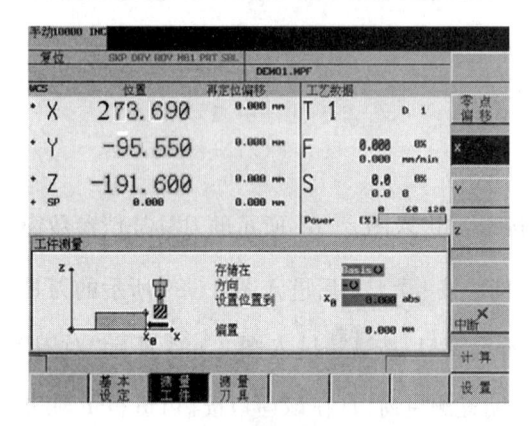

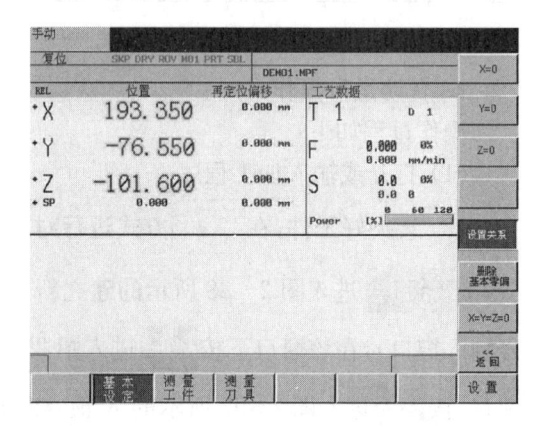

图 2-92　确定 X 轴方向零点偏置测量窗口　　　图 2-93　通过设置关系进行相对坐标清零窗口

(3) 选择 [Auto] 方式。

(4) 把表 2-11 中的进给速度修调开关旋至较小的值;主轴速度修调开关旋至 100%。

(5) 按下 [Cycle Start],使机床进入自动操作状态,图 2-95 为自动运行方式窗口。

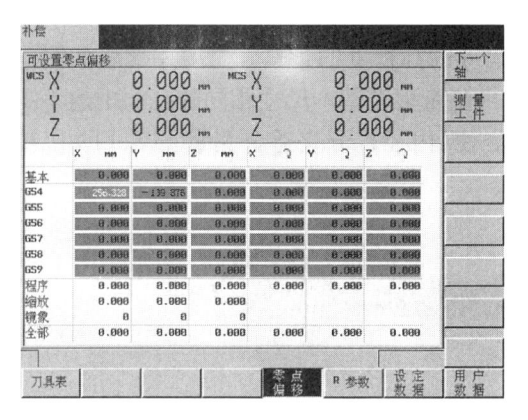

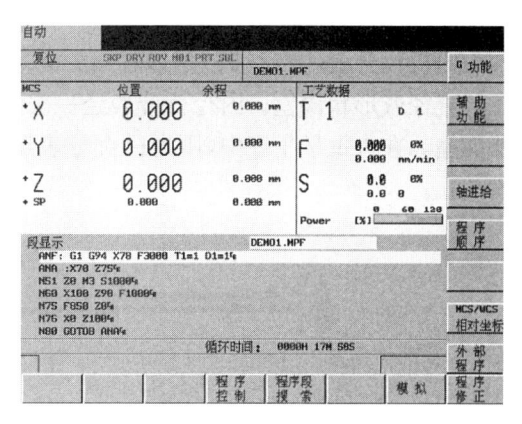

图2-94 零点偏置窗口　　　　　　图2-95 "自动方式"状态图

(6) 把表2-11中的进给速度修调开关在进入切削后逐步调大，观察切削下来的切屑情况及加工中心的振动情况，调到适当的进给倍率进行切削加工。

课题四　常用工量具及测量

模块一　常用工量具的认识

一、百分表及附件

1. 百分表

百分表有电子数显式(图2-96)和机械式(图2-97)等。电子数显式百分表主要用于测量工件的形状、位置和尺寸，也可作某些测量装置的测量元件；机械式百分表是利用机械传动装置将线位移转变为角位移的精密量具，主要用于测量各种工件的直线尺寸形状及位置公差。

图2-96 电子数显式百分表　　　　　　图2-97 机械式百分表

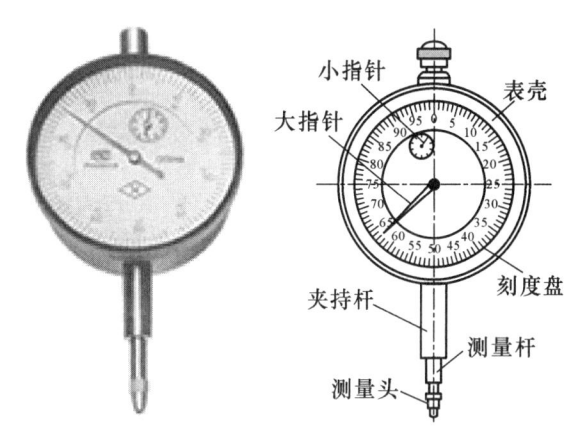

实训项目二　数控铣削机床的基本操作

2. 内径百分表

内径百分表(图2-98)是最常用的测量内径尺寸的高精度的量具。主要用比较法测量孔的直径或形状误差。内径百分表经一次调整后可测量多个基本尺寸相同的孔而中途不需要调整。在大批量生产中,用内径百分表测量很方便,内径百分表适合测量IT8、IT9级精度的孔。

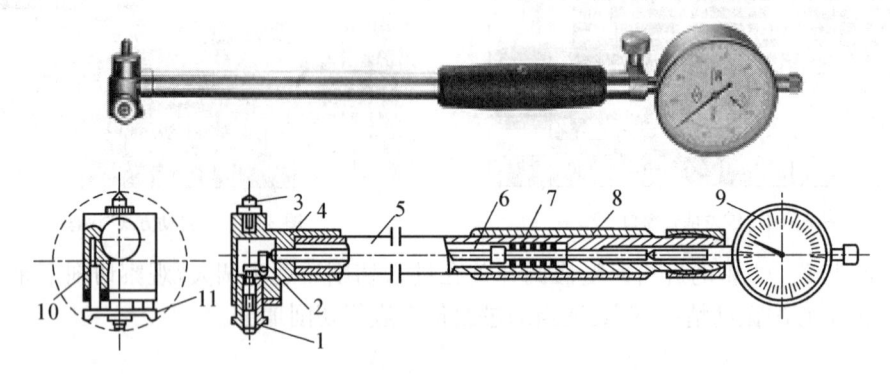

1—活动测量头；2—等臂杠杆；3—固定测量头；4—壳体；5—长臂；
6—推杆；7、10—弹簧；8—绝热手柄；9—百分表；11—定位护桥

图2-98 内径百分表外形及其结构

3. 磁性表座

磁性表座一般与百分表或杠杆表配合使用,具体安装见图2-99。

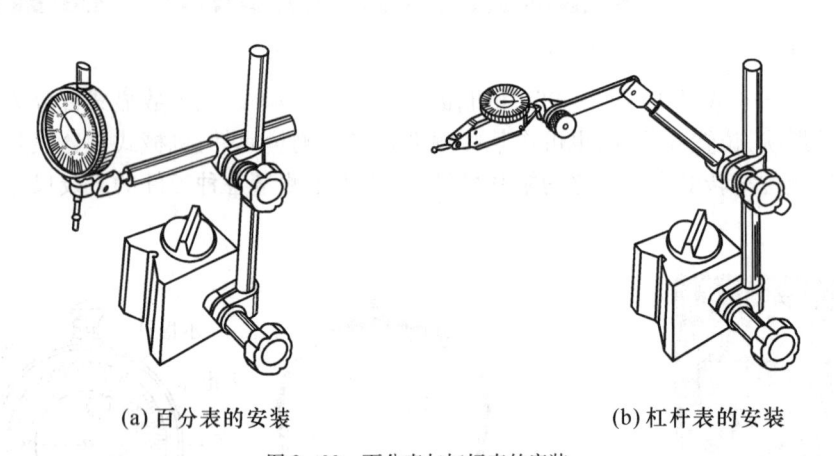

(a) 百分表的安装　　　　(b) 杠杆表的安装

图2-99 百分表与杠杆表的安装

二、卡尺

图2-100所示为卡尺类量具。根据测量的用途把卡尺分为测量内外径和深度的一般卡尺(图2-100(a～c))、测量深度的深度卡尺(图2-100(d))、测量内槽端面到轴端轴向距离的带钩深度卡尺(图2-100(e))、测量内槽直径的内孔槽卡尺(图2-100(f))、测量角度、深度、高度和角度划线的组合角度尺(图2-100(g))、测量角度的万能角度尺(图2-100(h))、测

量齿轮齿厚的齿厚卡尺(图2-100(i))、测量两孔中心距的中心距卡尺(图2-100(j))、测量高度的高度卡尺(图2-100(k))。

根据卡尺的示值方式不同又把卡尺分为普通的游标卡尺(图2-100(a))、数显游标卡尺(图2-100(b))、带表游标卡尺(图2-100(c))等。

高度卡尺其测量部位还可用来划线;卸下测量头,装上表夹,在表夹上装上各种表,可测量面与面之间的平行度。

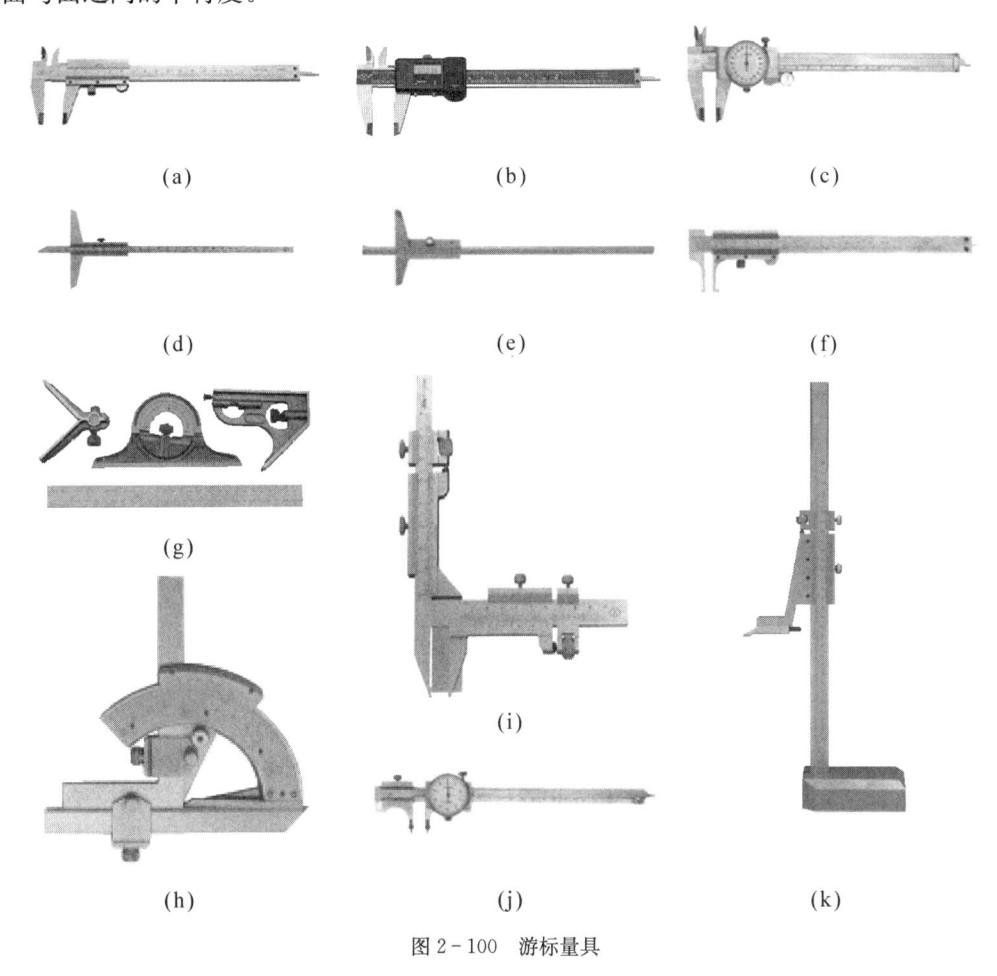

图2-100 游标量具

三、千分尺

千分尺是测量精度比卡尺更高的精密量具,目前常用的千分尺的测量精度为0.01 mm。

千分尺的种类很多,根据其使用场合的不同可分为外径千分尺(图2-101(a))、内测千分尺(图2-101(b))、三爪内径千分尺(图2-101(c))、深度千分尺(图2-101(d))、公法线千分尺(图2-101(e))、壁厚千分尺(图2-101(f))等。

图2-102所示为测量范围为0 mm~25 mm的千分尺。千分尺的测量范围为25 mm一档,如0~25(mm)、25~50(mm)、50~75(mm)、75~100(mm)等。图示外径千分尺的弓

架左端装有砧座,右端有固定套筒,上面沿轴向刻有格距为 0.5 mm 的刻线(即主尺)。固定套筒内孔是螺距为 0.5 mm 的螺孔,它与螺杆的螺纹相配合。螺杆的右端通过棘轮与活动套筒相连。活动套筒沿周围刻有 50 格刻度(即副尺)。当活动套筒转动一周,螺杆和活动套筒沿轴向移动一个螺距的距离,即 0.5 mm。因此,活动套筒每转过一格,轴向移动的距离为 0.5/50＝0.01(mm)。

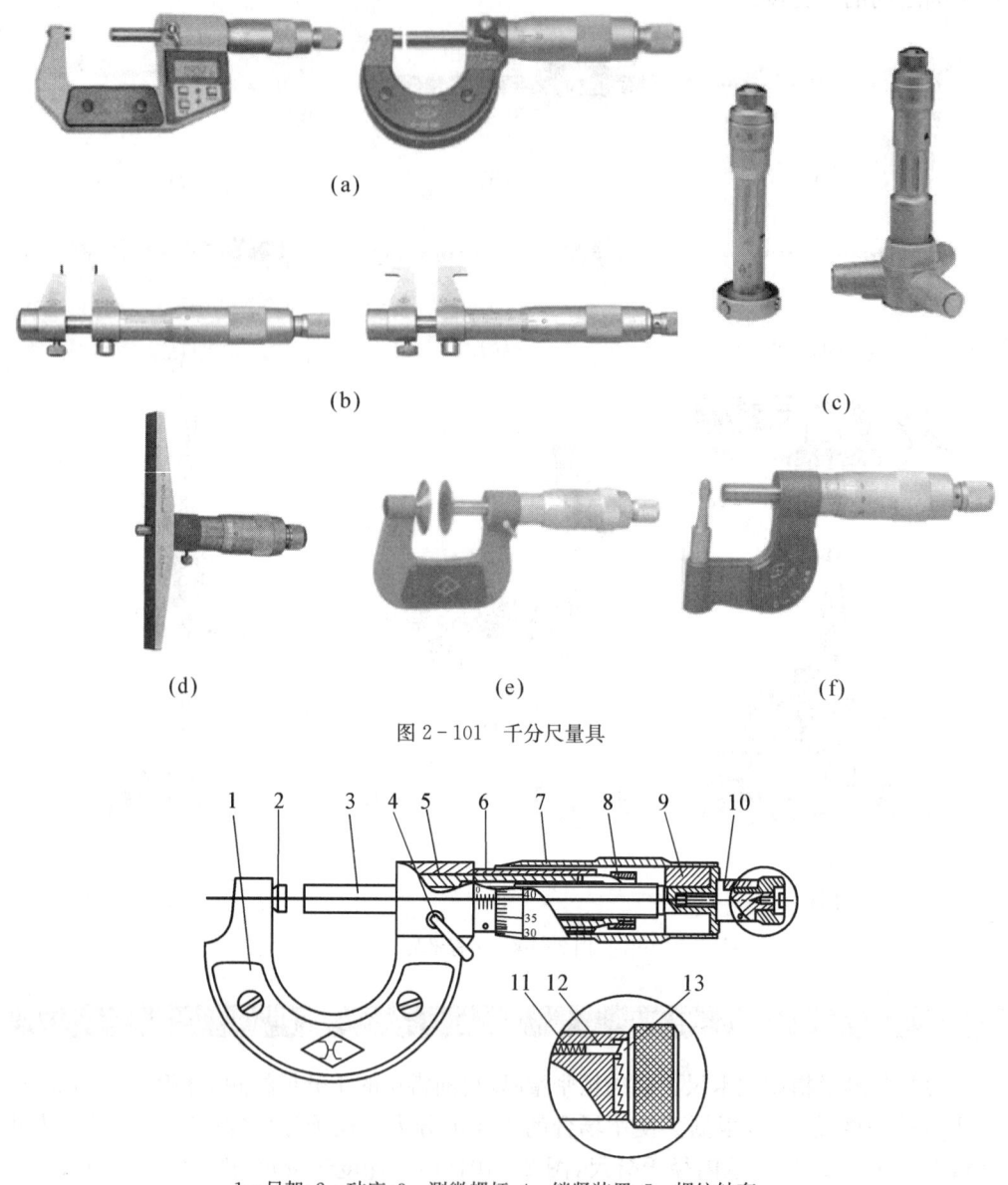

图 2-101 千分尺量具

图 2-102 外径千分尺结构

1—尺架;2—砧座;3—测微螺杆;4—锁紧装置;5—螺纹轴套;
6—固定套管;7—微分筒;8—螺帽;9—接头;10—测力装置;
11—弹簧;12—棘轮爪;13—棘轮

四、其他量具

1. 量块

量块又叫块规,是无刻度的端面量具。用铬锰合金制成,线胀系数小,不易变形,且耐磨性好。量块的形状有长方体和圆柱体两种,常用的是长方体。量块精度指标主要是尺寸精度、测量面平行精度、测量面粘合性。按"级"和"等"划分精度等级。按"级"分 0、1、2、3、4 五级,其中 0 级最高。按"等"分 1、2、3、4、5、6 六等,其中 1 等最高。如图 2-37 所示。

为了能组成所需要的各种尺寸,量块是成套制造的,每一套将具有一定数量的不同尺寸的量块,装在特制的木盒内(图 2-103(a))。为了获得较高的组合尺寸精度,应力求用最少

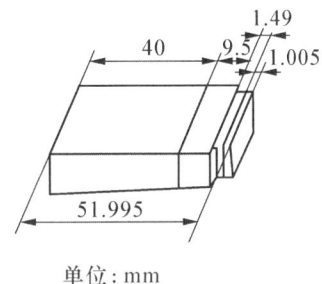

图 2-103 量块

的块数组成一个所需尺寸,一般不超过 4 到 5 块。为了迅速选择量块,应从所需组合尺寸的最后一位数开始考虑,每选一块应使尺寸的位数减少一位。例如要组成 51.995 mm 的尺寸 (图 2-103(b)),其选取方法为:

  51.995 需要的量块尺寸
 -1.005 第一块量块尺寸
  50.99
  -1.49 第二块量块尺寸
  49.5
  -9.5 第三块量块尺寸
  40 第四块量块尺寸

量块用途很广,除作为长度量值基准的传递媒介外,也用作检定、校对和调整计量器具、精密机床等。

2. 宽座角尺、刀口尺、塞尺

宽座角尺、刀口尺、塞尺是用来检验零件的形状和位置度的。宽座角尺(图 2-104)在检测面与面垂直度时常配合塞尺(图 2-105)使用,以达到定量检测的目的。刀口尺(图 2-106)在检测平面度和直线度时,配合塞尺使用也可达到定量检测效果。

图 2-104 宽座角尺

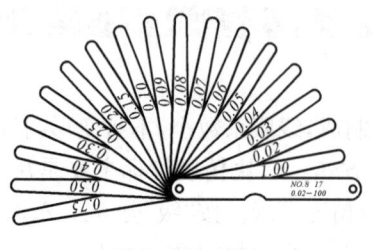

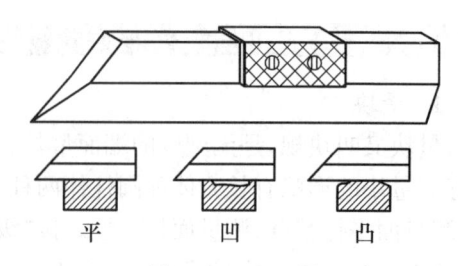

图2-105 塞尺　　　　　　　　　　图2-106 刀口尺

3. 极限量规和自制卡板

极限量规是一种没有刻度的专用量具,结构简单、使用方便、检验可靠。对成批生产的工件,其尺寸是否合格,多采用光滑极限量规检验。

极限量规的外形与被检验对象相反。检验孔的量规称为塞规、检验轴的量规称为卡规或环规。它们由通规(或通端)与止规(或止端)组成,通常量规总是成对使用的。

通规的作用是防止工件尺寸超出最大实体尺寸;止规的作用是防止尺寸超出最小实体尺寸。因此,通规应按最大实体尺寸制造;止规应按最小实体尺寸制造。通规和止规(或通端和止端)分别用汉语拼音字母"T"、"Z"表示。图2-107所示为螺纹塞规(左端为通规,右端为止规);图2-108所示为光滑极限塞规(长端为通规,短端为止端);图2-109所示为螺纹环规(厚者为通规,薄者为止规);图2-110所示为光滑极限环规;图2-111所示为卡规。

图2-107 螺纹塞规　　　　　　　　图2-108 光滑极限塞规

图2-109 螺纹环规　　　图2-110 光滑极限环规　　　图2-111 卡规

自制卡板是根据零件的实际极限尺寸做成的量规,实际检验中应用也较广泛。

五、常用工具

1. 扳手类

扳手主要用于对工件、夹具等的紧固。常用的扳手有活动扳手(图2-112(a))、开口(呆)扳手(图2-112(b))、梅花扳手(图2-112(c))、内六角扳手(图2-112(d))。

(a)　　　　　　　　　　　　　　(b)

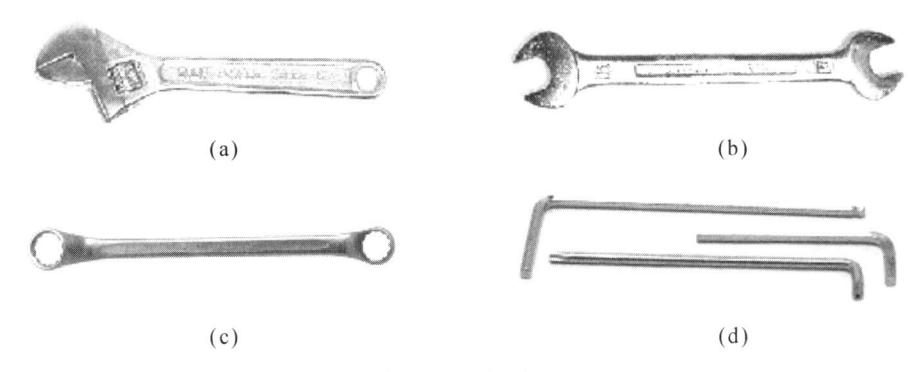

(c)　　　　　　　　　　　　　　(d)

图 2-112　常用扳手

2. 锁刀座和装刀用扳手

图 2-113(a)所示的刀柄要装入刀具，一般情况下需把刀柄放在图 2-113(b)所示的锁刀座上，锁刀座上的键对准刀柄上的键槽，使刀柄无法转动，然后用图 2-113(c)所示的扳手锁紧螺母。

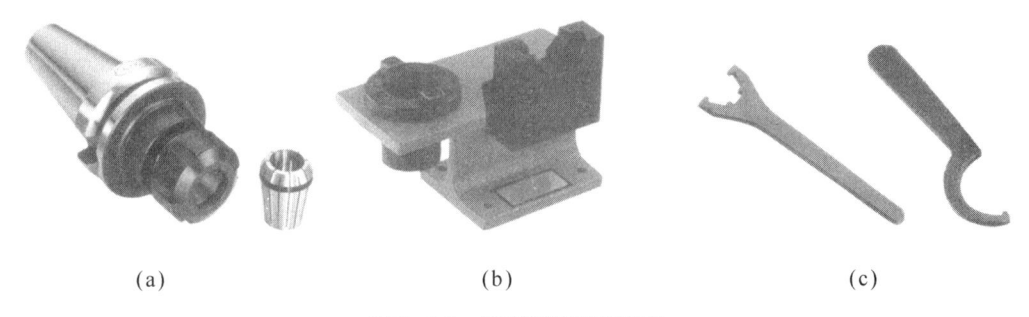

(a)　　　　　　　　　　(b)　　　　　　　　　　(c)

图 2-113　锁刀座与装刀用扳手

3. 寻边器与 Z 轴设定器

对在数控铣削机床上加工的具体工件来说，必须通过一定的方法把编程时所确定的工件坐标系原点(实际上是工件装夹定位后其工件坐标系原点所在的机床坐标值)体现出来，这个过程称为"对刀"。体现的方法有试切法"对刀"和工具"对刀"两种，试切法"对刀"是利用铣刀与工件相接触产生切屑或摩擦声来找到工件坐标系原点的机床坐标值，它适用于工件侧面要求不高的场合；对于模具或表面要求较高的工件时须采用工具"对刀"，通常选用偏心式寻边器或光电式(带蜂鸣或不带蜂鸣)寻边器进行 X 轴、Y 轴零点的确定，利用 Z 轴设定器进行 Z 轴零点的确定(Z 轴设定器上下表面的距离为某一标准值。在使用前，用精度很高的平面块压下圆柱台，使其与上表面等高，调整表盘使指针指在"0"位；在使用时，把 Z 轴设定器放在工件的上表面，刀具压下圆柱台，指针将旋转，当指针指在"0"位时，刀具到工件上表面的轴向距离为某一标准值)或刀具长度补偿的设置。寻边器及 Z 轴设定器的结构如图 2-114 所示。光电式寻边器比偏心式寻边器适用于更高精度的场合。

(a) 偏心式寻边器　　(b) 光电式寻边器　　　　　(c) Z轴设定器

图 2-114　零点及长度补偿找正工具

模块二　工件测量和读数方法

一、百分表

1. 使用百分表进行平行度、平面度校正或测量

使用百分表时,可将表座吸在机床主轴、导轨面或工作台面上,百分表安装在表座接杆上,使测头轴线与测量基准面相垂直,测头与测量面接触后,指针转动2圈(5 mm量程的百分表)左右,移动机床工作台,校正被测量面相对于X轴、Y轴或Z轴方向的平行度或平面度;使用杠杆表校正时杠杆测头与测量面间成约15°的夹角,测头与测量面接触后,指针转动半圈左右。具体见图2-115。

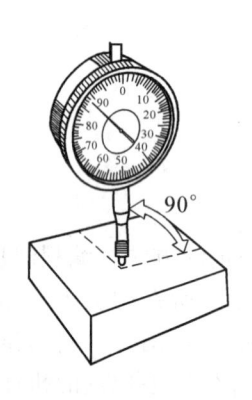

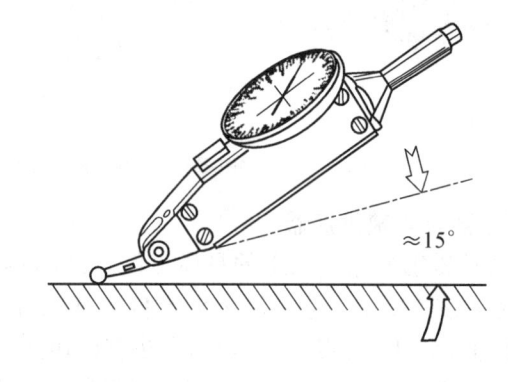

图 2-115　百分表的使用

2. 内径百分表的使用

(1) 内径百分表的装夹和对零

把百分表的夹持杆擦净,小心地装进表架套中,并使表的主指针转过1圈～2圈后,用夹紧手柄紧固夹紧套,夹紧力不宜太大。根据被测孔的内尺寸,选取一个相应尺寸的固定测量头装在主体上,并用锁紧螺母紧固。根据被测孔的基本尺寸,调整固定测量头,使其尺寸略大于公称尺寸与公差/2之和,选择校对环规(可用外径千分尺),用棉纱或软布把环规、固定测量头擦净。用手压几下活动测量头,百分表指针移动应平稳、灵活、无卡滞现象,然后对零,一手压活动测量头,一手握住手柄,将测量头放入环规内,使固定测量头不动。沿轴向截面左右摆动内径表架(如放入千分尺内,则应前后左右摆动),找出表的最大(在使用千分尺时为最小)读数即"拐点"。转动百分表刻度盘,使零线与指针的"拐点"处相重合,对好零位后,把内径百分表从环规(或千分尺)内取出。

（2）测量方法

对好零位后的内径百分表,不得松动其夹紧手柄,以防零位变化。测量时,一手握住上端手柄,另一手压住下端活动测量头,倾斜一个角度,把测量头放入被测孔内,然后上下(或左右)摆动表架(图 2-116),找出表的最小读数值,即"拐点",该点的读数值就是被测孔径与环规孔径(或千分尺读数)

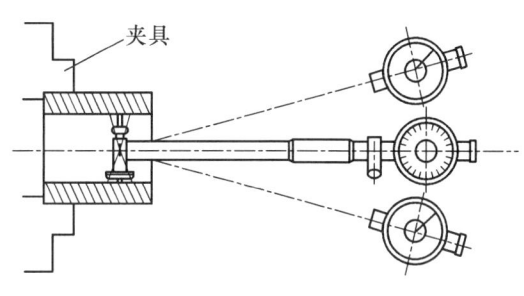

图 2-116　内径百分表的测量方法

之差。为了测出孔的圆度,可在同一径向平面内的不同位置上测量几次;为了测出孔的圆柱度,可在几个径向平面内测量几次。

测量时注意事项:测量时不得使活动测量头受到剧烈震动;在接触活动测量头时要小心,不要用力太大;装卸百分表时,要先松开表架上的夹紧手柄,防止损坏夹头和百分表;安装固定测量头时一定要用扳子紧固。

二、游标卡尺的使用

游标卡尺的使用场合见图 2-117,测量方法见图 2-118,读数方法见表 2-16。

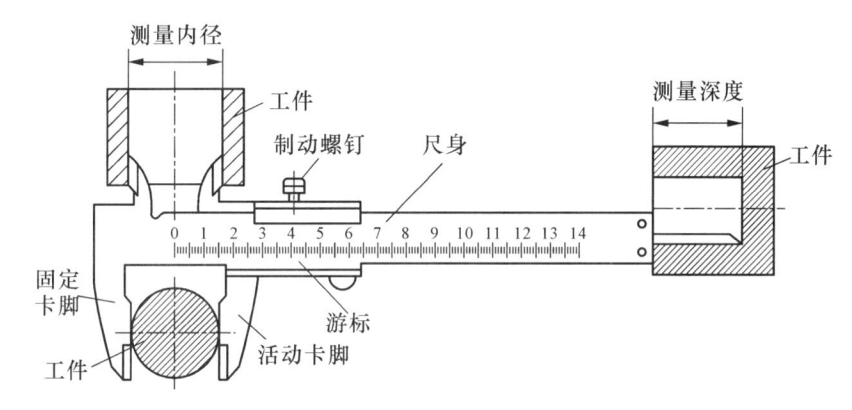

图 2-117　游标卡尺的使用场合

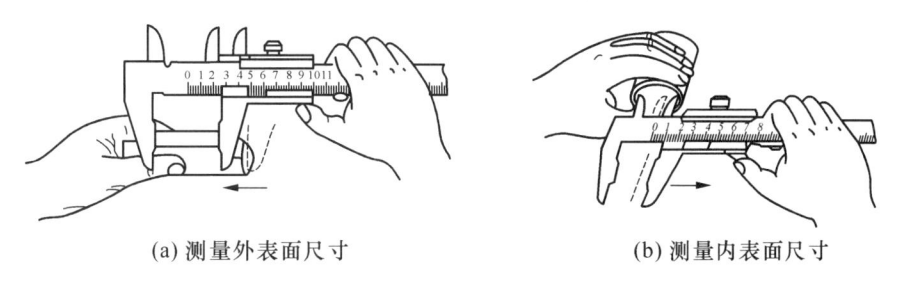

(a) 测量外表面尺寸　　(b) 测量内表面尺寸

图 2-118　用游标卡尺测量工件

实训项目二　数控铣削机床的基本操作

表 2-16 游标卡尺的刻线原理及读数方法

精度值	刻线原理	读数方法及示例
0.02	主尺 1 格＝1 mm 副尺 1 格＝0.98 mm，共 50 格 主、副尺每格之差＝1－0.98＝0.02(mm)	读数＝副尺 0 位指示的主尺整数＋副尺与主尺重合线数×精度值 示例： 读数＝22＋9×0.02＝22.18(mm)

使用游标卡尺检验零件时应注意：

(1) 使用前应擦净卡脚，并将两卡脚闭合，检查主、副尺零线是否重合。若不重合，则在测量后应根据原始误差修正读数。

(2) 用游标卡尺测量时，应使卡脚逐渐与工件表面靠近，最后到达轻微接触。

(3) 测量时，卡脚不得用力压紧工件，以免卡脚变形或磨损，影响测量的准确度。

(4) 游标卡尺仅用于测量已加工的光滑表面。表面粗糙的工件或正在运动的工件都不宜用游标卡尺测量，以免卡脚过快磨损。

三、千分尺的使用

用外径千分尺测量工件的方法见图 2-119；其读数方法见图 2-120。内测千分尺的使用及读数见图 2-121。

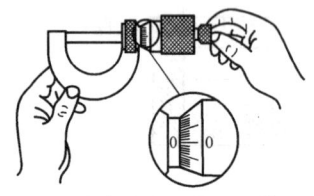

(a) 检验零点，并予以校正

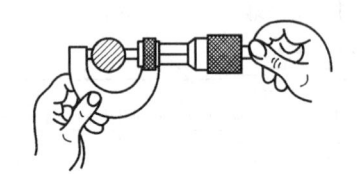

(b) 先旋转套筒作大调整，后旋转棘轮至打滑为止

(c) 直接读数或锁紧后，与工件分开读数

图 2-119 用千分尺测量工件的方法

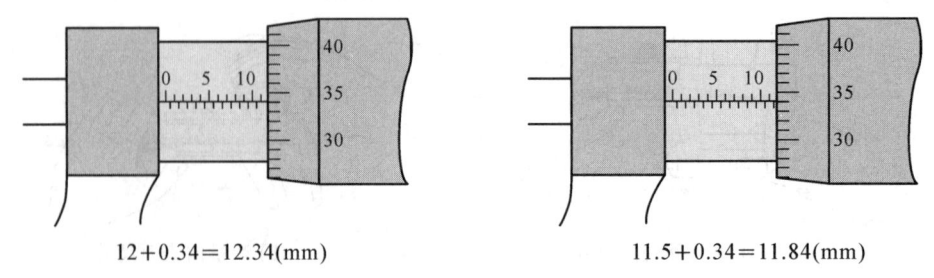

12＋0.34＝12.34(mm)　　　　11.5＋0.34＝11.84(mm)

图 2-120 外径千分尺的读数

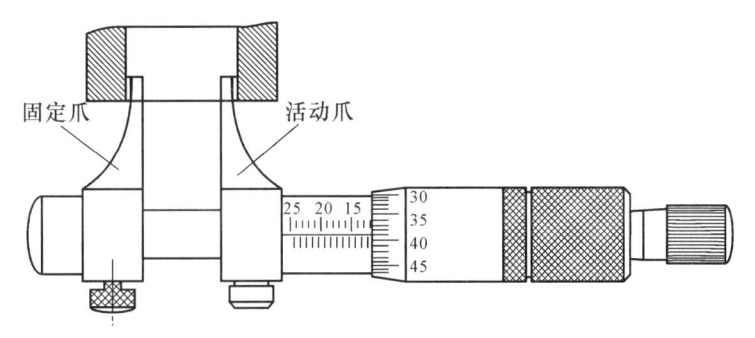

11.5＋0.39＝11.89(mm)

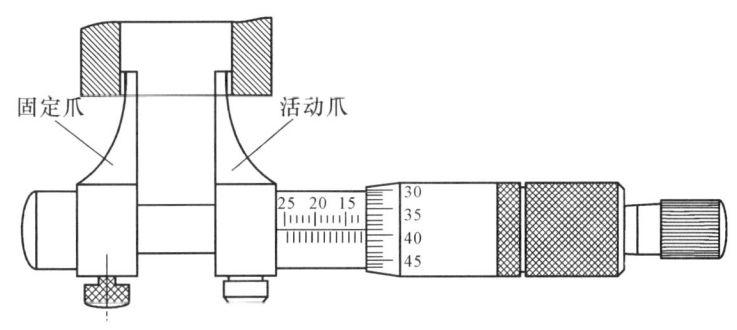

12＋0.39＝12.39(mm)

图 2-121　内测千分尺的使用及读数

读数＝副尺所指的主尺上整数（应为 0.5 的整数倍数）＋主尺基线所指副尺的格数×0.01。

使用千分尺时的注意事项：

（1）测量前后均应擦净千分尺。

（2）测量时应握住弓架。当螺杆即将接触工件时必须使用棘轮，并至打滑 1～2 圈为止，以保证恒定的测量压力。

（3）工件应准确地放置在千分尺测量面间，不可偏斜。

（4）测量时不应先锁紧螺杆，后用力卡过工件。否则将导致螺杆弯曲或测量面磨损，因而影响测量准确度。

（5）千分尺只适用于测量精度较高的尺寸，不宜测量粗糙表面。

四、极限量规的使用

检验时，如果通规能通过工件，而止规不能通过，则认为工件是合格的；反之，则为不合格。用这种方法检验，虽不能确切知道工件的具体尺寸，但能保证工件的互换性。

实训项目三　工件与刀具的装夹

实训目的与要求

1. 了解夹具的种类及功用。
2. 了解各种夹具的特点及使用。
3. 掌握工件在机用平口虎钳中装夹。
4. 了解铣削用刀具的种类。
5. 掌握刀柄及刀具的安装。

课题一　工件的装夹

模块一　夹具的分类、组成和作用

在数控机床上加工工件时,为保证工件加工精度,首先必须正确装夹工件,使用机床夹具来准确地确定工件与刀具的相对位置,即将工件定位及夹紧,以完成加工所需要的相对运动。

一、机床夹具的分类

1. 按通用性和使用特点分

(1) 通用夹具:结构、尺寸已规格化,且具有一定通用性的夹具。如三爪自定心卡盘、四爪单动卡盘、万能分度头、机用平口虎钳、顶尖、中心架、跟刀架、回转工作台、电磁吸盘等。优点是适应性强,缺点是较难装夹形状复杂的工件,加工精度不高。这类夹具作为机床附件已经商品化。

(2) 专用夹具:专为某一工件的某一工序设计的夹具。这类夹具专用性强、操作迅速方便。优点是产品相对稳定,大批量生产中可获得较高的加工精度和生产率,对工人的技术水平要求不高。缺点是设计制造周期长、制造费用较高、调节能力差。

(3) 组合夹具:可循环使用的标准(或专用)夹具零部件组装成易于联接和拆卸的夹具。

组合夹具是在夹具零部件标准化的基础一发展起来的一种模块夹具。元件具有高精度、高强度、耐磨性和互换性,可组装成各种用途夹具,夹具用完可拆卸,经清洗后可组装新的夹具。特点是元件能重复使用、减少夹具数量、缩短生产准备周期、降低生产成本等。组合夹具特别适用新产品试制,在单件、中、小批量生产和数控加工,目前已经商品化。

2. 按使用的机床分类

按使用的机床类型可分为车床夹具、铣床夹具、钻床夹具、镗床夹具、磨床夹具、齿轮加工机床夹具、其他机床夹具。

3. 按夹紧的动力源分类

按夹紧的动力源的不同可分为手动夹具和机动夹具。机动夹具又可分为气动夹具、液压夹具、电动夹具、磁力夹具、真空夹具和其他夹具等。这类夹具的选择应根据工件批量大小、所需夹紧力的大小、企业现有的生产条件等综合考虑。

二、夹具的组成

组成夹具的元件分为以下几类：

（1）定位装置：夹具上用来确定工件位置的一些元件总称定位装置。

（2）夹紧装置：夹具中由夹紧元件、中间传力机构和动力装置构成的装置称为夹紧装置。

（3）夹具体：夹具体是机床夹具的基础支承件，是基本骨架。其功能是将夹具中的定位装置及其他所有元件或装置连接起来构成一个整体，并通过它与机床相连接。

（4）连接元件：连接元件用来确定夹具本身在机床上的位置。一般为键和轴。

（5）对刀元件：对刀元件用来确定刀具与工件的位置。主要在铣床上用。

（6）导向元件：导向元件用来调整刀具的位置，并引导刀具进行切削。钻床镗床上用。

（7）其他元件及装置：根据不同工件的不同加工表面要素的加工需要，有些夹具分别需要采用分度装置、靠模装置、上下料装置、顶出器和平衡块等，以满足生产率、加工精度、仿形、装卸工件等其他要求。

四、夹具的作用

（1）保证加工精度，稳定加工质量，提高互换性。

（2）提高劳动生产率和降低生产成本。

（3）扩大机床的使用范围。

（4）改善工人劳动条件，保障安全生产。

模块二 工件的装夹

一、用机用平口虎钳安装工件

机用平口虎钳适用于中小尺寸和形状规则的工件安装（图3-1），是一种通用夹具，一般有非旋转式和旋转式两种，前者刚性较好，后者底座上有一刻度盘，能够把机用平口虎钳转成任意角度。

1. 基本结构

数控机床用机用平口虎钳结构如图3-2所示，机用平口虎钳规格见表3-1。

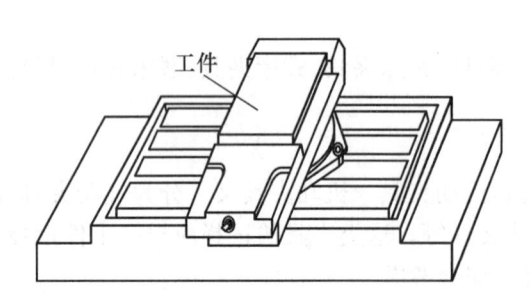

图 3-1 机用平口虎钳装夹工件

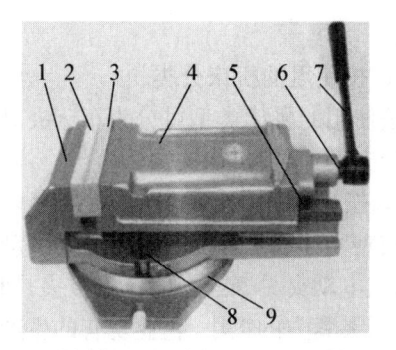

1—固定端 2—固定钳口 3—活动钳口
4—活动部分 5—导轨 6—丝杠螺杆
7—操纵手柄 8—固定螺钉 9—带刻度底座
图 3-2 机用平口虎钳

表 3-1 机用平口虎钳规格

规 格 名 称	规格(mm)					
	100	125	136	160	200	250
钳口宽度	100	125	136	160	200	250
钳口最大张开量	80	100	110	125	160	200
钳口高度	38	44	36	50(44)	60(56)	56(60)
定位键宽度	14	14	12	18(14)	18	18

2. 机用平口虎钳的安装

机用平口虎钳的定位面,是由虎钳体上的固定钳口侧平面和导轨上平面组成的。使用时应注意定位侧面与工作台面的垂直度和导轨上平面与工作台面的平行度。

机用平口虎钳的虎钳体与回转底盘由铸铁制成,使用回转底盘时,各贴合面之间要保持清洁,否则会影响虎钳的定位精度。在使用回转盘上的刻度前,应首先找正固定钳口与工作台某一进给方向平行(图 3-3),然后在调整中使用回转刻度。

由于铣削振动等因素影响,机用平口虎钳各紧固螺钉,如固定钳口和活动钳口的紧固螺钉、活动座的压板紧固螺钉、丝杆的固定板和螺母的紧固螺钉和定位键的紧固螺钉等会发生松动现象,应注意检查和及时紧固。

机用平口虎钳的钳口可以制成多种形式,更换不同形式的钳口,可扩大机床用平口虎钳的使用范围,如图 3-4 所示。

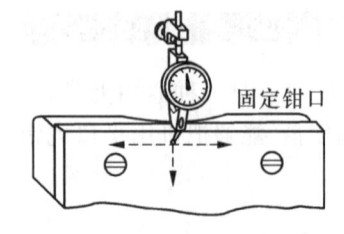

图 3-3 机用平口虎钳的校正

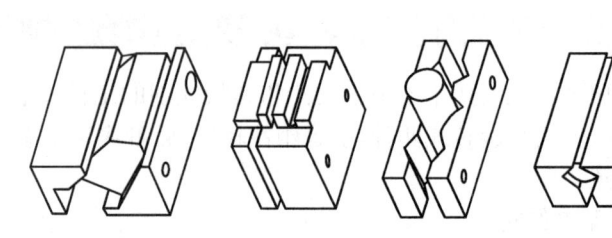

图 3-4 机用平口虎钳钳口的不同形状

3. 机用平口虎钳的使用

在对机用平口虎钳进行夹紧时应使用定制的机用平口虎钳扳手,在限定的力臂范围内用手扳紧施力;不得使用自制加长手柄、加套管接长力臂或用重物敲击手柄,否则可能造成虎钳传动部分的损坏,如丝杆弯曲、螺母过早磨损或损坏,甚至会使螺母内螺纹崩牙、丝杆固定端产生裂纹等,严重的还会损坏虎钳活动座和虎钳体。

利用机用平口虎钳装夹的工件尺寸一般不能超过钳口的宽度,所加工的部位不得与钳口发生干涉。机用平口虎钳安装好后,把工件放入钳口内,并在工件的下面垫上比工件窄、厚度适当且加工精度较高的等高垫块,然后把工件夹紧(对于高度方向尺寸较大的工件,不需要加等高垫块而直接装入机用平口虎钳)。为了使工件紧密地靠在垫块上,应用铜锤或木锤轻轻地敲击工件,直到用手不能轻易推动等高垫块时,最后再将工件夹紧在机用平口虎钳内。工件应当紧固在钳口比较中间的位置,装夹高度以铣削尺寸高出钳口平面 3 mm~5 mm 为宜,用机用平口虎钳装夹表面粗糙度较差的工件时,应在两钳口与工件表面之间垫一层铜皮,以免损坏钳口,并能增加接触面。图 3-5 所示为使用机用平口虎钳装夹工件的几种情况。

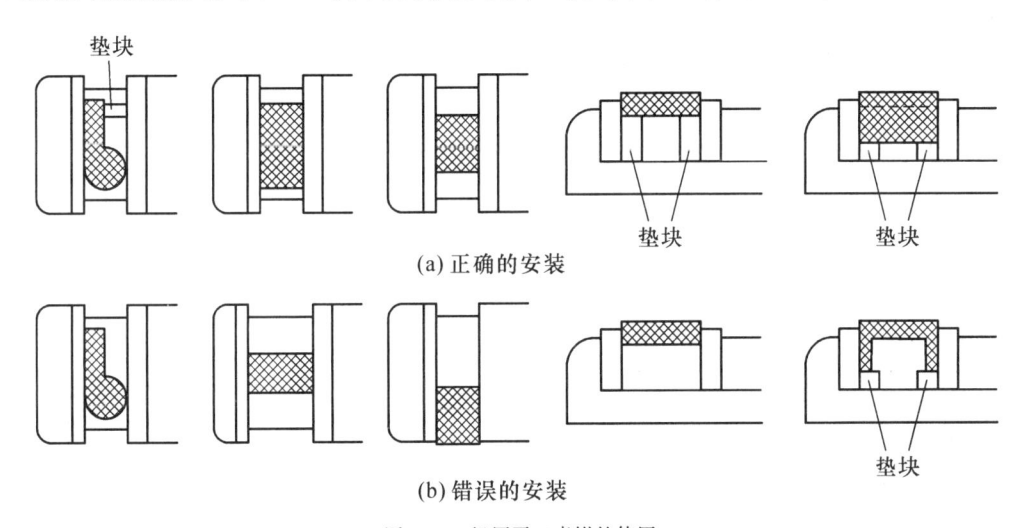

图 3-5 机用平口虎钳的使用

不加等高垫块时,可进行高出钳口 3 mm~5 mm 以上部分的外形加工;非贯通的型腔及孔加工。加等高垫块时,可进行对高出钳口 3 mm~5 mm 以上部分的外形加工;贯通的型腔及孔加工(注意不得加工到等高垫块,如有可能加工到,可考虑更窄的垫块)。

3. 注意事项

在装夹工件时严禁用木锤敲击操作手柄进行夹紧,防止增力过大而使固定钳口下部开裂损坏。

二、直接装夹在工作台面上

1. 装夹形式

对于体积较大的工件,大都将直接压在工作台面上,用压板夹紧。对图 3-6(a)所示的装夹方式,只能进行非贯通的挖槽或钻孔、部分外形等加工;也可在工件下面垫上厚度适当且加工精度较高的等高垫块后再将其压紧(如图3-6(b)所示),这种装夹方法可进行贯通的挖槽或钻孔、部分外形等加工。这种装夹形式在工件与机床主要坐标轴校平行、压紧后需在工件侧面安装定位块(图3-6中未画出),使其完全定位。

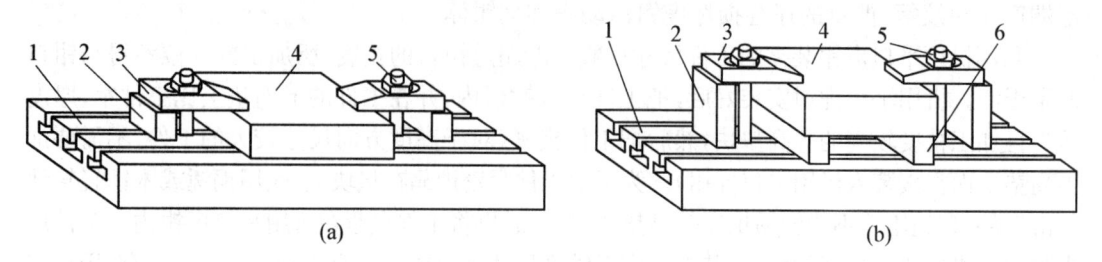

1—工作台 2—支承块 3—压板 4—工件 5—双头螺柱 6—平行垫铁

图3-6 工件直接装夹在工作台面上的方法

2. 装夹附件

装夹附件有压板和压紧螺栓、阶梯垫块、平行垫铁、挡铁和V形架。

(1) 压板和压紧螺栓。为了满足装夹不同形状的工件需要,压板也做成多种形式。如图3-7所示为压板几种形式,图3-8为固定压板用螺栓。压板的装夹方法如图3-9所示。

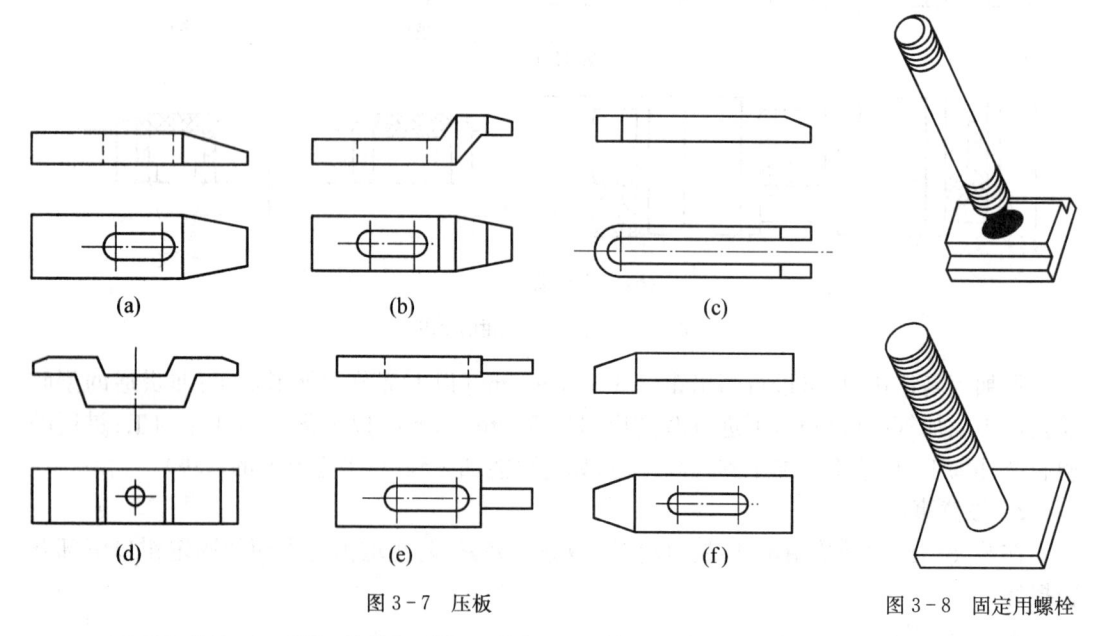

图3-7 压板　　图3-8 固定用螺栓

(2) 阶梯垫块是搭压各种不同高度工件用的,压板的一端搭在工件上,另一端放在阶梯垫块的阶梯上,如图3-10所示。

(3) 平行垫铁是一组相同尺寸的长方形垫铁,具有较高的平行度和光整的四个表面,用来垫高或垫实工件的已加工表面,见图3-11。

图 3-10 阶梯垫块

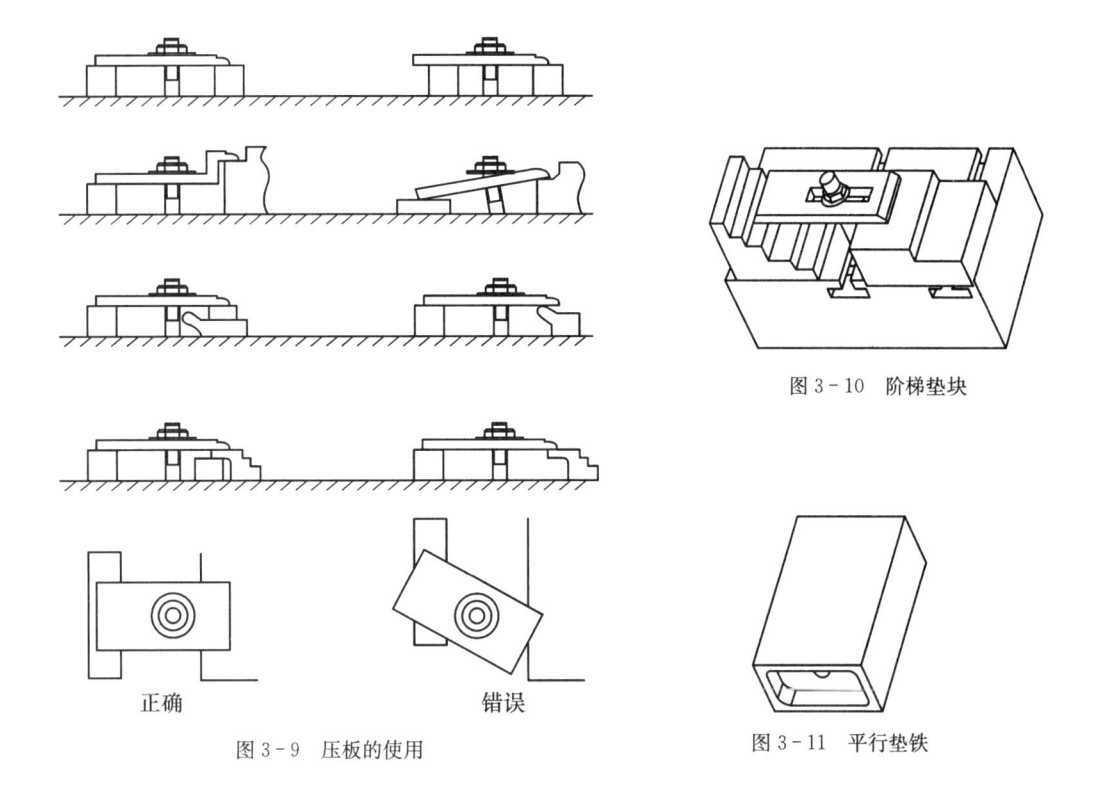

图 3-9 压板的使用　　　　图 3-11 平行垫铁

（4）挡铁。图 3-12 所示为各种形状的挡铁，它们是用来在工作台上装夹工件时挡住工件，以支承夹紧力或切削力。挡铁下面的方榫用来在 T 形槽内定位，紧固螺栓穿过圆孔或长圆形孔将其固定在工作台上。

图 3-12 挡铁　　　　图 3-13 V 形架

（5）V 形架（V 形铁）（图 3-13）是用碳钢或铸铁制成，V 形面的内角为 90°或 120°，各个表面均经过精确地磨削修正，具有很高的平面度和平行度。对圆柱形工件进行加工时，一般都是利用它装夹定位。

3. 装夹时应注意的几点

（1）必须将工作台面和工件底面擦干净，不能拖拉粗糙的铸件、锻件等，以免划伤台面。

（2）在工件的光洁表面或材料硬度较低的表面与压板之间，必须安置垫片（如铜片或厚纸片），这样可以避免表面因受压力而损伤。

(3) 压板的位置要安排得妥当，要压在工件刚性最好的地方，不得与刀具发生干涉，夹紧力的大小也要适当，不然会产生变形。

(4) 支撑压板的支承块高度要与工件相同或略高于工件，压板螺栓必须尽量靠近工件，并且螺栓到工件的距离应小于螺栓到支承块的距离，以便增大压紧力。

(5) 螺母必须拧紧，否则将会因压力不够而使工件移动，以致损坏工件、机床和刀具，甚至发生意外事故。

三、用组合夹具安装工件

组合夹具是由一套结构已经标准化、尺寸已经规格化的通用元件、组合元件所构成。可以按工件的加工需要组成各种功用的夹具。组合夹具有槽系组合夹具(图 3-14)和孔系组合夹具(图 3-15)。

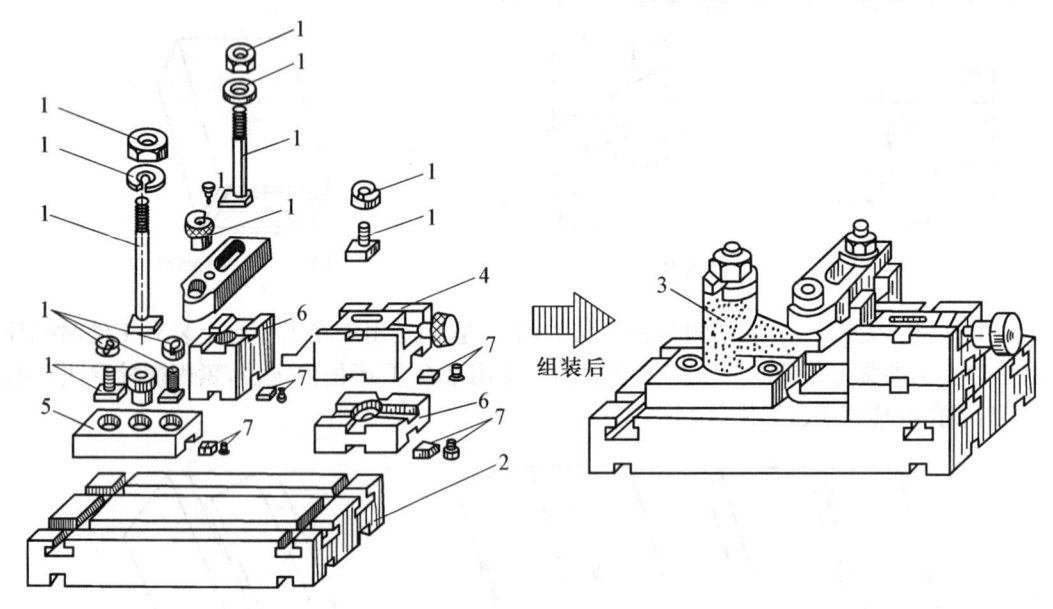

1—紧固件　2—基础板　3—工件　4—活动 V 型铁合件　5—支承板　6—垫铁　7—定位键及其紧定螺钉

图 3-14　槽系组合夹具组装过程示意图

1. 槽系组合夹具

槽系组合夹具主要元件表面上具有 T 形槽，组装时通过键和螺栓来实现元件的相互定位和紧固。槽系组合夹具根据 T 形槽的槽距、槽宽、螺栓直径有大、中、小型三种系列。

(1) 基础件有方形、圆形及基础角铁等(图 3-16)。它们常作为组合夹具的夹具体。

(2) 支承件有 V 形支承、长方支承、加肋角铁和角度支承等(图 3-17)。它们是组合夹具中的骨架元件，数量最多，应用最广，可作为各元件间的连接件，又可作为大型工件的定位件。

(3) 定位件有平键、T 形键、圆形定位销、菱形定位销、圆形定位盘、定位接头、方形定位

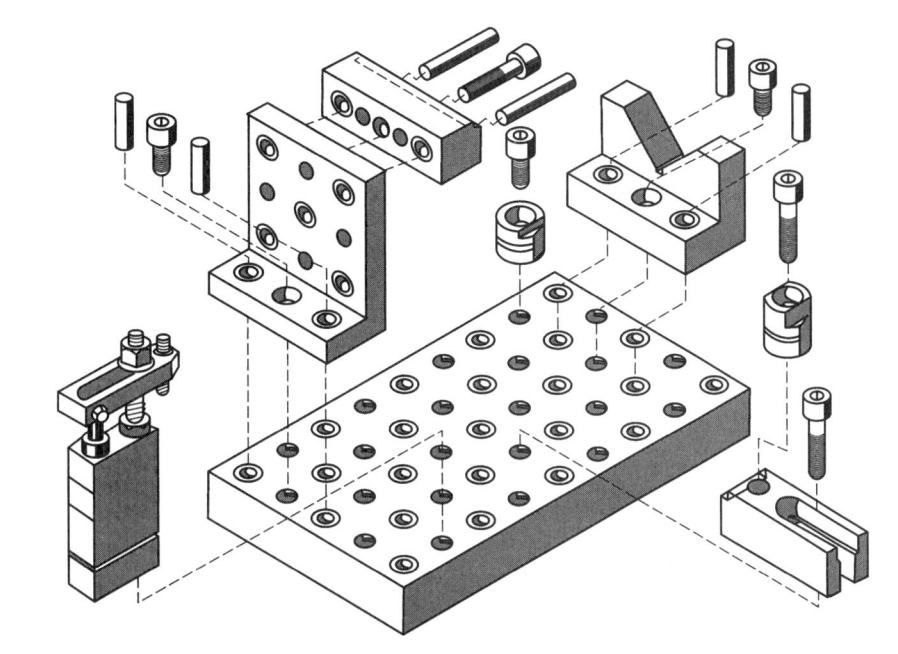

图 3-15 孔系组合夹具

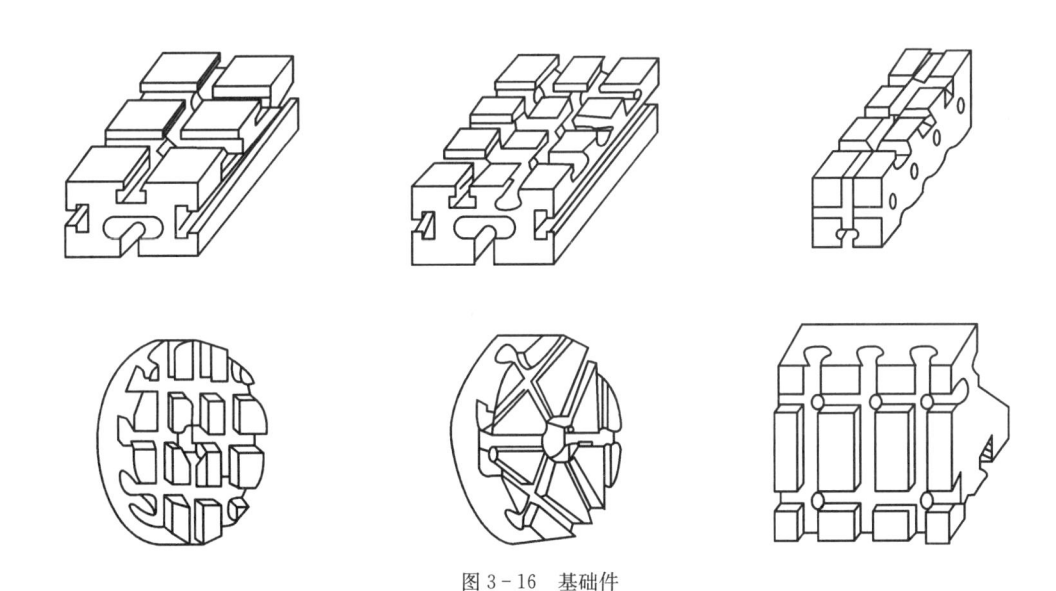

图 3-16 基础件

支承、六菱定位支承座等(图 3-18),主要用于工件的定位及元件之间的定位。

(4) 导向件有固定钻套、快换钻套、钻模板、左、右偏心钻模板、立式钻模板等(图3-19)。它们主要用于确定刀具与夹具的相对位置,并起引导刀具的作用。

(5) 夹紧件有弯压板、摇板、U 形压板、叉形压板等(图 3-20)。它们主要用于压紧工件,也可用作垫板和挡板。

图 3-17 支承件

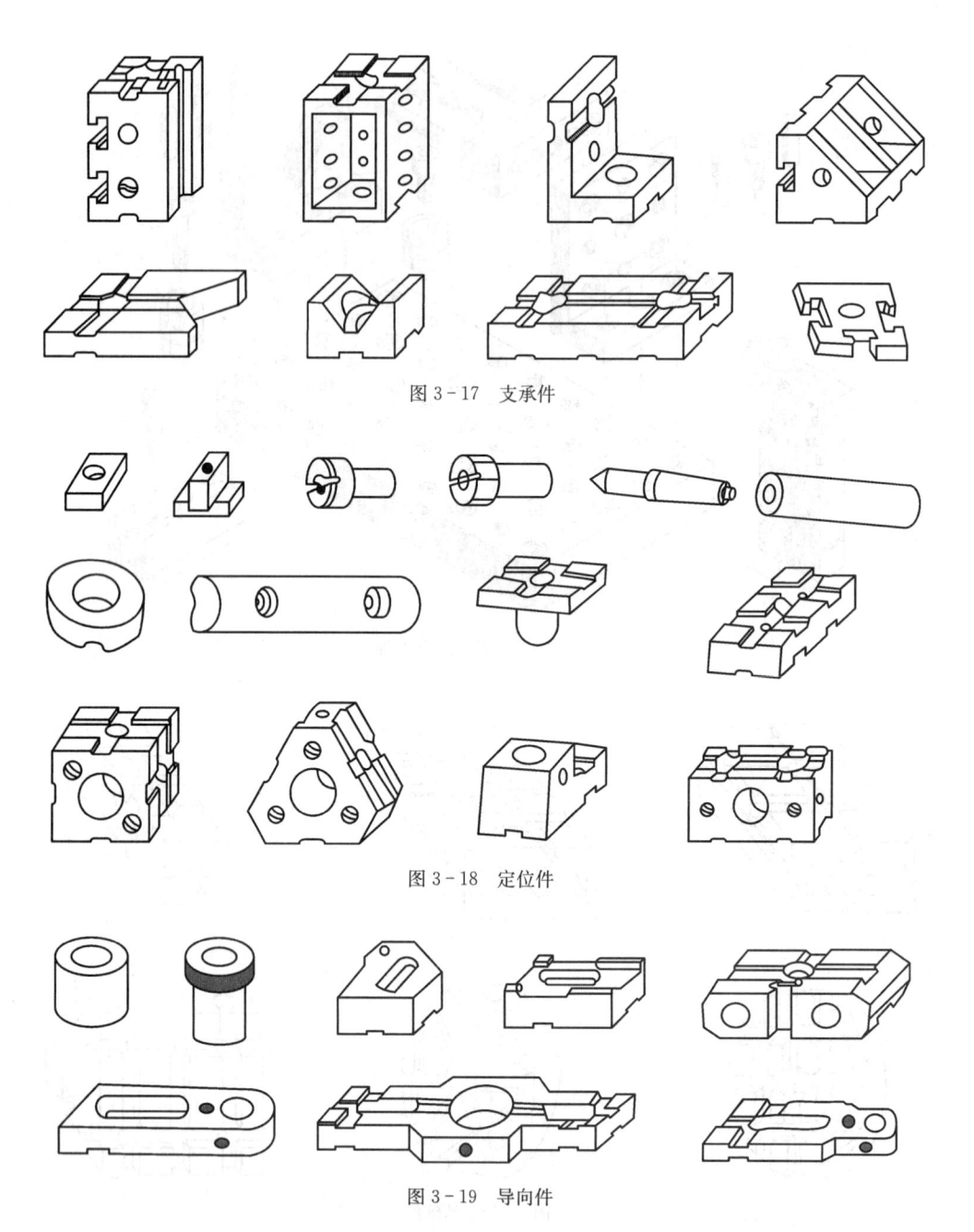

图 3-18 定位件

图 3-19 导向件

(6) 紧固件有各种螺栓、螺钉、垫圈、螺母等(图 3-21)。它们主要用于紧固组合夹具中的各种元件及压紧被加工件。由于紧固件在一定程度上影响整个夹具的刚性,所以螺纹件均采用细牙螺纹,可增加各元件之间的连接强度。其所选用的材料、制造精度及热处理等要求均高于一般标准紧固件。

(7) 其他件有三爪支承、支承环、手柄、连接板、平衡块等(图 3-22)。它们是指以上六类元件之外的各种辅助元件。

图 3-20 夹紧件

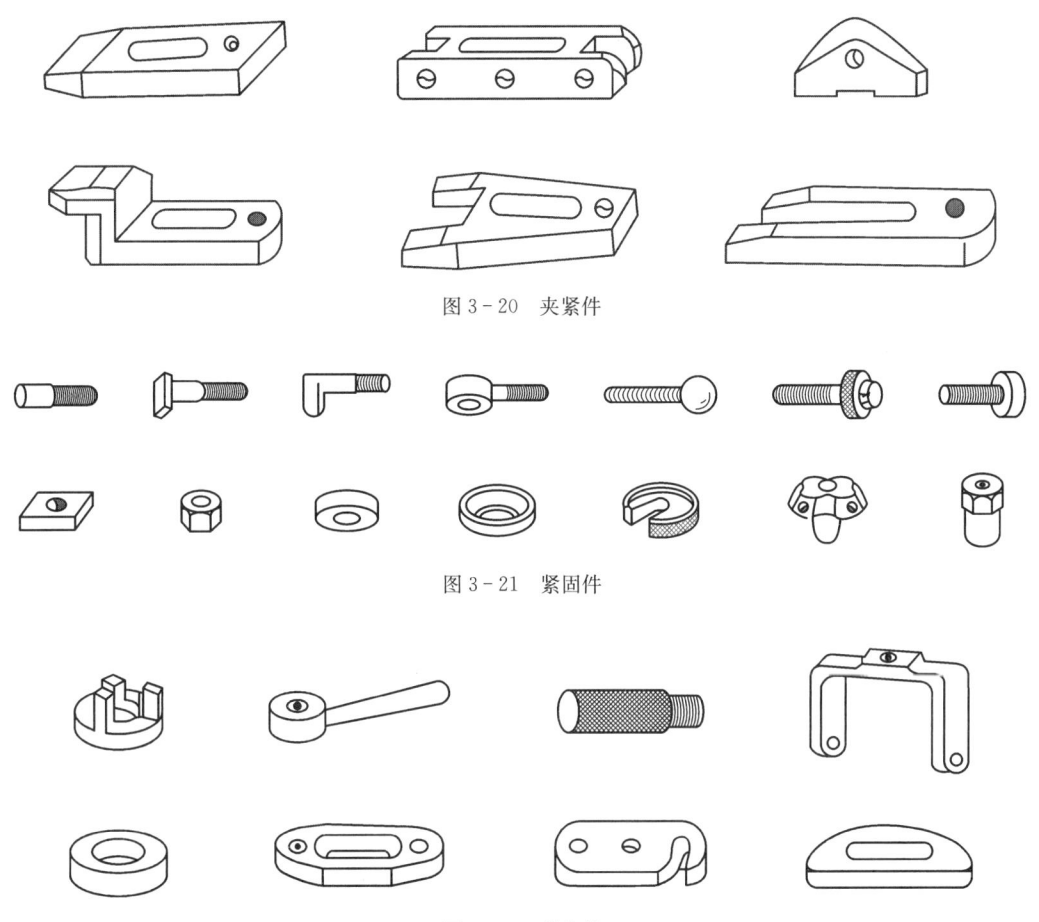

图 3-21 紧固件

图 3-22 其他件

(8) 组合件有尾座、可调 V 形块、折合板、回转支架等(图 3-23)。组合件由若干零件组合而成,在组装过程中不拆散使用的独立部件。使用组合件可以扩大组合夹具的使用范围,加快组装速度,简化组合夹具的结构,减小夹具体积。

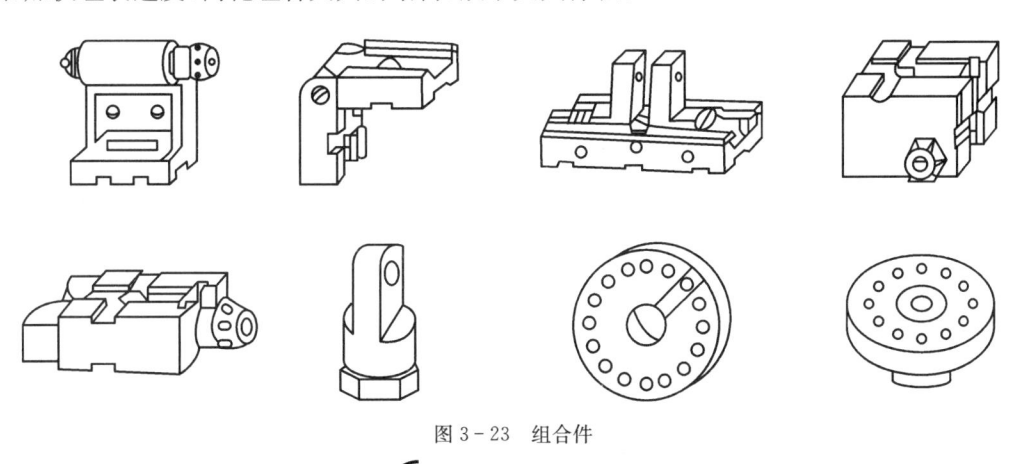

图 3-23 组合件

实训项目三 工件与刀具的装夹

2. 孔系组合夹具

孔系组合夹具主要元件表面上具有光孔和螺纹孔。组装时,通过圆柱定位销(一面两销)和螺栓实现元件的相互定位和紧固。孔系组合夹具根据孔径、孔距、螺钉直径分为不同系列,以适应工件。定位孔孔径有 10 mm、12 mm、16 mm、24 mm 四个规格;相应的孔距为 30 mm、40 mm、50 mm、80 mm;孔径公差为 H7,孔距公差为±0.01 mm。

孔系组合夹具的元件用一面两圆柱销定位,属允许使用的过定位;其定位精度高,刚性比槽系组合夹具好,组装可靠、体积小、元件的工艺性好、成本低,但组装时元件的位置不能随意调节,常用偏心销钉或部分开槽元件进行弥补。

3. 组合夹具的特点

组合夹具的基本特点是满足三化:标准化、系列化、通用化。具有组合性、可调性、模拟性、柔性、应急性和经济性、使用寿命长,能适应产品加工中的周期短、成本低等要求,比较适合在数控铣削机床上使用。

但是,由于组合夹具是由各种通用标准元件组合而成的,各元件间相互配合的环节较多,夹具精度、刚性仍比不上专用夹具,尤其是元件连结的接合面刚度,对加工精度影响较大。通常,采用组合夹具时其加工尺寸精度只能达到 IT8~IT9 级,这就使得组合夹具在应用范围上受到一定限制。此外,使用组合夹具首次投资大,总体显得笨重,还有排屑不便等不足。对中、小批量,单件(如新产品试制等)或加工精度要求不十分严格的零件,应尽可能选择组合夹具。

四、用其他装置安装工件

1. 用万能分度头安装

万能分度头(图 3-24)是三轴三联动以下加工中心常用的重要附件,能使工件绕分度头主轴轴线回转一定角度,在一次装夹中完成等分或不等分零件的分度工作,如加工四方、六角等。

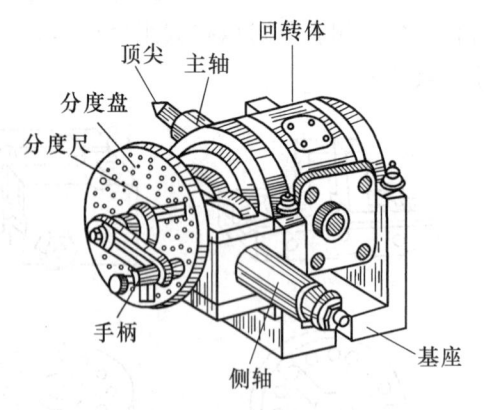

图 3-24　万能分度头

图 3-25　三爪自定心卡盘

2. 用三爪卡盘安装

将三爪卡盘(图 3-25)安装在工作台面上,可装夹圆柱形零件。在批量加工圆柱形工件端面时,装夹快捷方便,例如铣削端面凸轮、不规则槽、冷冲模冲头等。

3. 装夹在回转工作台上

回转工作台(图 3-26 所示为手动回转工作台)主要应用在卧式铣削机床上,工件一次性装夹在回转工作台上,利用其回转功能可以加工工件不同角度位置的平面、沟槽等。

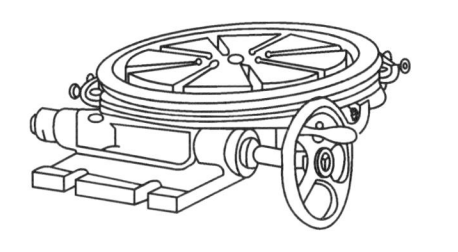

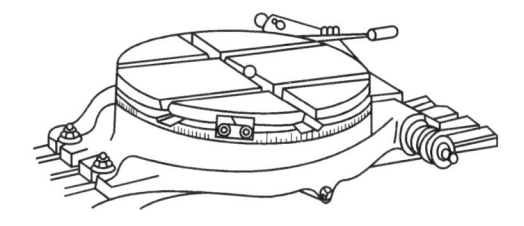

图 3-26 手动回转工作台

五、用专用夹具安装工件

为了保证工件的加工质量,提高生产率,减轻劳动强度,根据工件的形状和加工方式可采用专用夹具安装。

专用夹具是根据某一零件的结构特点专门设计的夹具,具有结构合理,刚性强,装夹稳定可靠,操作方便,提高安装精度及装夹速度等优点。采用专用夹具装夹所加工的一批工件,其尺寸比较稳定,互换性也较好,可大大提高生产率。但是,专用夹具所固有的只能为一种零件的加工所专用的狭隘性,是和产品品种不断变型更新的形势不相适应,特别是专用夹具的设计和制造周期长,花费的劳动量较大,加工简单零件显然不太经济。但在模具生产过程中,由于单个零件需在不同的数控设备上加工,为了保证其加工精度,也会采用专用夹具。

课题二 刀具的装夹

模块一 铣削基本知识

一、铣削加工

铣削加工是利用旋转的铣刀作为刀具的切削加工。铣削时刀具回转完成主运动,工件作直线(或曲线)进给。旋转的铣刀是由多个刀刃组合而成的,因此铣削是非连续的切削过程,且每个刀齿在切削过程中的切削厚度是变化的。

一般情况下,铣削属于半精加工和粗加工,可以达到的精度为 IT9~IT7 级,表面粗糙度 Ra 值为 $6.3\ \mu m \sim 1.6\ \mu m$。

二、顺铣与逆铣

铣削一般分周铣和端铣两种方式。周铣(图 3-27(a))是用刀体圆周上的刀齿铣削,其周边刃起切削作用,铣刀的轴线平行于工件的加工表面。端铣(图3-27(b))是用刀体端面上的刀齿铣削,周边刃与端面刃同时起切削作用,铣刀的轴线垂直于一个加工表面。

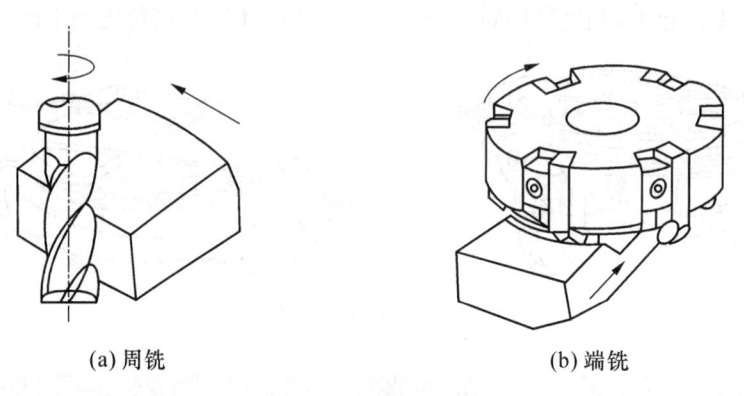

(a) 周铣　　　　　　　　　　(b) 端铣

图3-27　铣削方式

周铣和某些不对称的端铣又有逆铣和顺铣之分。凡刀刃切削方向与工件的进给运动方向相反的称为逆铣;方向相同的称为顺铣。图3-28为周铣铣削方式,图3-29为端铣铣削方式。

(a) 顺铣　　　　　　　　　　(b) 逆铣

图3-28　周铣铣削方式

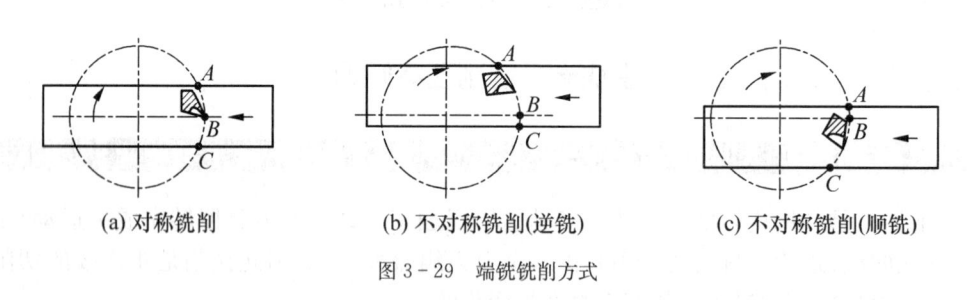

(a) 对称铣削　　　　(b) 不对称铣削(逆铣)　　　　(c) 不对称铣削(顺铣)

图3-29　端铣铣削方式

三、顺铣与逆铣对切削的影响

对于立式数控铣削机床所采用的立铣刀,装在主轴上时,相当于悬臂梁结构,在切削加工时刀具会产生弹性弯曲变形,如图3-30所示。

从图3-30(a)可以看出,当用立铣刀顺铣时,刀具在切削时会产生让刀现象,即切削时

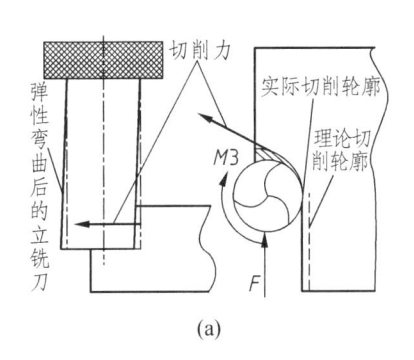

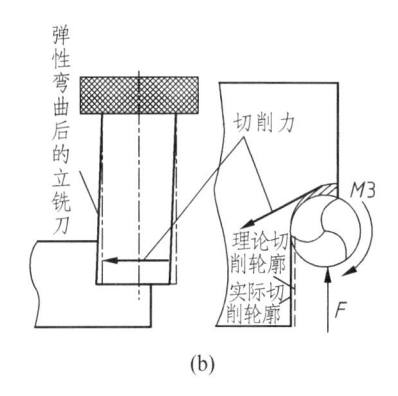

图 3-30 顺铣、逆铣对切削的影响

出现"欠切";而用立铣刀逆铣时(图 3-30(b)),刀具在切削时会产生啃刀现象,即切削时出现"过切"。这种现象在刀具直径越小、刀杆伸出越长时越明显,所以在选择刀具时,从提高生产率、减小刀具弹性弯曲变形的影响这些方面考虑,应选大的直径,但需满足 $R_{刀} < R_{轮廓min}$;在装刀时刀杆尽量伸出短些。

逆铣时,铣刀每齿的切削厚度是从零逐渐增大(在切削分力的作用下有啃刀现象),刀齿载荷逐渐增大;刀齿在开始切入时,将与切削表面发生挤压和滑擦,这对铣刀寿命和铣削工件的表面质量都有不利影响。

顺铣时的情况正相反,铣刀每齿的切削厚度是从最大逐渐减小到零(在切削分力的作用下有让刀现象),所以顺铣能提高铣刀寿命(刀具耐用度提高 2 倍~3 倍)和铣削表面质量;顺铣时,切削分力与进给方向相同,可减小机床的功率消耗。但顺铣在刀齿切入时承受最大的载荷,当机床的进给传动机构有间隙或铸锻毛坯有硬皮时不宜采用顺铣,以免引起振动和损坏刀具。

四、铣削用量的选择

铣削时采用的切削用量,应在保证工件加工精度和刀具耐用度、不超过数控机床允许的动力和扭矩前提下,获得最高的生产率和最低的成本。铣削过程中,如果能在一定的时间内切除较多的金属,就有较高的生产率,从刀具耐用度的角度考虑,切削用量选择的次序是:根据侧吃刀量 a_e 先选择较大的背吃刀量 a_p (见图 3-31),其次选择进给速度 F,再次选择铣削速度 V (最后转换为主轴转速 S)。

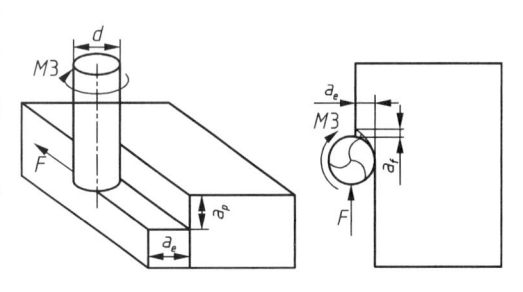

图 3-31 铣削用量

对于高速铣削机床(主轴转速在 10 000 r/min 以上),为发挥其高速旋转的特性、减少主轴的重载磨损,其切削用量选择的次序应是:$V \rightarrow F \rightarrow a_p(a_e)$。

1. 背吃刀量 a_p 的选择

当侧吃刀量 $a_e<d/2$（d 为铣刀直径）时，取 $a_p=(1/3\sim1/2)d$；当侧吃刀量 $d/2\leqslant a_e<d$ 时，取 $a_p=(1/4\sim1/3)d$；当侧吃刀量 $a_e=d$（即满刀切削）时，取 $a_p=(1/5\sim1/4)d$。

2. 进给量 F 的选择

粗铣时铣削力大，进给量的提高主要受刀具强度、机床、夹具等工艺系统刚性的限制，根据刀具形状、材料以及被加工工件材质的不同，在强度刚度许可的条件下，进给量应尽量取大；精铣时限制进给量的主要因素是加工表面的粗糙度，为了减小工艺系统的弹性变形，减小已加工表面的粗糙度，一般采用较小的进给量，具体参见附表9。进给速度 F 与铣刀每齿进给量 f（图 3-31 中的 a_f）、铣刀齿数 z 及主轴转速 S(r/min) 的关系为：

$$F=fz(\text{mm/r}) \text{ 或 } F=Sfz(\text{mm/min})$$

3. 铣削速度 V 的选择

铣削速度 V 在保证合理的刀具耐用度、机床功率等因素的前提下，从附表 8 中进行选择。主轴转速 S(r/min) 与铣削速度 V(m/min) 及铣刀直径 d(mm) 的关系为：

$$S=\frac{1\,000\,V}{\pi d}$$

模块二　刀柄、刀具及安装

一、刀柄

刀柄（图 3-32）是数控机床必备的辅具，在刀柄上安装不同的刀具（图 3-33），备加工时选用。刀柄要和主机的主轴孔相对应，刀柄是系列化、标准化产品，其锥柄部分和机械手抓拿部分都已有相应的国际和国家标准。ISO7388 和 GB10945-89《自动换刀机床用7∶24圆锥工具柄部 40、45 和 50 号圆锥柄》，对此作了统一的规定。见图 3-34。

(a) 锥孔刀柄　　(b) 弹性筒夹刀柄　　(c) 钻夹头刀柄　　(d) 丝锥刀柄与夹套

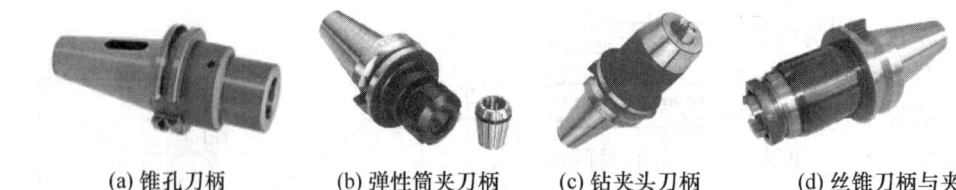

图 3-32　数控铣削机床用部分刀柄

二、拉钉

固定在锥柄刀柄尾部且与主轴内拉紧机构相配的拉钉也已标准化，ISO7388 和 GB10945-89《自动换刀机床用 7∶24 圆锥工具柄部 40、45 和 50 号圆锥柄用拉钉》对此作了规定。图 3-35 所示为 JT-40 刀柄所用的 LDA40 拉钉；图 3-36 所示为 BT-40 刀柄所用的 P40T-1 拉钉。

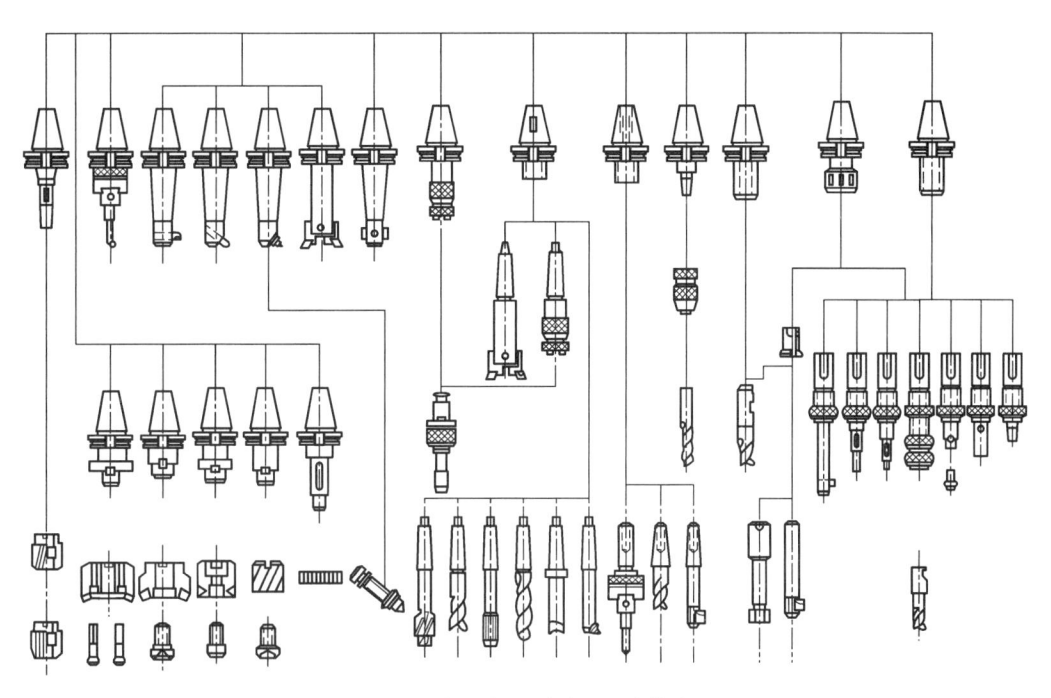

图 3-33 加工中心刀柄与刀具安装关系

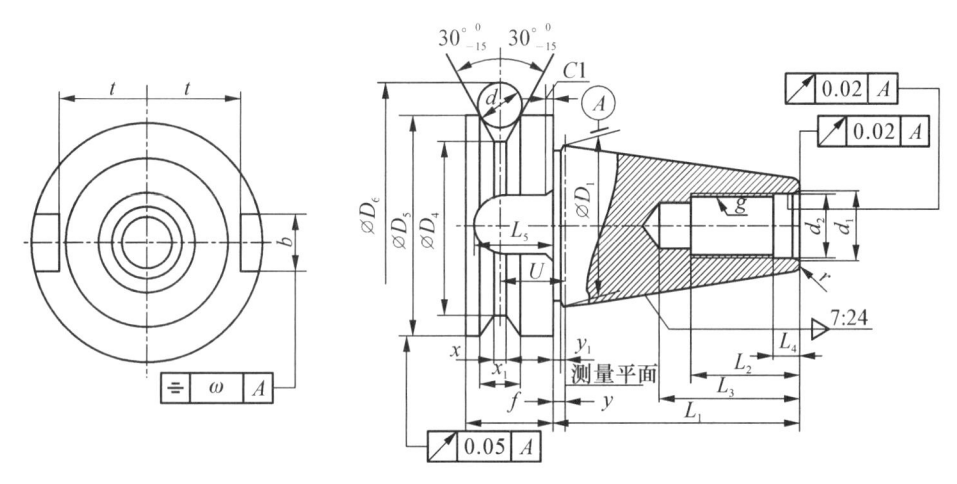

图 3-34 圆锥刀柄结构

图 3-35 LDA40 拉钉

图 3-36 P40T-1 拉钉

三、常用切削刀具

1. 孔加工用刀具

孔加工用刀具有：中心钻、麻花钻（直柄、锥柄）、扩孔钻、锪孔钻、铰刀、丝锥、镗刀等，如图 3-37 所示。

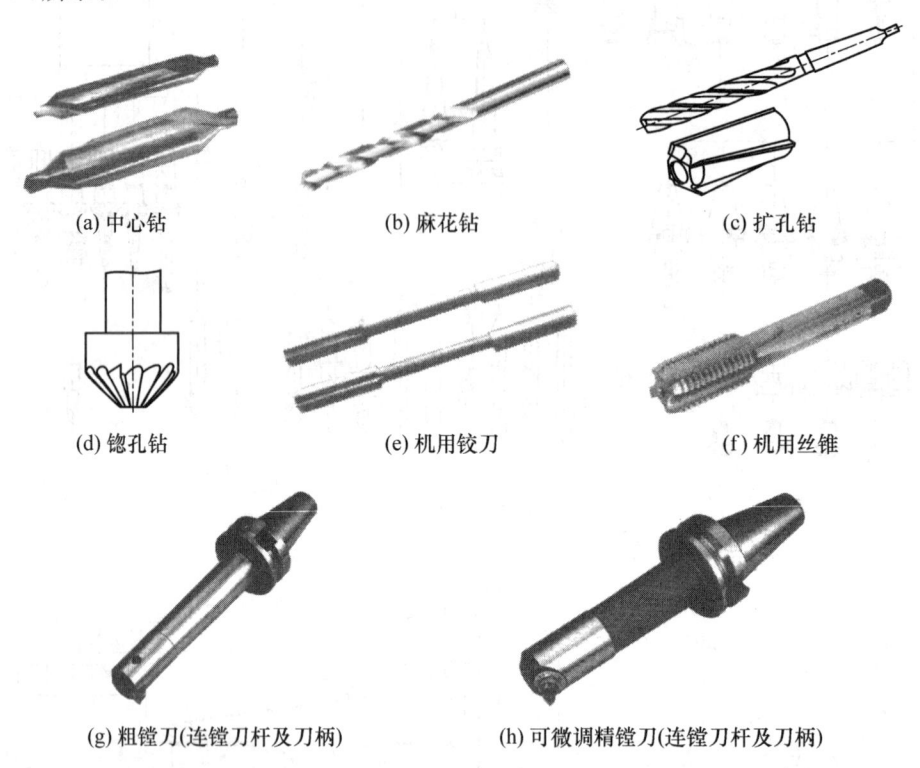

(a) 中心钻　　　(b) 麻花钻　　　(c) 扩孔钻

(d) 锪孔钻　　　(e) 机用铰刀　　　(f) 机用丝锥

(g) 粗镗刀(连镗刀杆及刀柄)　　　(h) 可微调精镗刀(连镗刀杆及刀柄)

图 3-37　孔加工用刀具

2. 铣削刀具

铣刀是刀齿分布在旋转表面或端面上的多刃刀具，其几何形状较复杂，种类较多。按铣刀的材料分为高速钢铣刀、硬质合金铣刀等；按铣刀结构形式分为整体式铣刀、镶齿式铣刀、可转位式铣刀；按铣刀的安装方法分为带孔铣刀、带柄铣刀；按铣刀的形状和用途又可分为圆柱铣刀、端铣刀、立铣刀、键槽铣刀、球头铣刀等，如图 3-38 所示。

四、拉钉及刀具的安装

1. 拉钉的安装

要使刀柄在装入机床主轴能被拉紧，必须在刀柄上安装相应的拉钉。在安装拉钉时，首先用手把拉钉拧入刀柄小端的螺纹孔中，然后把刀柄水平放在锁刀座(图 2-112(b))右侧的卡槽内，用左手压住刀柄，右手用开口(呆)扳手(图 2-111(b))把拉钉彻底拧紧。

2. 刀具的安装

把装好拉钉的刀柄竖放在锁刀座的锥孔中，使刀柄上的键槽与锁刀座上的键相配合。

(a) 面铣刀　　　　　　　　(b) 立铣刀

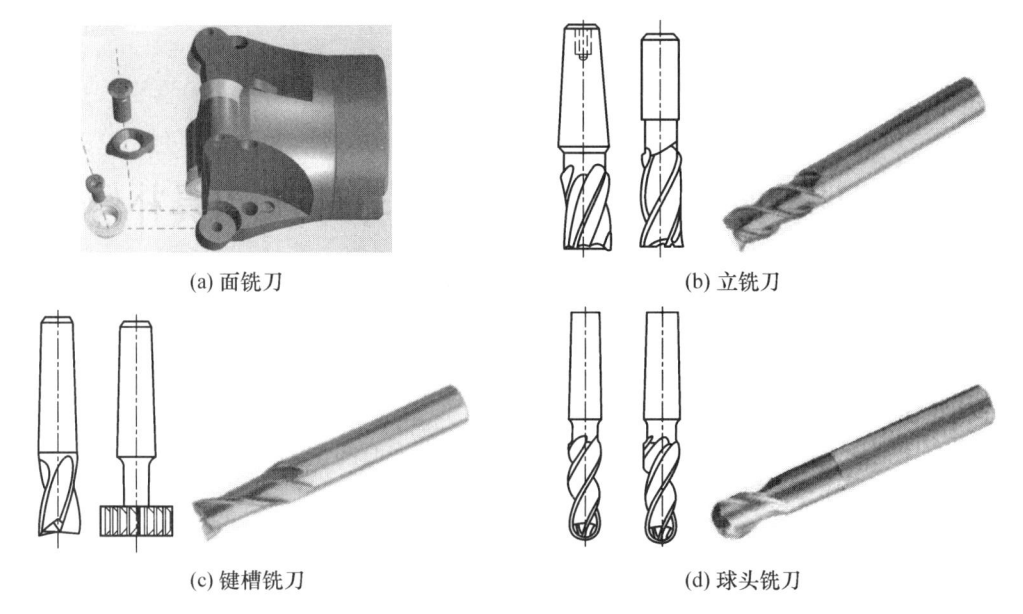

(c) 键槽铣刀　　　　　　　(d) 球头铣刀

图 3-38　常用铣削刀具

(1) 铣刀刀片的安装：见图 3-38(a)中示意。

(2) 直柄刀具的安装：①把刀柄上的圆螺母拧下(图 3-32(b))；②把弹性筒夹压入圆螺母中；③把直柄铣刀光杆部分装入弹性筒夹孔中；④把上述一体放入刀柄锥孔中，用手把圆螺母拧入到拧不动；⑤用图 2-112(c)中的扳手锁紧螺母。安装完毕的刀柄如图 3-39(a)、(b)所示。

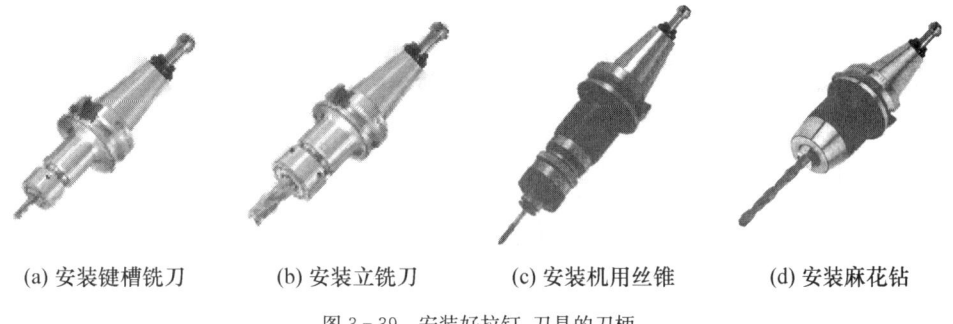

(a) 安装键槽铣刀　　(b) 安装立铣刀　　(c) 安装机用丝锥　　(d) 安装麻花钻

图 3-39　安装好拉钉、刀具的刀柄

(3) 锥柄刀具的安装：①对带扁尾的锥柄刀具，在装入时使扁尾与刀柄上的月形槽相对，然后沿轴向稍用力插入即可；②对尾端带螺纹孔的锥柄刀具，则在装拉钉前，先把锥柄刀具装入刀柄锥孔，然后从刀柄小端孔中插入内六角螺钉，用内六角扳手(图 2-111(d))拧紧螺钉，最后装上螺钉。

(4) 机用丝锥的安装：机用丝锥的安装比较方便，只需在丝锥夹套(图 3-32(d))中的锁圈沿轴向压入时把机用丝锥的方榫插入即可。安装完毕的刀柄如图 3-39(c)所示。

(5) 麻花钻的安装：先把麻花钻夹头松开(三爪往里收)，到一定的开口后插入麻花钻，然后用月牙扳手拧紧。安装完毕的刀柄如图 3-39(d)所示。

实训项目四 工件的平面铣削与对刀、刀具补偿及工件坐标系设置

实训目的与要求

1. 掌握用面铣刀在 MDI(A)方法下对工件进行水平面的铣削加工。
2. 了解各种对刀方法,掌握用试切法进行对刀操作。
3. 掌握刀具补偿及工件坐标系的设置。

课题一 工件的平面铣削

模块一 工件水平平面的铣削

一、教学目标

通过学习能对工件的大平面进行数控铣削。

二、终极学习目标

1. 会制订大平面加工方案。
2. 会选用大平面加工刀具。

三、工作任务

编制如图 4-1 所示工件的大平面铣削程序,并进行铣削加工。

四、相关实践知识

(一) 填写加工工艺卡片

1. 分析工件工艺性能

图 4-1 所示工件,外形尺寸(长×宽×高)为 100×80×20(mm),属于小零件。高度尺寸为自由公差,大平面表面粗糙度为 Ra3.2。

2. 选用毛坯或明确来料状况

所用材料:45 号钢。
半成品外形尺寸:101×81×21(mm),6 个面全部进行粗加工。

3. 确定装夹方案

选用机用平口虎钳装夹工件。底面朝下垫平,工件毛坯面高出钳口 12 mm,夹 80 mm 两侧面;100 mm 任一侧面与虎钳侧面取平夹紧,实际上限制六个自由度,工件处于完全定位状态。

4. 确定加工方案

由于该工件已进行过粗加工,因此采用端面铣刀直接进行精加工。加工方案及选用刀具见表 4-1。

表 4-1 加工方案与刀具选择

序 号	加工方案	刀 具	刀具号
1	精铣平面	∅80 mm 面铣刀	T1

5. 填写工艺卡片

工艺卡片见表 4-2。

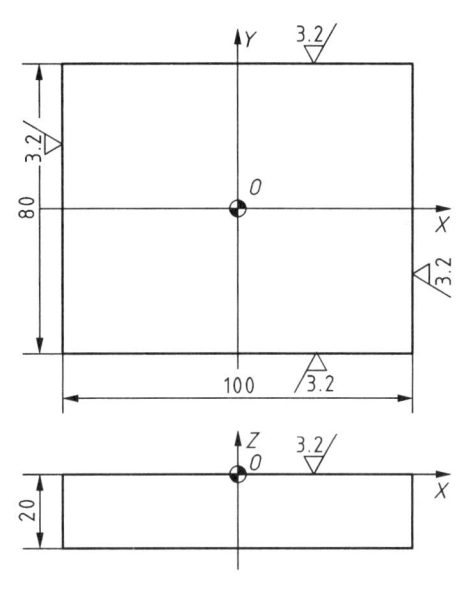

图 4-1 工件平面铣削练习

表 4-2 数控加工工艺卡片

数控实训基地		数控加工工艺卡片		产品名称或代号	零件名称	材料	零件图号
				平板类零件	凸块	45 号钢	30-3001
工序号		程序编号	夹具名称	夹具编号	使用设备	车 间	
31		O0001	机用平口虎钳	200	VDF850	数控实训基地	
工步号	工步内容	刀具号	刀具规格	主轴转速 (r/min)	进给速度 (mm/min)	背吃刀量 (mm)	量具	备注
1	精铣大平面	T1	∅80 mm 面铣刀	600	120	0.5	游标卡尺	
编制			审核		共 页	第 页	

(二) 选用刀具

高速钢面铣刀一般用于加工中等宽度的平面,标准铣刀直径范围为 ∅80 mm~∅250 mm,硬质合金面铣刀的切削效率及加工质量均比高速钢铣刀高,故目前广泛使用硬质合金面铣刀加工平面。

图 4-2 所示为整体焊接式面铣刀。该刀结构紧凑,较易制造。但刀齿磨损后整把刀将报废,故已较少使用。

图 4-3 所示为机夹焊接式面铣刀。该铣刀是将硬质合金刀片焊接在小刀头上,再采用机械夹固的方法将刀装夹在刀体槽中。刀头报废后可换上新刀头,因此延长了刀体的使用寿命。

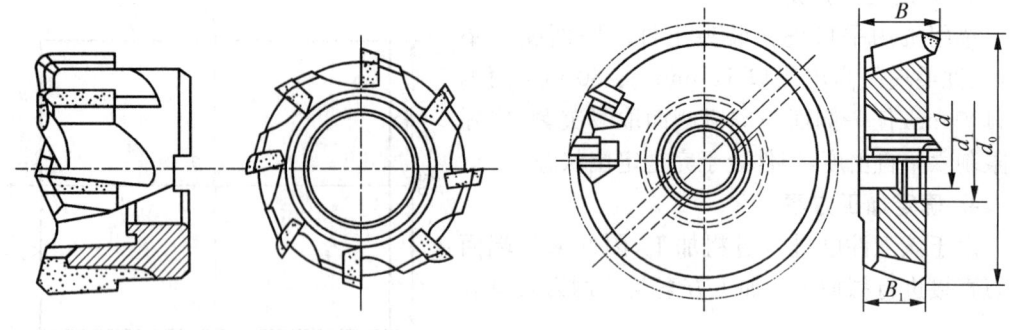

图 4-2 整体焊接式面铣刀　　　　图 4-3 机夹焊接式面铣刀

图 3-38(a)所示为可转位面铣刀。该铣刀将刀片直接装夹在刀体槽中。切削刃用钝后,将刀片转位或更换刀片即可继续使用。可转位铣刀与可转位车刀一样具有效率高、寿命长、使用方便、加工质量稳定等优点。这种铣刀是目前平面加工中应用最广泛的刀具之一。可转位面铣刀已形成系列标准,可查阅刀具标准等有关资料。

(三) 操作过程

在对水平面铣削前,一般还没有进行工件坐标系的设定(即还没有进行"对刀"),因此水平面的铣削加工在 MDI(A)方式下进行。其操作过程为:

(1) 工件装夹完毕后,把面铣刀刀柄装入数控机床主轴。

(2) 选择 MDI(A)方式,进入图 2-20、图 2-51、图 2-76 操作界面,输入"M3S600"后,按"启动"。

(3) 转到手动方式,利用手持单元选择 X、Y 轴移动,使面铣刀处在图 4-4 中 A 上方的位置;选择 Z 轴使面铣刀下降(图 4-5),当面铣刀接近工件表面时,把手持单元的进给倍率调到"×10",然后继续下降,当进入切削后,根据工件上表面平整及粗糙度情况确定切深(背吃刀量 a_p,一般取 0.3 mm~0.5 mm)。

(4) 再次进入 MDI(A)方式,输入加工程序后按"启动"进行切削加工。

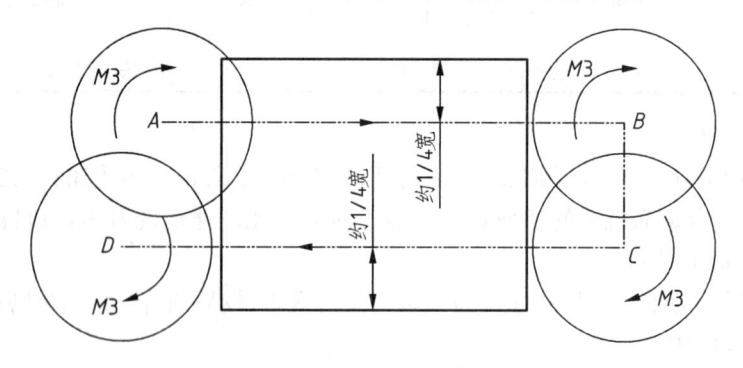

图 4-4 铣平面刀具移动轨迹

(四) 程序编制

G54G91M3S600;
G1X150F120;

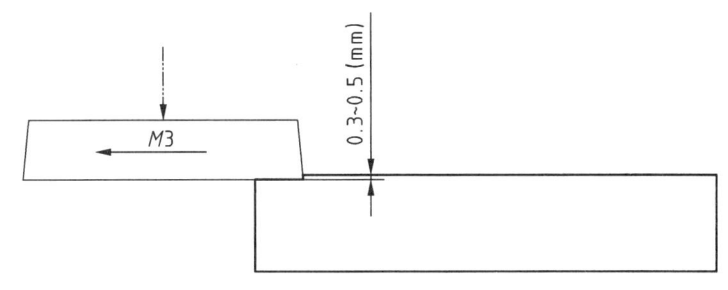

图 4-5 铣平面时的下刀与背吃刀量 a_p

Y40;
X-160
G0Z200;
M30;

说明:在华中系统中,只能一段一段输入执行。

模块二　侧平面的铣削

一、教学目标

通过学习能进行侧平面的数控铣削。

二、终极学习目标

1. 会制定侧平面加工方案。
2. 会选用侧平面加工刀具。

三、工作任务

编制图 4-1 所示的 100×80×8(mm)侧平面铣削程序,并进行铣削加工。

四、相关实践知识

(一)填写数控工艺卡片

1. 分析零件工艺性能

图 4-1 中所示长度尺寸和宽度尺寸为自由公差,侧平面表面粗糙度为 $Ra3.2$。

2. 选用毛坯或明确来料状况

所用材料:45 号钢。
半成品外形尺寸:101×81×21 mm,6 个面全部已进行过粗加工。

3. 确定装夹方案

同模块一的"确定装夹方案"。

4. 确定加工方案

由于单边的切削用量为 0.5 mm,所以直接采用立铣刀进行精加工。加工方案及选用刀具见表4-3。

表4-3 加工方案与刀具选择

序 号	加工方案	刀 具	刀具号
1	精铣侧平面	⌀16 mm立铣刀	T2

5. 填写工艺卡片

工艺卡片见表4-4。

表4-4 数控加工工艺卡片

数控实训基地		数控加工工艺卡片		产品名称或代号		零件名称	材料	零件图号
				平板类零件		凸块	45号钢	30-3001
工序号		程序编号	夹具名称		夹具编号	使用设备	车 间	
32		O0002	机用平口虎钳		200	VDF850	数控实训基地	
工步号	工步内容	刀具号	刀具规格	主轴转速(r/min)	进给速度(mm/min)	背吃刀量(mm)	侧吃刀量(mm)	量具	备注
1	精铣侧平面	T2	⌀16 mm立铣刀	400	100	0.5	2	游标卡尺	
编制				审核			共 页	第 页	

(二) 选用刀具

立铣刀(图3-38(b))主要用在立式数控机床上加工凹槽、阶台面。立铣刀圆周上的切削刃是主切削刃,端面上的切削刃是副切削刃,故切削时一般不宜沿铣刀轴线方向进给。

(三) 操作过程

对于侧平面的铣削加工,在进行"对刀"、刀具半径补偿和工件坐标系设置的情况下是很方便的。我们这儿介绍的方法,是在没有任何设置的情况下所进行的操作,同样在MDI(A)方式下进行。其操作过程为:

(1) 工件装夹完毕后,把⌀16 mm立铣刀刀柄装入数控机床主轴。

(2) 选择MDI(A)方式,输入"M3S400"后,按"启动"。

(3) 转到手动方式,利用手持单元选择X、Y轴移动,使立铣刀处在图4-6中A上方的位置;选择Z轴使立铣刀下降到工件上表面以下约5 mm处;选择Y轴,沿"$-Y$"移动刀具,使刀具逐渐靠近工件,当立铣刀接近工件侧面时把手持单元的进给倍率调到"×10",然后继续移动,当出现微量切屑时停止移动;选择Z轴,沿"$+Z$"抬刀,并记下当前的Y轴机床坐标值。

(4) 选择X、Y轴移动,使立铣刀处在图4-6中B上方的位置;选择Z轴使立铣刀下降到工件上表面以下约5 mm处;选择X轴,沿"$+X$"移动刀具,使刀具逐渐靠近工件,当立铣刀接近工件侧面时把手持单元的进给倍率调到"×10",然后继续移动,当出现微量切屑时停止移动;并记下当前的X轴机床坐标值。

(5) 选择X、Y轴移动,使立铣刀处在图4-6中C上方的位置;选择Z轴使立铣刀下降,当立铣刀接近工件表面时,把手持单元的进给倍率调到"×10",然后继续移动,当出现微量切屑时停止移动,并记下当前的 Z 轴机床坐标值。

(6) 选择 Z 轴,沿"+Z"抬刀后选择 X、Y 轴,使刀具移动到前面所记的 X、Y 轴机床坐标值位置(图 4-6 中 D 的上方);选择 Z 轴,同样使 Z 轴到前面所记的机床坐标位置。

(7) 再次进入 MDI(A)方式,输入加工程序后按"启动"进行切削加工,其切削轨迹见图 4-7。

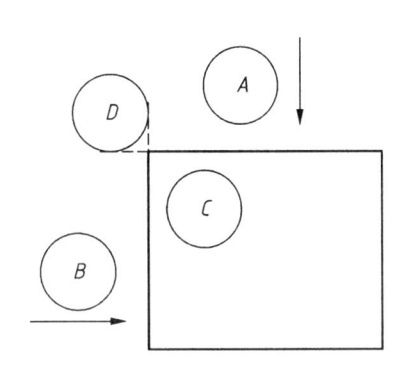

图 4-6 侧平面铣削确定起刀位置

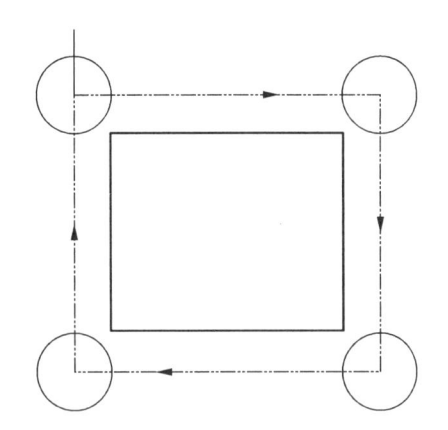

图 4-7 侧平面铣削走刀轨迹

(四) 程序编制

G54G91M3S400;

G00Z−8;

G1X0.5Y−0.5F100;

X116;

Y−96;

X−116;

Y110;

G0Z200;

M30;

说明:在华中系统中,只能一段一段输入执行。

课题二 对刀、刀具补偿及工件坐标系设置

模块一 对刀操作

通过一定的方法把工件坐标系原点(实际上是工件坐标系原点所在的机床坐标值)体现出来,这个过程称为"对刀"。在对刀前首先要把工件六个平面铣好(起码夹住的侧面应铣平);其次按工件定位基准面与机床运动方向一致的要求把工件定位装夹好;再次(如果工件表面没有精加工)用面铣刀把工件上表面铣平。

一、用铣刀直接对刀

用铣刀直接对刀,就是在工件已装夹完成并在主轴上装入刀具后,通过手持单元操作移动工作台及主轴,使旋转的刀具与工件的前(后)、左(右)侧面及工件的上表面(图4-8中1~5这五个位置)作极微量的接触切削(产生切削或摩擦声),分别记下刀具在作极微量切削时所处的机床坐标值,对这些坐标值作一定的数值处理后就可以设定工件坐标系了。

操作过程为(针对图4-8中1的位置):

(1) 工件装夹并校正平行后夹紧。

(2) 在主轴上装入已装好刀具的刀柄。

(3) 在MDI(A)方式下,输入M3S300,按<循环启动>,使主轴的旋转。

(4) 换到手动方式,使主轴停转。手持盒上选择Z轴(倍率可以选择×100),转动手摇脉冲发生器,使主轴上升到一定的位置(在水平面移动时不会与工件及夹具碰撞即可);分别选择X、Y轴,移动工作台使主轴处于工件上方适当的位置(如图4-9中A)。

(5) 手持盒上选择X轴,移动工作台(图4-9中①),使刀具处在工件的外侧(图4-9中B);手持盒上选择Z轴,使主轴下降(图4-9中②),刀具到达图4-9中C;手持盒上重新选择X轴,移动工作台(图4-9中③),当刀具接近工件侧面时用手转动主轴使刀具的刀刃与工件侧面相对,感觉刀刃很接近工件时,启动主轴使主轴转动,倍率选择"×10"或"×1",此时应一格一格地转动手摇脉冲发生器,应注意观察有无切屑(一旦发现有切屑应马上停止脉冲进给)或注意听声(一般刀具与工件微量接触切削时会发出"嚓"、"嚓"、"嚓"……的响声,一旦听到声音应马上停止脉冲进给),即到达了图4-9中D的位置。

图4-8 用铣刀直接对刀

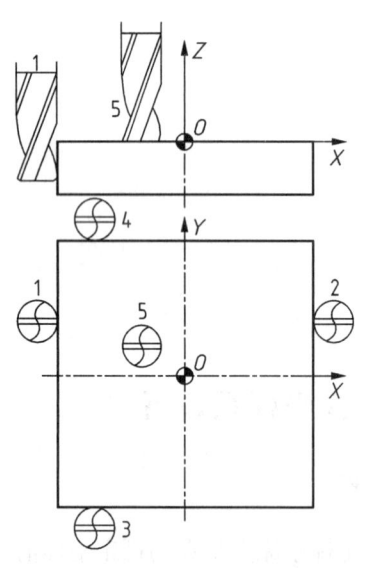

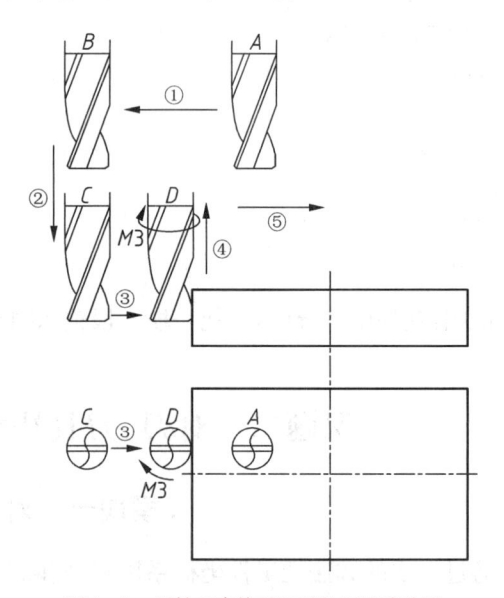

图4-9 用铣刀直接对刀时的刀具移动图

(6) 手持盒上选择Z轴(避免在后面的操作中不小心碰到脉冲发生器而出现意外)。记下此时X轴的机床坐标或把X的相对坐标清零。

（7）转动手摇脉冲发生器（倍率重新选择为"×100"），使主轴上升（图4-9中④）；移动到一定高度后，选择X轴，作水平移动（图4-9中⑤），再停止主轴的转动。

图4-8中2、3、4三个位置的操作参考上面的方法进行。

在用刀具进行Z轴对刀时，刀具应处在今后切除部位的上方（如图4-9中A），转动手摇脉冲发生器，使主轴下降，待刀具比较接近工件表面时，启动主轴转动，倍率选小，一格一格地转动手摇脉冲发生器，当发现切屑或观察到工件表面切出一个圆圈时（也可以在刀具正下方的工件上贴一小片浸了切削液或油的薄纸片，纸片厚度可以用千分尺测量，当刀具把纸片转飞时）停止手摇脉冲发生器的进给，记下此时的Z轴机床坐标值（用薄纸片时应在此坐标值的基础上减去一个纸片厚度）；反向转动手摇脉冲发生器，待确认主轴是上升的，把倍率选大，继续主轴上升。

用铣刀直接对刀时，由于每个操作者对微量切削的感觉程度不同，所以对刀精度并不高。这种方法主要应用在要求不高或没有寻边器的场合。

二、用寻边器对刀

用寻边器（图2-114(a)、(b)）对刀只能确定X轴、Y轴方向的机床坐标值，而Z轴方向只能通过刀具或刀具与Z轴设定器（图2-114(c)）配合来确定。图4-10所示为使用光电式寻边器在1～4这四个位置确定X轴、Y轴方向的机床坐标值；在5这个位置用刀具确定Z轴方向的机床坐标值。图4-11所示为使用偏心式寻边器在1～4这四个位置确定X轴、Y轴方向的机床坐标值；在5这个位置用刀具确定Z轴方向的机床坐标值。

图4-10　光电式寻边器对刀　　　　图4-11　偏心式寻边器对刀

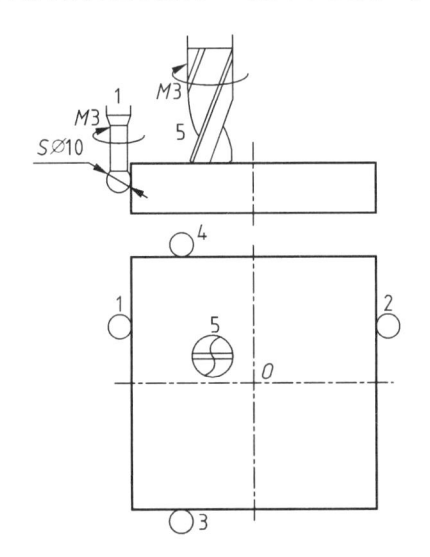

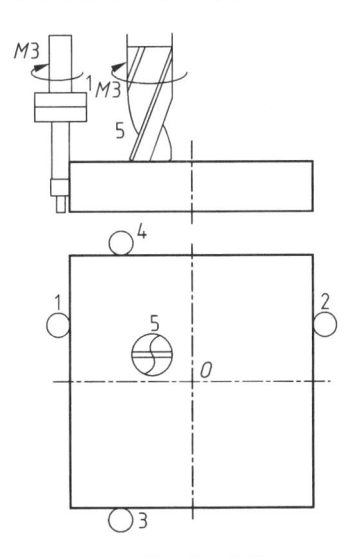

使用光电式寻边器时（主轴作50～100(r/min)的转动），当寻边器S⌀10 mm球头与工件侧面的距离较小时，手摇脉冲发生器的倍率旋钮应选择"×10"或"×1"，且一个脉冲、一个脉冲地移动；到出现发光或蜂鸣时应停止移动（此时光电寻边器与工件正好接触。其移动顺序参见图4-9），且记录下当前位置的机床坐标值或相对坐标清零。在退出时应注意其移动方向，如果移动方向发生错误会损坏寻边器，导致寻边器歪斜而无法继续准确使用。一般

可以先沿"+Z"移动退离工件,然后再作 X 轴、Y 轴方向移动。使用光电式寻边器对刀时,在装夹过程中就必须把工件的各个面擦干净,不能影响其导电性。

使用偏心式寻边器的对刀过程见图 4-12。图 4-12(a)所示为偏心式寻边器装入主轴没有旋转时;图 4-12(b)所示为主轴旋转时(转速为 200～300(r/min)。转速不能超过 350 r/min 以上,否则会在离心力的作用下把偏心式寻边器中的拉簧拉坏而引起偏心式寻边器损坏)寻边器的下半部分在内部拉簧(图 4-13)的带动下一起旋转,在没有到达准确位置时出现虚像;图 4-12(c)所示为移动到准确位置后上下重合,此时应记录下当前位置的机床坐标值或相对坐标清零;图 4-12(d)所示为移动过头后的情况,下半部分没有出现虚像。初学者最好使用偏心式寻边器对刀,因为移动方向发生错误不会损坏寻边器。另外在观察偏心式寻边器的影像时,不能只在一个方向观察,应在互相垂直的两个方向进行。

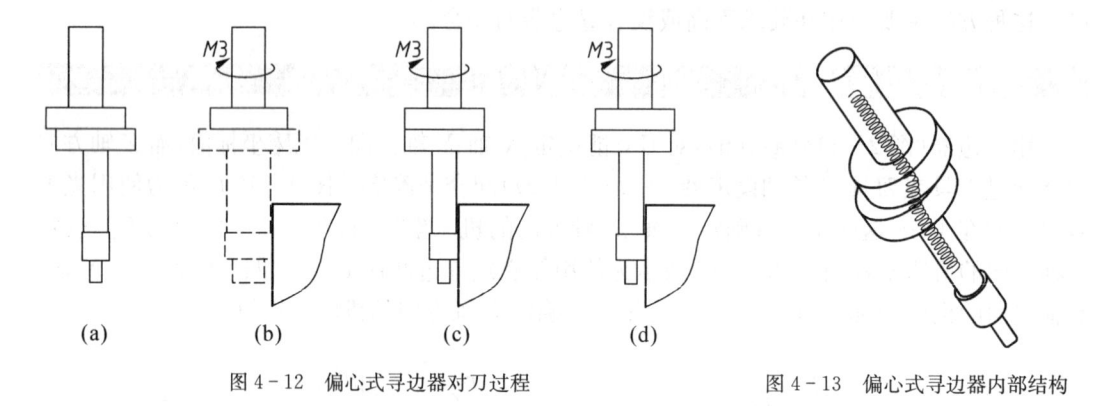

图 4-12 偏心式寻边器对刀过程　　　　图 4-13 偏心式寻边器内部结构

三、用芯棒和塞尺对刀

使用芯棒和塞尺(图 2-105)对刀同样只能确定 X 轴、Y 轴方向的机床坐标值,而 Z 轴方向只能通过刀具或刀具与 Z 轴设定器配合来确定。

操作过程为(针对图 4-14 中 1 这个位置):

(1) 工件装夹并校正平行后夹紧;上表面铣平。

(2) 在手动方式下,把已装好芯棒的刀柄装入机床主轴。

(3) 通过手持盒,使芯棒到达工件的上方后,如图 4-9 中所示的①、②、③这样的移动步骤,移动到 1 所在位置,当芯棒接近到工件侧面时,选择某一尺寸规格的塞尺(如 0.02 mm)放在芯棒与工件侧面之间,把倍率换到"×10"这一档,边使芯棒向工件移动边抽动塞尺,当塞尺无法抽动后停止芯棒的移动并记下此时 X 轴的机床坐标或把 X 轴的相对坐标清零。

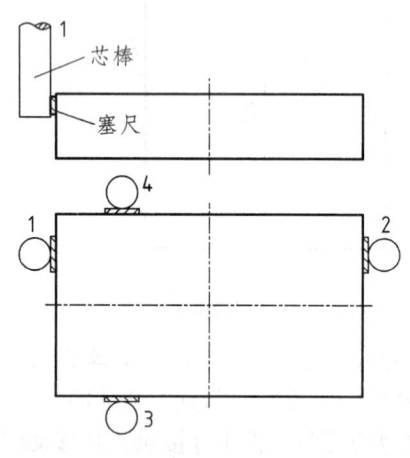

图 4-14 用芯棒和塞尺对刀

图 4-14 中 2、3、4 三个位置的操作参考上面的方法进行。

模块二 工件坐标系与刀具补偿的设置

一、对刀后的数值处理和工件坐标系 G54~G59 等的设置

通过对刀所得到的 5 个机床坐标值(在实际应用时有时可能只要 3~4 个),必须通过一定的数值处理才能确定工件坐标系原点的机床坐标值。代表性的情况有以下几种:

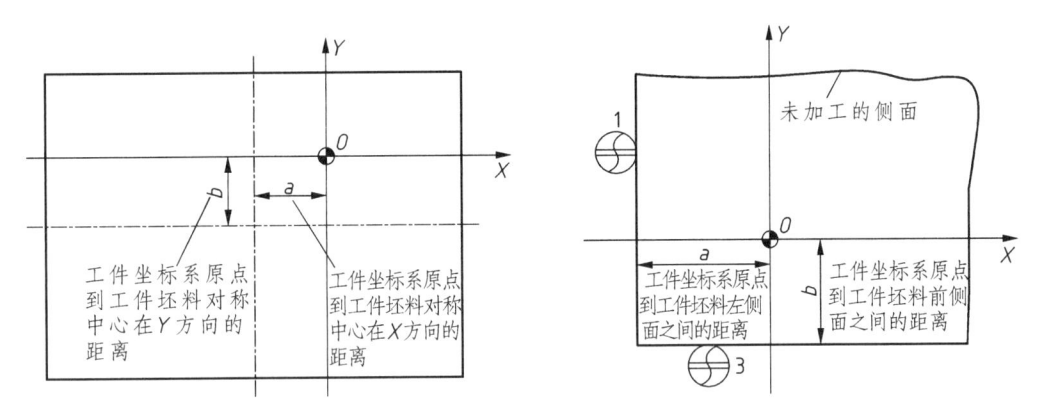

图 4-15 对刀后数值处理关系图一

图 4-16 对刀后数值处理关系图二

1. 工件坐标系的原点与工件坯料的对称中心重合(图 4-8)

在这种情况下,其工件坐标系原点的机床坐标值按以下计算式计算。

$$\begin{cases} X_{工机} = \dfrac{X_{机1} + X_{机2}}{2} \\ Y_{工机} = \dfrac{Y_{机3} + Y_{机4}}{2} \end{cases}$$

2. 工件坐标系的原点与工件坯料的对称中心不重合(图 4-15)

在这种情况下,其工件坐标系原点的机床坐标值按以下计算式计算。

$$\begin{cases} X_{工机} = \dfrac{X_{机1} + X_{机2}}{2} \pm a \\ Y_{工机} = \dfrac{Y_{机3} + Y_{机4}}{2} \pm b \end{cases}$$

上式中 a、b 前的正、负号的选取参见表 4-5。

表 4-5 不同位置 a、b 符号的选取

	工件坐标系原点在以工件坯料对称中心所划区域中的象限			
	第一象限	第二象限	第三象限	第四象限
a 取号	+	−	−	+
b 取号	+	+	−	−

3. 工件坯料只有两个垂直侧面是加工过的,其他两侧面因要铣掉而不加工(图 4－16)

在这种情况下,其工件坐标系原点的机床坐标值按以下计算式计算。

$$\begin{cases} X_{\text{工机}} = X_{\text{机1}} + a + R_{\text{刀}} \\ Y_{\text{工机}} = Y_{\text{机3}} + b + R_{\text{刀}} \end{cases}$$

本组计算式只针对图 4－16 的情况,对其他侧面情况的计算可参考进行。

上面的数值处理结束后,进入图 2－30、图 2－63、图 2－94 所示的界面,分别在 G54(或 G55～G59)中"X"、"Y"的位置输入上面处理后的 $X_{\text{工机}}$ 和 $Y_{\text{工机}}$。

二、利用相对坐标清零功能进行工件坐标系 G54～G59 等的设置

1. FANUC 0i－MC 系统的操作

在图 4－9、图 4－10、图 4－11、图 4－14 中,我们把在 1 号位时的 X 相对坐标清零(图 2－19),到达 2 号位时我们可以从相对坐标的显示页面(图 4－17)上知道其相对坐标值。如果 X 轴的工件坐标系原点设在工件坯料的中心,我们只需按页面上 X 的相对坐标值去除 2(完全可以心算),然后移动到这个相对坐标位置,我们进入图 2－30 所示页面,只需输入"X0"(图 4－18),然后按[测量],系统会自动把当前所设置的 X 方向工件坐标系原点的机床坐标值输入到 G54 中"X"的位置。也可以在 2 号位不动,同样把相对坐标值去除 2,然后在图 4－18 中输入"X50.32"(假定计算出的值为 50.32,即刀具中心当前位置在 X 轴的正方向,距离原点 50.32),按[测量],系统会自动把偏离当前点 50.32 的工件坐标系原点所处的机床坐标值输入到 G54 中"X"的设置位置。

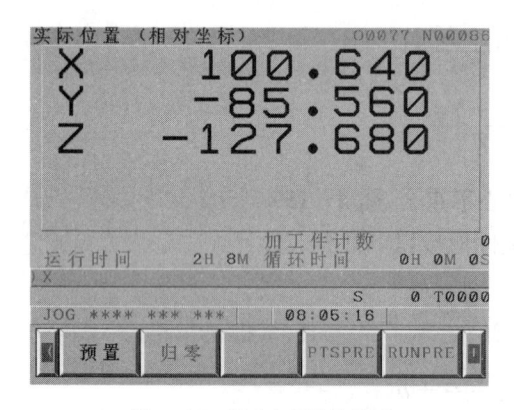

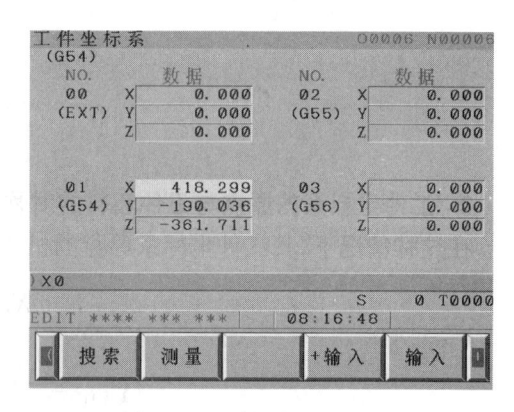

图 4－17 相对坐标显示界面　　　　图 4－18 工件坐标系测量界面

如果 X 轴的工件坐标系原点不在工件坯料的中心,我们仍可以移动到上面除 2 的位置,在图 4－18 界面中我们输入坯料中心在工件坐标系中的坐标值(如 O 在图 4－15 中的第一象限,a 为 30 mm,那么我们应输入"X－30");或在 2 号位直接计算出工件坐标系原点 O 与现在位置之间的距离,如为 20.32,则输入"X20.32",按[测量]后系统会自动计算出工件坐标系原点的机床坐标值并输入到 G54 等相应的设置位置。Y 轴的设置方法与上面相同。

在其他位置(如图 4－9、图 4－10、图 4－11、图 4－14 中 1 号、3 号、4 号位)进行相对坐标值的直接设置时,应注意是 X 轴还是 Y 轴、在原点的哪个方向,即输入时是"＋"还是"－"。

2. 华中 HNC-21/22M 系统

在图 4-9、图 4-10、图 4-11、图 4-14 中,我们把在 1 号位时的 X 相对坐标清零(图 2-49),到达 2 号位时我们可以从相对坐标的显示页面上知道其相对坐标值;根据工件坐标系原点在工件上的位置算出相对坐标,再移动到这个相对坐标位置。

由于华中系统没有[测量]这一功能,所以只能在到达上面这个位置后,根据图 2-63 页面右侧的"机床实际坐标"的 X 值,输入到此界面的 G54 中。Y 轴方向的处理方法相同。

3. SINUMERIK 802D 系统

对于 SINUMERIK 802D 系统,在图 4-9、图 4-10、图 4-11、图 4-14 中 1 号位时,进入如图 2-92 所示窗口,利用光标键选择 Basis ,按 SELECT 使其变成 G54 ;继续利用光标键选择 -O ,按 SELECT 使其变成 +O ,按 基本设定 把 X 相对坐标清零,则图 2-92 变成图 4-19;当到图 4-9、图 4-10、图 4-11、图 4-14 中 2 号位时,利用光标键选择 +O ,按 SELECT 使其变回 -O ,此时图 4-19 变成图 4-20;假定工件坐标系原点设在工件的上表面中点,则在图 4-20 中,利用光标键选择 距离 0.000 mm,然后输入 X 相对坐标的一半值"50.32"(在图 4-20 中,X 的相对坐标值为 100.64。此时刀具在工件的右侧,相对工件坐标系原点来说是在 X 轴的正方向,所以输入"+"值。其他位置请根据相对坐标清零及刀具位置的不同而定),按 计算 后系统会自动计算出工件坐标系原点的机床坐标值并输入到 G54 等相应的设置位置(图 2-94)。

Y 轴方向的设置方法是在图 4-19 中按 Y ,其他相同。

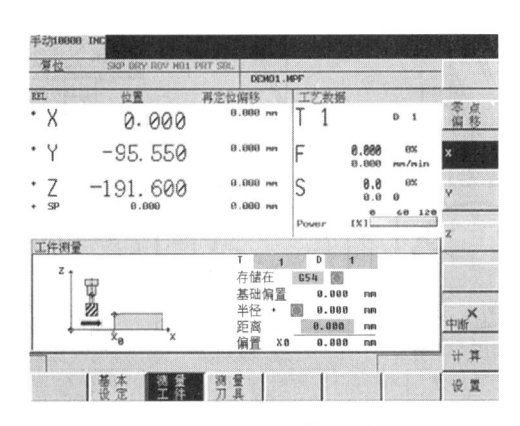

图 4-19 测量工件在左侧

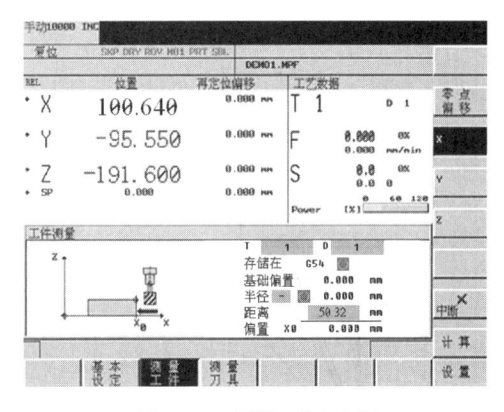

图 4-20 测量工件在右侧

三、工件坐标系原点 Z0 的设定、刀具长度补偿量的设置

1. 工件坐标系原点 Z0 的设定

在编程时,工件坐标系原点 Z0 一般取在工件的上表面。但在设置时,工件坐标系原点 Z0 的设定一般采用以下两种方法:

方法一:工件坐标系原点 Z0 设定在工件的上表面。

方法二:工件坐标系原点 Z0 设定在机床坐标系的 Z0 处,图 4-21 所示。在设置 G54 等时,"Z"后面为 0。

对于第一种方法,必须选择一把刀具为基准刀具(通常选择在加工 Z 轴方向尺寸要求比较高的刀具为基准刀具),其他刀具通过与基准刀具的比较确定其长度补偿值。这种方法在基准刀具和其他刀具都出现断刀的情况下,较难重新确定长度补偿值,因此对这种方法不推荐使用。

对于第二种方法,不设定基准刀具,每把刀具都以机床坐标原点为基准(此基准对某一台数控机床而言,从出厂后是固定不变的)。通过刀具在机床坐标原点所在位置到工件上表面位置之间的距离,来确定其长度补偿值(图 4-21 中的 $Z_机$,由于为"-Z"方向移动,所以补偿值一般为负),通过长度补偿后使其仍以工件上表面为编程时的工件坐标系原点。

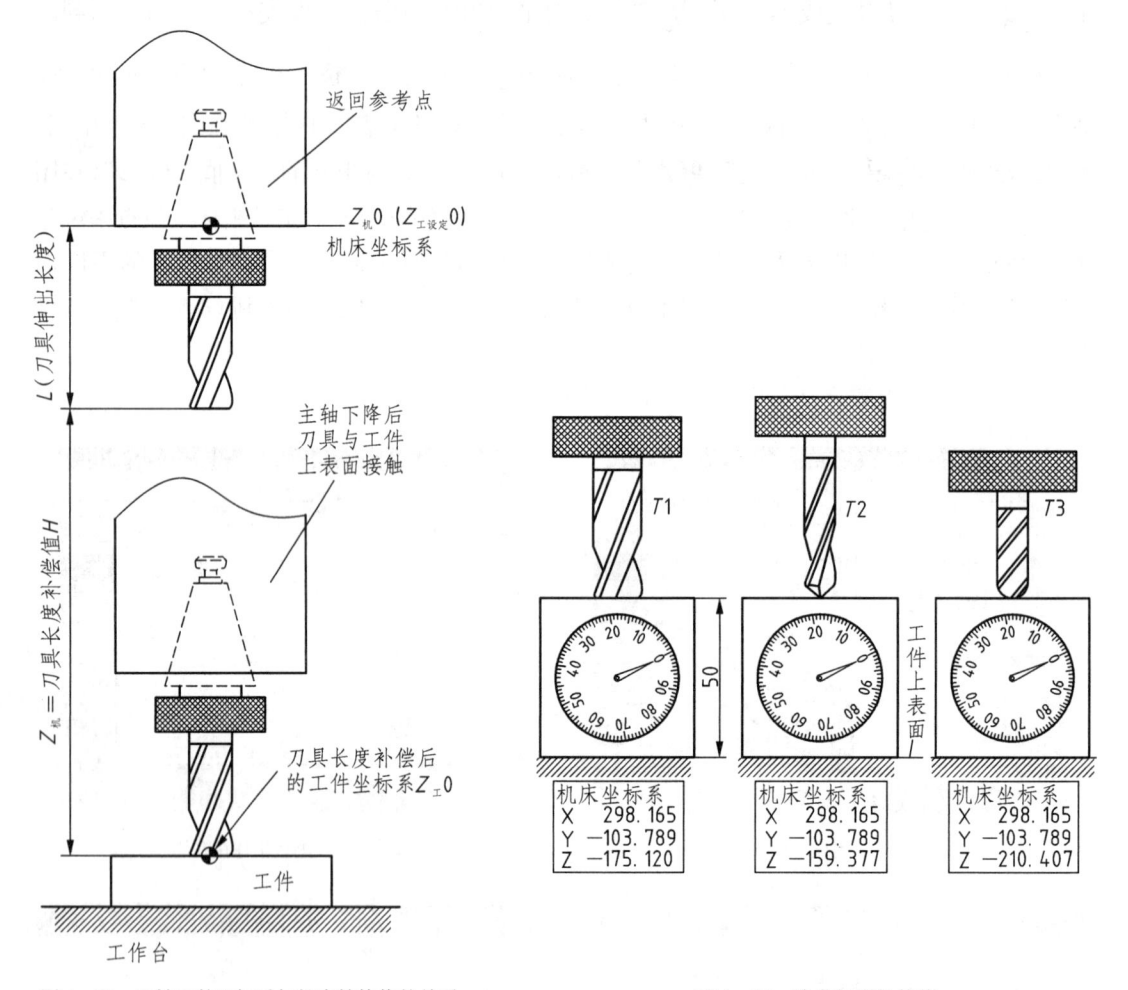

图 4-21 Z 轴工件坐标系与长度补偿值的关系

图 4-22 确定长度补偿值

确定长度补偿值的具体操作方法为:
(1) 用 Z 轴设定器。

① 把 Z 轴设定器(图 2-114(c))放置在工件的水平表面上,主轴上装入已装夹好刀具的各个刀柄刀具(图 4-22),移动 X、Y 轴,使刀具尽可能处在 Z 轴设定器中心的上方;

② 移动 Z 轴,用刀具(主轴禁止转动)压下 Z 轴设定器圆柱台,使指针指到调整好的"0"位;

③ 记录每把刀具当前的 Z 轴机床坐标值(应该为当前机床坐标读数值减去 Z 轴设定器的标准高)。如图 4-22 中 T1 刀,其记录的 Z 轴机床坐标值应为:$-175.12-50=-225.12$;T2 刀为:$-159.377-50=-209.377$;T3 刀为:$-210.407-50=-260.407$。

(2) 直接用刀具。

① 见前面"用铣刀直接对刀"中所述(图 4-8 中 5)。

② 刀具禁止转动,移动 Z 轴,当刀具接近工件上表面时,在刀具与工件之间放入塞尺(如 0.02 mm 塞尺),边使刀具向下移动边抽动塞尺,当塞尺无法抽动后停止刀具的下降,并记下此时 Z 轴的机床坐标(应在此坐标值的基础上减去一个塞尺厚度)。

2. 刀具长度补偿的设置

把上面所得到的每把刀具的 Z 轴机床坐标值,根据数控系统的不同,可分别输入到图 2-29、图 2-62、图 2-87 所示的界面中。

四、刀具半径补偿量及磨损量的设置

由于数控系统具有刀具半径自动补偿的功能,因此我们在编程时只需按照工件的实际轮廓尺寸编制即可,刀具半径补偿量设置在数控系统中相对应的位置。刀具在切削过程中,刀刃会出现磨损(刀具直径变小),最后会出现外轮廓尺寸偏大、内轮廓尺寸偏小(反之,则所加工的工件已报废),此时可通过对刀具磨损量的设置,然后再精铣轮廓,一般就能达到所需的加工尺寸。

举例:磨损量设置值

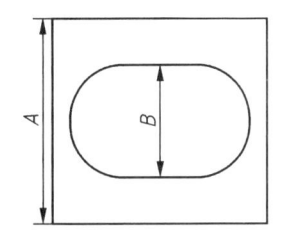

测量要素	要求尺寸(mm)	测量尺寸(mm)	磨损量设置值(mm)
A	$100_{-0.054}^{0}$	100.12	$-0.06\sim-0.087$
B	$56_{0}^{+0.030}$	55.86	$-0.07\sim-0.085$

注:如果在磨损量设置处已有数值(对操作者来说,由于加工工件及使用刀具的不同,开机后一般需把磨损量清零),则需在原数值的基础上进行叠加。例:原有值为-0.07,现尺寸偏大 0.1(单边 0.05),则重新设置的值为:$-0.07-0.05=-0.12$。

如果精加工结束后,发现工件的表面粗糙度很差且刀具磨损较严重。通过测量,可发现尺寸有偏差,此时必须更换铣刀重新精铣。但这时磨损量先不要重设,等铣完后通过对尺寸的测量,再作是否补偿的决定,预防产生"过切"。

刀具半径及磨损量的设置操作:

(1) 对 FANUC 0i-MC 系统,进入图 2-29 的界面,在每把刀具对应的"外形(D)"下,输入刀具的半径补偿量;在"磨损(D)"下,输入刀具的磨损量。

(2) 对华中 HNC-21/22M 系统,进入图 2-62 的界面,在每把刀具对应的"半径"下,输入刀具半径与磨损量的叠加值。

(3) 对 SINUMERIK 802D 系统,进入图 2-87 的窗口,在每把刀具对应的"几何/半径"下,输入刀具的半径补偿量;在"磨损/半径"下,输入刀具的磨损量。

实训项目五 轮廓、型腔的铣削加工

实训目的与要求

1. 利用基本指令对轮廓、型腔进行编程、加工。
2. 掌握用半径补偿功能进行轮廓、型腔的编程、加工。
3. 合理安排工艺进行零件的加工。

课题一 轮廓的铣削加工

模块一 不带半径补偿的轮廓(槽)加工

一、编程实例

编写如图 5-1 所示工件的加工程序,毛坯尺寸 120×800×20(mm),工件材料 45 号钢。

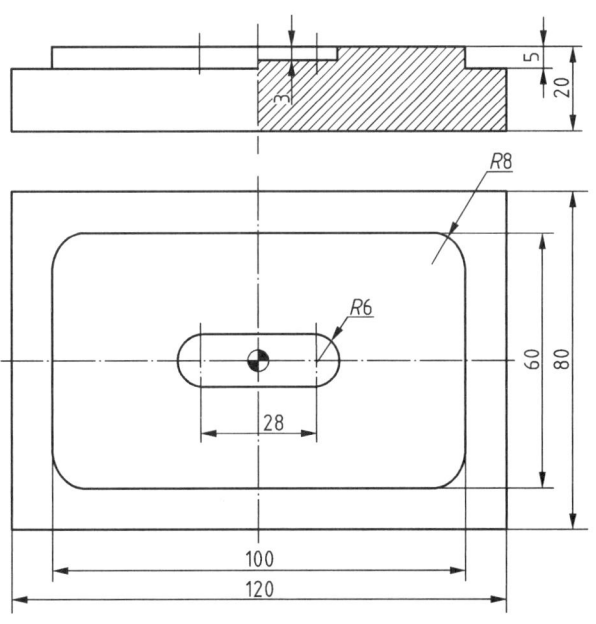

图 5-1 不带半径补偿的轮廓加工

二、相关知识点

(一) 工艺部分

1. 夹具及刀具选用

本例夹具可选规格为 136 mm 的机用平口虎钳。加工外轮廓刀具可选用 $\varnothing$16 mm 的立铣刀。为提高内壁加工质量,不直接用 $\varnothing$12 mm 的键槽铣刀,而是采用 $\varnothing$10 mm 的键槽铣刀加工腰圆型槽。刀具切削参数见表 5-1。

表 5-1 刀具与切削用量

参数 刀号	型号	刀具材料	刀具补偿号	刀具转速(r/min)	进给速度(mm/min)
1	$\varnothing$16 立铣刀	高速钢	1	600	100
2	$\varnothing$10 键铣刀	高速钢	2	800	30

2. 轮廓铣削加工路线确定

(1) 加工路线的确定原则。

在数控加工中,刀具刀位点相对于工件运动的轨迹称为加工路线。加工路线的确定与工件的加工精度和表面粗糙度直接相关,其确定原则如下:

① 加工路线应保证被加工工件的精度和表面粗糙度,且效率较高。
② 使数值计算简便,以减少编程工作量。
③ 应使加工路线最短,这样既可减少程序段,又可减少空刀时间。
④ 加工路线还应根据工件的加工余量和机床、刀具的刚度等具体情况确定。

(2) 切入、切出方法选择。

采用立铣刀铣削外轮廓侧面时,铣刀在切入和切出工件时,应沿与工件轮廓曲线相切的切线或切弧上切向切入、切向切出(图 5-2 中 A——B——C——B——D)工件表面,而不应沿法向直接切入工件,以避免加工表面产生刀痕,从而保证工件轮廓光滑。

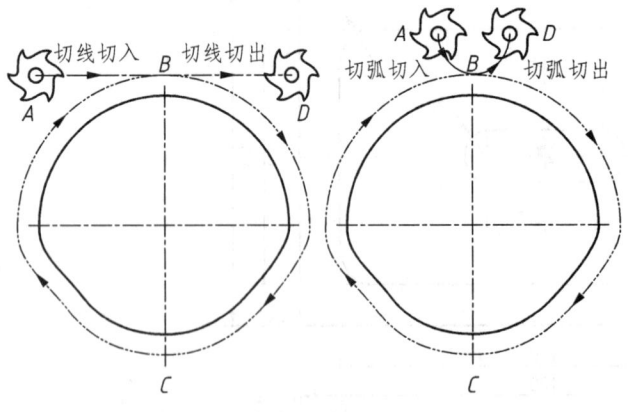

图 5-2 外轮廓切线(弧)切入切出

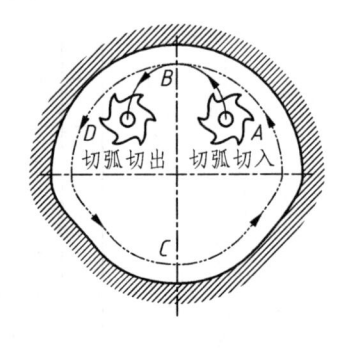

图 5-3 内轮廓切弧切入切出

铣削内轮廓侧面时,一般较难从轮廓曲线的切线方向切入、切出,这样应在区域相对较大的地方,用切弧切向切入和切向切出(图 5-3 中 $A \longrightarrow B \longrightarrow C \longrightarrow B \longrightarrow D$)的方法进行。

(3) 凹槽切削方法选择。

加工凹槽切削方法有三种:行切法(图 5-4(a))、环切法(图 5-4(b))和先行切最后环切法(图 5-4(c))。三种方案中,图(a)方案最差(左、右侧面留有残料),图(c)方案最好。

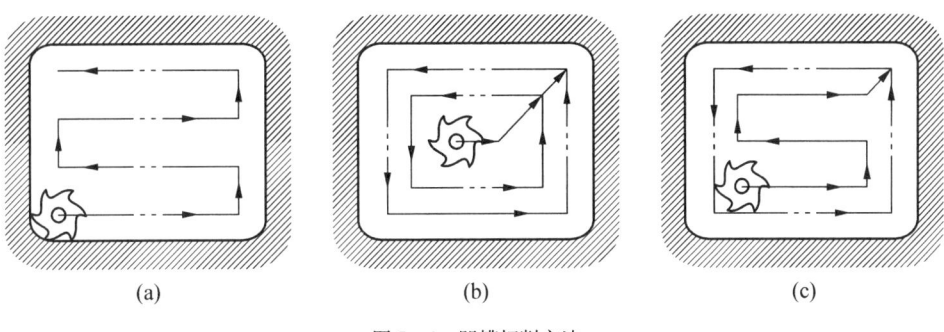

图 5-4 凹槽切削方法

在轮廓加工过程中,工件、刀具、夹具、机床系统等处在弹性变形平衡的状态下,在进给停顿时,切削力减小,会改变系统的平衡状态,刀具会在进给停顿处的工件表面留下刀痕,因此在轮廓加工中应避免进给停顿。

3. 数控编程介绍

(1) 编程的定义。

为了使数控机床能根据工件加工的要求进行动作,必须将这些要求以机床数控系统能识别的指令形式告知数控系统,这种数控系统可以识别的指令称为程序,制作程序的过程称为数控编程。

数控编程的过程不仅仅单一指编写数控加工指令的过程,它还包括从工件分析到编写加工指令再到制成控制介质以及程序校核的全过程。

在编程前首先要进行工件的加工工艺分析,确定加工工艺路线、工艺参数、刀具的运动轨迹、位移量、切削参数(切削速度、进给量、背吃刀量)以及各项辅助功能(换刀、主轴正反转、切削液开关等);接着根据数控机床规定的指令及程序格式编写加工程序单;再把这一程序单中的内容记录在控制介质上(如软磁盘、移动存储器、硬盘),检查正确无误后采用手工输入方式或计算机传输方式输入数控机床的数控装置中,从而指挥机床加工工件。

(2) 数控编程的步骤。

编程步骤如图 5-5 所示,主要有以下几个方面的内容:

① 分析工件图样。工件轮廓分析,工件尺寸精度、形位精度、表面粗糙度、技术要求的分析,工件材料、热处理等要求的分析。

② 确定加工工艺。选择加工方案,确定加工路线,选择定位与夹紧方式,选择刀具,选择各项切削参数,选择对刀点、换刀点。

③ 数值计算。选择编程原点,对零件图形各基点进行正确的数学计算,为编写程序单

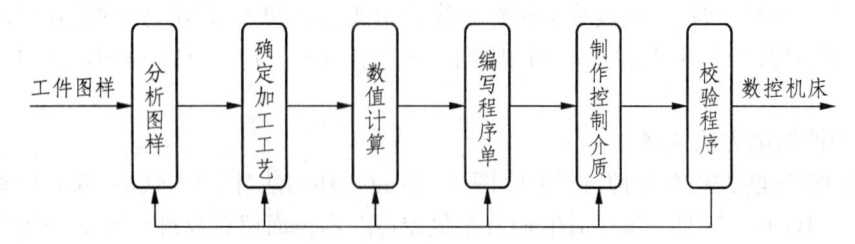

工件图样 → 分析图样 → 确定加工工艺 → 数值计算 → 编写程序单 → 制作控制介质 → 校验程序 → 数控机床

图5-5 数控编程的步骤

做好准备。

④ 编写程序单。根据数控机床规定的指令及程序格式编写加工程序单。

⑤ 制作控制介质。简单的数控程序直接采用手工输入机床；当程序需自动输入机床时，必须制作控制介质。现在大多数程序采用软盘、移动存储器（FC卡）、硬盘作为存储介质，采用计算机传输或直接在CF卡槽内插卡把程序输入到数控机床。目前老式的穿孔纸带已基本停止使用了。

⑥ 程序校验。程序必须经过校验正确后才能使用。一般采用机床空运行的方式进行校验，有图形显示功能的数控机床可直接在CRT显示屏上进行校验。程序校验只能对数控程序、动作的校验，如果要校验加工精度，则要进行首件试切校验。

(3) 数控程序的结构与组成。

每一种数控系统，根据系统本身的特点与编程的需要，都有一定的程序格式。对于不同的数控系统，其程序格式也不尽相同。因此，编程人员在按数控程序的常规格式进行编程的同时，还必须严格按照系统说明书的格式进行编程。数控程序的结构与组成分为程序的组成和程序段的组成。

① 程序的组成。一个完整的程序由程序名、程序内容和程序结束三部分组成，如下所示：

O0001;　　　　　　　　　　　　程序名
N10 G90 G94 G17 G40 G80 G54;
N20 G91 G28 Z0;
N30 M06 T01;
N40 G90 G00 X0 Y30.0;　　　　　程序内容
N50 M03 S800;
⋯⋯
N200 G91 G28 Z0;
N210 M30;　　　　　　　　　　　程序结束

程序名：每一个存储在数控系统存储器中的程序都需要指定一个代号来加以区别，这种用于区别零件加工程序的代号称为程序名。程序名是加工程序的识别标记，因此同一机床中的程序名不能重复。程序名写在程序的最前面，必须单独占有一行。

FANUC系统程序名（图2-22）由大写英文字母O及后4位数字组成，数值从O0000到O9999，在书写时其数字前的零可以省略不写，如O0020可写成O20。另外，需要注意的是，O9000以后的程序名，有时在数控系统中有特殊的用途，因此在一些数控系统中是无法输入的，应尽量避免使用。

存储在华中系统中的程序，与一般在电脑中的存储方式相同，是以文件名的形式出现（图2-53）。文件名由大写英文字母O加7位以内的数字、字母所组成；文件下有程序名（图2-56），由"％"加数字"1"、"2"等组成。

SINUMERIK系统程序名一般由16位以内的字符（开始的两个必须是字母，L开头的可以用一个字母），其后的字符可以是字母、数字或下划线所组成（图2-79），如CZQYOAD1、AA123等，数字前的零不能省略。

程序内容：整个程序的核心，由许多程序段组成，每个程序段由一个或多个指令构成，它表示数控机床的全部动作。

在数控铣床与加工中心的程序中，子程序的调用也作为主程序内容的一部分，主程序有时只完成换刀、启动主轴、工件定位等动作，其余加工动作都由子程序来完成。

程序结束：它通过M指令来实现，必须写在程序的最后。可以作为程序结束标记的M指令有M02（程序结束）和M30（程序结束并返回到程序开头）。为了保证最后程序段的正常执行，通常要求M02或M30也必须单独占一行。

此外，子程序结束有专用的结束标记，FANUC和华中系统用M99来表示子程序结束后返回主程序；而在SINUMERIK系统中则通常用M17或字符"RET"作为子程序的结束标记。

② 程序段的组成。程序段是程序的基本组成部分，每个程序段由若干个数据字构成，而数据字又由表示地址的英文字母、特殊文字和数字构成。如X30、G90等。一般格式如下：

N____　G____　X___Y___Z____　F____　S____　T____　M____　;或L_F
程序段号　准备功能　　尺寸字　　　进给功能　主轴功能　刀具功能　辅助功能　结束标记

例　N50 G01 X30.0 Y30.0 Z30.0 F100 S800 T01 M03。

程序段号：由地址符"N"开头，其后为若干位数字。在大部分系统中，程序段号仅作为"跳转"或"程序检索"的目标位置指示。因此，它的大小及次序可以颠倒，也可以省略。程序段在存储器内以输入的先后顺序排列，而程序的执行是严格按信息在存储器内的先后顺序一段一段地执行，也就是说执行的先后次序与程序段号无关。但是，当程序段号省略时，该程序段将不能作为"跳转"或"程序检索"的目标程序段。程序段号也可以由数控系统自动生成，程序段号的递增量可以通过"机床参数"进行设置，一般可设定增量值为10。

程序段内容：程序段的中间部分是程序段的内容，程序内容应具备六个基本要素，即准备功能字、尺寸功能字、进给功能字、主轴功能字、刀具功能字、辅助功能字等，但并不是所有程序段都必须包含所有功能字，有时一个程序段内可仅包含其中一个或几个功能字也是允许的。

(4) 数控编程的分类。

数控编程可分为手工编程和自动化编程两种。

① 手工编程是指所有编制加工程序的全过程,即图样分析、工艺处理、数值计算、编写程序单、制作控制介质、程序校验都是由手工来完成。

手工编程无需计算机、编程器、编程软件等辅助设备,只需要有合格的编程人员即可完成。手工编程具有编程快速及时的优点,但其缺点是不能进行复杂曲面的编程。手工编程比较适合批量较大、形状简单、计算方便、轮廓由直线或圆弧组成的零件的加工。对于形状复杂的零件,特别是具有非圆曲线、列表曲线、及曲面的零件,采用手工编程则比较困难,最好采用自动编程的方法进行编程。

② 自动编程是指用计算机编制数控加工程序的过程。自动编程的优点是效率高,程序正确性好。自动编程由计算机代替人完成复杂的坐标计算和书写程序单的工作,它可以解决许多手工编制无法完成的复杂零件编程难题,但其缺点是必须具备自动编程系统或编程软件。自动编程较适合于形状复杂零件的加工程序编制,如:模具加工、多轴联动加工等场合。

实现自动编程的方法主要有语言式自动编程和图形交互式自动编程两种。前者是通过高级语言的形式,表示出全部加工内容,计算机采用批处理方式,一次性处理、输出加工程序。后者是采用人机对话的处理方式,利用 CAD/CAM 功能生成加工程序。

(二) 本例所需数控指令或代码

1. 准备功能

准备功能也叫 G 功能或 G 指令,是用于数控机床做好某些准备动作的指令,由地址 G 和后面的两位数字组成,从 G00~G99 共 100 种,如 G01、G41 等。目前,随着数控系统功能的不断提高,有的系统已采用三位数的功能指令,如 SINUMERIK 系统中的 G450、G451 等。

2. 辅助功能

辅助功能也叫 M 功能或 M 指令,由地址 M 和后面的两位数字组成,从 M00~M99 共 100 种。它主要控制机床或系统的开、关等辅助动作的功能指令,如开、停冷却泵,主轴正反转,程序的结束等。

同样,由于数控系统以及机床生产厂家的不同,其 M 指令的功能也不尽相同,甚至有些 M 指令与 ISO 标准指令的含义也不相同。因此在进行数控编程时,一定要按照机床说明书的规定进行操作。

在同一程序段中,既有 M 指令又有其他指令时,M 指令与其他指令执行的先后次序由机床系统参数设定。因此,为保证程序以正确的次序执行,有很多 M 指令,如 M30、M02、M98 等,最好以单独的程序段进行编程。

3. 其他功能

(1) 坐标功能字(又称尺寸功能字)用来设定机床各坐标的位移量。它一般使用 X、Y、Z、U、V、W、P、Q、R、(用于指定直线坐标尺寸)和 A、B、C、D、E、(用于指定角度坐标)及 I、J、K(用于指定圆心坐标点位置尺寸)等地址为首,在地址符后紧跟"+"或"-"号及一串数字。如"X100.0"、"Y60"、"I-10"等。

对于输入的整数坐标值,如输入 X 轴正方向移动 50 mm 时,是输入"X50"还是

"X50.0",则由系统中的参数所设定。

(2) 刀具功能是指系统进行选刀或换刀的功能指令,亦称为 T 机能。刀具功能用地址 T 及后缀的数字来表示,常用刀具功能指定方法有 T4 位数法和 T2 位数法。

(3) 用来指定刀具相对于工件运动的速度功能称为进给功能,由地址 F 和其后缀的数字组成。根据加工的需要,进给功能分为每分钟进给(G94 状态)和每转进给(G95 状态)两种。

(4) 用来控制主轴转速的功能称为主轴功能,亦称为 S 功能,由地址 S 和其后缀数字组成。在程序中,主轴的正转、反转、停转由辅助功能 M03/M04/M05 进行控制。其中,M03 表示主轴正转,M04 表示主轴反转,M05 表示主轴停转。

例 "M03 S300"表示主轴正转,转速为 300 r/min。"M05"表示主轴停转。

4. 模态指令与开机开机默认指令

(1) 模态指令与非模态指令。模态指令(又称为续效指令)表示该指令一经在一个程序段中指定,在接下来的程序段中一直持续有效,直到出现同组的另一个指令时,该指令才失效。如常用的 F、S、T 指令。

非模态指令(或称为非续效指令)表示仅在编入的程序段内有效的指令。如 G 指令中的 G04 指令、M 指令中的 M00、M06 等指令。

模态指令的出现,避免了在程序中出现大量的重复指令,使程序变得清晰明了。同样地,尺寸功能字如出现前后程序段的重复,则该尺寸功能字也可以省略。如下例程序段中有下划线的指令均可以省略。

例 G01 X20.0 Y20.0 F150;
<u>G01</u> X30.0 <u>Y20.0</u> <u>F150</u>;
G02 <u>X30.0</u> Y-20.0 R20.0 F100;

上例中有有下划线的指令可以省略。因此,以上程序可写成如下形式:

G01 X20.0 Y20.0 F150.0;
　　X30.0;
G02 Y-20.0 R20.0 F100.0;

(2) 开机默认指令。为了避免编程人员出现指令遗漏,数控系统中对每一组的指令,都选取其中的一个作为开机默认指令,该指令在开机或系统复位时可以自动生效,因而在程序中允许不再编写。

常见的开机默认指令有 G00、G17、G40、G49、G54、G80、G90、G95、G97 等。

(三) 常用 G 指令(代码)介绍

1. 工件坐标系设定(G54~G59)

对已通过夹具安装定位在数控机床工作台上的工件,加工前需要在工件上确定一个坐标原点,以便刀具在切削加工过程中以此点为基准,完成坐标移动的加工指令,我们把以此点所建立的坐标系,称为工件坐标系。

对工件上的这一点,其位置实际在对工件进行编程时就已经规定好了,工件装夹到工作台之后,我们通过"对刀"把规定的工件坐标系原点所在的机床坐标值确定下来,然后用 G54

等设置,在加工时通过 G54 等指令进行工件坐标系的调用。

在 FANUC、华中和 SINUMERIK 系统中一般可设定 G54～G59 六个工件坐标系。当前很多系统在此六个基本工件坐标系的基础上,增加了一系列扩展工件坐标。如 FANUC 系统中的 G54.1 P1～G54.1 P48。

工件坐标系指令一般在刀具移动前的程序段与其他指令同行指定,也可独立指定。

指令格式如下:

G54/G55/G56/G57/____;调用第一/二/三/四工件系/____。

2. 绝对坐标与增量(相对)坐标指令(G90、G91)

(1) 指令说明。绝对坐标是根据预先设定的编程原点作为参考点进行编程。即在采用绝对值编程时,首先要指出编程原点的位置。这种编程方法一般不考虑刀具的当前位置,程序中的终点坐标是相对于原点坐标而言的(图 5-6)。在编程时,绝大多数采用 G90 来指定绝对坐标编程。

从 A→B→C

绝对值编程:
G90G0X10Y15(A→B)
X40Y25(B→C)

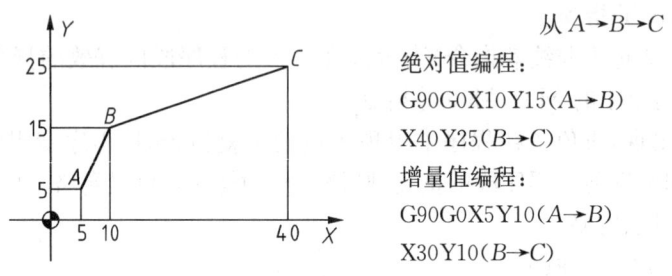

增量值编程:
G90G0X5Y10(A→B)
X30Y10(B→C)

图 5-6 绝对值编程与相对值编程

增量(相对)值编程是根据程序的前一个位置的坐标值作为参考点进行编程方法。即程序中的终点坐标是相对于起点坐标而言的(图 5-6)。

(2) 指令格式。FANUC 系统、华中系统及 SINUMERIK 系统均可用"G90/G91;"来指定绝对/增量方式。另外 SINUMERIK 系统中还可用"X＝AC(____) Y＝AC(____) Z＝AC(____)"来表示绝对坐标方式,但只在当前的程序段中有效;用"X＝IC(____) Y＝IC(____) Z＝IC(____)"表示增量坐标方式,同样也只在当前的程序段中有效。

3. 公制尺寸与英制尺寸输入

(1) 指令说明。大多数数控系统可通过 G 指令(代码)来完成公制尺寸与英制尺寸的切换。英制尺寸的单位是英寸(inch),公制尺寸的单位是毫米(mm)。FANUC 系统与华中系统用 G20/G21 来指定英制/公制尺寸,SINUMERIK 系统用 G70/G71 来指定英制/公制尺寸。

G20(G70)、G21(G71)是两个互相取代的 G 指令,一般机床出厂时,将毫米输入 G21(G71)设定为参数缺省状态。用毫米输入程序时,可不再指定 G21(G71);但用英寸输入程序时,在程序开始时必须指定 G20(G70,在坐标系统设定前)。在一个程序中也可以毫米、英寸输入混合使用,在 G20(G70)以下、G21(G71)未出现前的各程序段为英寸输入;在 G21(G71)以下、G20(G70)未出现前的各程序段为毫米输入。G21(G71)、G20(G70)具有停电后的续效性,为避免出现意外,在使用 G20(G70)英制输入后,在程序结束前务必加一个 G21(G71)的指令,以恢复机床的缺省状态。

(2) 指令格式。指令格式为:"G20/G21;"或"G70/G71;",可在指定程序段与其他指令同行,也可独立占用一个程序段。

4. 坐标平面选择指令(G17、G18、G19)

(1) 指令说明。

右手笛卡儿坐标系的三个互相垂直的轴 X、Y、Z,分别构成三个平面(图 5-7),即 XY 平面、ZX 平面、YZ 平面。对于三坐标的铣床或加工中心,在加工过程中常要指定插补运动(主要是圆弧运动)在哪个平面中进行。所有数控系统均用 G17 表示在 XY 平面内加工;G18 表示在 ZX 平面内进行加工;G19 表示在 YZ 平面内进行加工。

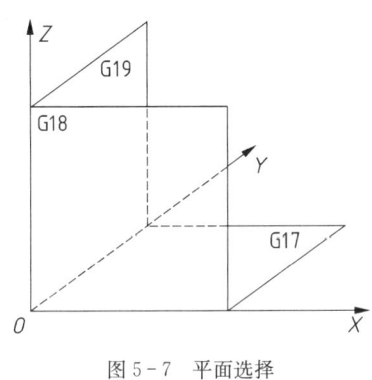

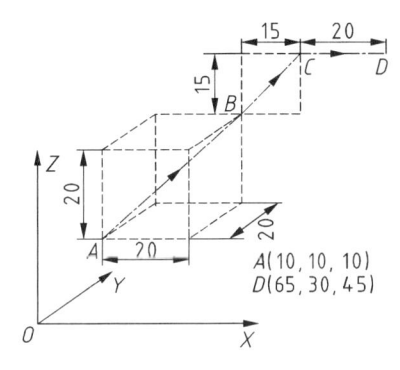

图 5-7 平面选择

图 5-8 G00 快速点定位移动轨迹

(2) 指令格式。G17、G18、G19 可在任一程序段与其他指令同行指定,也可独立指定。

5. 快速点定位指令(G00)

(1) 指令说明。G00 指令使刀具以点位控制方式从刀具当前点以最快速度(由机床生产厂家在系统中设定)运动到另一点。其运动轨迹是一条折线。例如,在图 5-8 中从 $A(10,10,10)$ 运动到 $D(65,30,45)$,其运动轨迹从点 $A \longrightarrow$ 点 $B \longrightarrow$ 点 $C \longrightarrow$ 点 D,即运动时首先是以立方体(由三轴移动量中最小的量为边长)的对角线三轴联动,然后以正方形(由剩余两轴中移动量最小的量为边长)的对角线二轴联动,最后一轴移动。执行 G00 指令时不能对工件进行加工。

(2) 指令格式。所有数控系统均用"G00 X____ Y____ Z____"。参数说明:X、Y、Z 表示直角坐标中的终点位置。

在执行 G00 时,为避免刀具与工件或夹具相撞,一般采用三轴不联动的编程方法。即

刀具从上往下移动时:
编程格式: G00 X____ Y____
            Z____

刀具从上往上移动时:
编程格式: G00 Z____
            X____ Y____

即刀具从上往下时,先在 XY 平面内定位,然后 Z 轴下降;刀具从下往上时,Z 轴先上升,然后再在 XY 平面内定位。

(3) 实际应用。从起点 A(10,10,10)到终点 B(65,30,45)的快速定位(图 5-8)。程序如下：

绝对方式：G90 G00 X65.0 Y30.0 Z45.0
增量方式：G91 G00 X55.0 Y20.0 Z35.0

6. 直线插补指令(G01)

(1) 指令说明。直线插补指令(G01)使刀具从当前位置起以直线进给方式,运行至坐标值指定的终点位置。运行速度由进给速度指令 F 所指定；指定的速度通常是刀具中心的线速度。

(2) 指令格式。所有数控系统均用"G01 X____ Y____ Z____ F____"。参数说明：X、Y、Z 为直角坐标中的终点坐标，F 为进给速度。

(3) 实际应用。以直线插补(G01)方式完成如图 5-9 所示的刀具轨迹(P1→P2→P3→P4)。刀具速度为 300 mm/min,刀具从起始位置(坐标原点)到 P1 点可用 G0 快速定位方式。

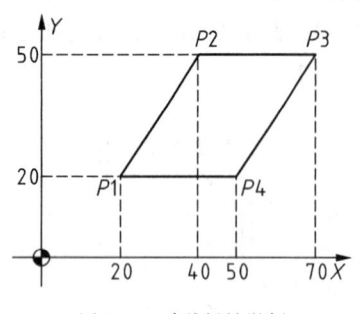

图 5-9 直线插补举例

程序如下：

绝对值方式：
...
G90 G94 G0 X20.0 Y20.0
G1 X40.0 Y50.0 F300
X70.0
X50.0 Y20.0
X20.0
...

增量方式：
...
G90 G94 G0 X20.0 Y20.0
G91 G1 X20.0 Y30.0 F300
X30.0
X-20.0 Y-30.0
X-30.0
...

7. 刀具长度补偿指令

对于装入主轴中的刀具,其伸出长度是各不相同(图 5-10)。在加工过程中为每把刀具设定一个工件坐标系也是可以的(如 FANUC 系统可以设置 54 个工件坐标系),但通过刀具的长度补偿指令在操作上更加方便。

刀具长度补偿指令是用来补偿假定的刀具长度与实际的刀具长度之间差值的指令。系统规定所有轴都可采用刀具长度补偿,但对于立式数控铣削机床来说,一般用于刀具轴向(Z方向)的补偿,补偿量通过一定的方式得到后设置在刀具偏置存储器中(图 2-29、图 2-62、图 2-87)。

(1) 刀具长度补偿指令格式。

编程格式：$\begin{Bmatrix} G43 \\ G44 \end{Bmatrix}$ Z____ H____

...

G49 Z____

以上长度补偿指令适用于 FANUC、华中系统，H 用于指令偏置存储器的偏置号（图 2-29、图 2-62）。

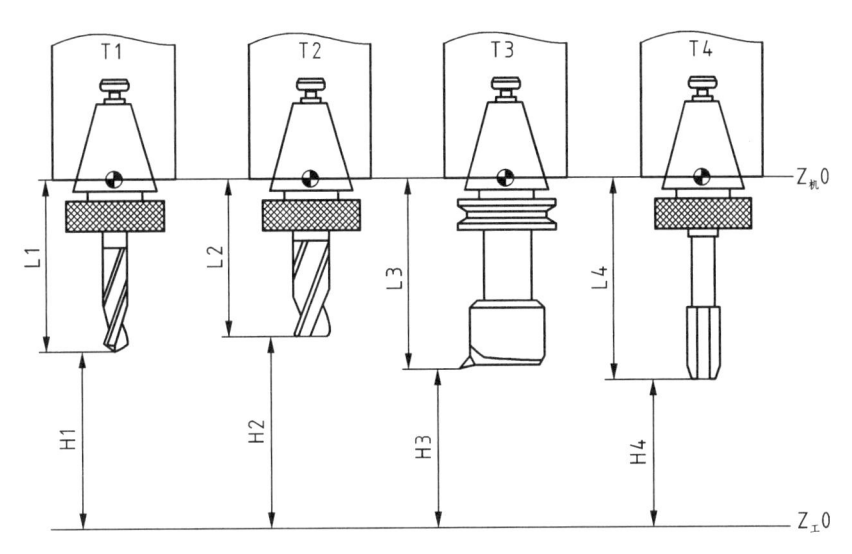

图 5-10 刀具长度补偿的应用

G43 指令表示刀具长度沿正方向补偿，G44 指令表示刀具长度沿负方向补偿，但刀具的实际移动方向必须与所设置偏置量的"+"、"-"作相应的运算后才能确定（图 5-11）；G49 指令表示取消刀具长度补偿。

SINUMERIK 系统中，刀具长度补偿用 D 代码调用。如 D1，即调用某刀具 1 号补偿中的长度补偿值。对 SINUMERIK 系统而言，每把刀都对应从 D0～D9 共 10 个刀具补偿号，

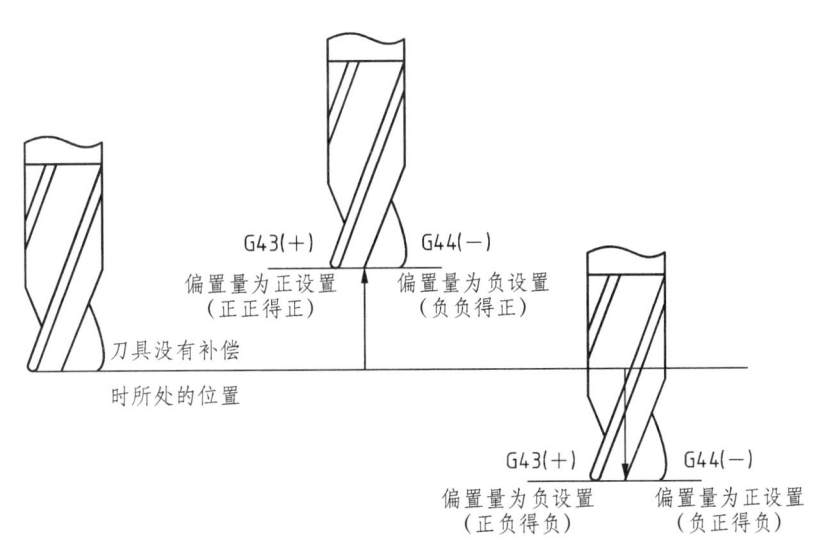

图 5-11 G43、G44 与设置偏置量的运算结果

D0 为取消刀具长度补偿，T1 下的 D1 与 T2 下的 D1（即这两个 D1）是完全不同的量。

（2）指令说明。

G43、G44 为模态指令，可以在程序中保持连续有效。G43、G44 的撤消可以使用 G49 指令进行。

在实际编程中，为避免产生混淆，通常采用 G43 而非 G44 的指令格式进行刀具长度补偿的编程。

8. 圆弧插补指令（G02/G03）

（1）指令格式。

FANUC 和华中系统为：

① 在 XY 平面上的圆弧

$$G17 \begin{Bmatrix} G02 \\ G03 \end{Bmatrix} X\_Y\_ \begin{Bmatrix} R\_ \\ I\_J\_ \end{Bmatrix} F\_ \text{（G17 可省略）}$$

② 在 ZX 平面上的圆弧

$$G18 \begin{Bmatrix} G02 \\ G03 \end{Bmatrix} X\_Z\_ \begin{Bmatrix} R\_ \\ I\_K\_ \end{Bmatrix} F\_$$

③ 在 YZ 平面上的圆弧

$$G19 \begin{Bmatrix} G02 \\ G03 \end{Bmatrix} Y\_Z\_ \begin{Bmatrix} R\_ \\ J\_K\_ \end{Bmatrix} F\_$$

SINUMERIK 系统中圆弧的格式与 FANUC 相似，只是要把"R"改为"CR="即可。

（2）参数说明。

G02 表示顺时针圆弧插补；G03 表示逆时针圆弧插补。

"X＿＿Y＿＿Z＿＿"为圆弧的终点坐标值，其值可以是绝对坐标，也可以是增量坐标。在增量方式下，其值为圆弧终点坐标相对于圆弧起点的增量值。

"R＿＿"为圆弧半径。在 SINUMERIK 系统中，圆弧半径用符号"CR="表示。

"I＿＿J＿＿K＿＿"为圆弧的圆心相对其起点分别在 X、Y 和 Z 坐标轴上的矢量值。

（3）指令说明。

如图 5-12 所示，圆弧插补的顺、逆方向的判断方法是：沿圆弧所在平面（如 XY 平面）的另一根轴（Z 轴）的正方向向负方向看，顺时针方向为顺时针圆弧，逆时针方向为逆时针圆弧。

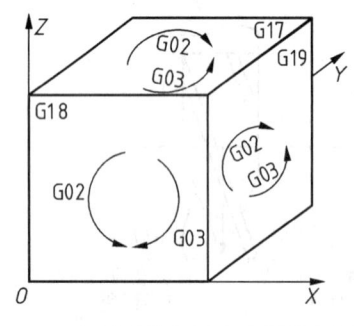

图 5-12 平面指定指令与圆弧插补指令的关系

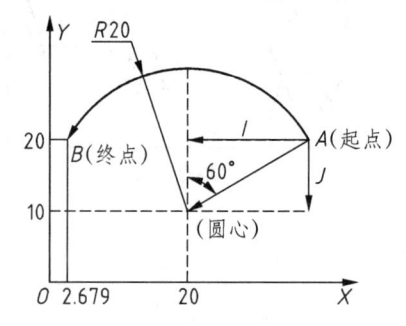

图 5-13 圆弧编程中的 I、J 值

在判断 I、J、K 值时,一定要注意该值为矢量值。如图 5-13 所示,圆弧在编程时的 I、J 值均为负值。

例 图 5-14 所示圆弧轨迹 AB,用圆弧指令编写的程序段如下所示:

FANUC 与华中系统为:
AB1:G03 X2.679 Y20.0 R20.0;   用半径指令
　　 G03 X2.68 Y20.0 I-17.32 J-10.0;   用圆心指令
AB2:G02 X2.68 Y20.0 R20.0;   用半径指令
　　 G02 X2.68 Y20.0 I-17.32 J-10.0;   用圆心指令

SINUMERIK 系统为:
AB1:G03 X2.679 Y20.0 CR=20.0;   用半径指令
　　 G03 X2.68 Y20.0 I-17.32 J-10.0;   用圆心指令
AB2:G02 X2.68 Y20.0 CR=20.0;   用半径指令
　　 G02 X2.68 Y20.0 I-17.32 J-10.0;   用圆心指令

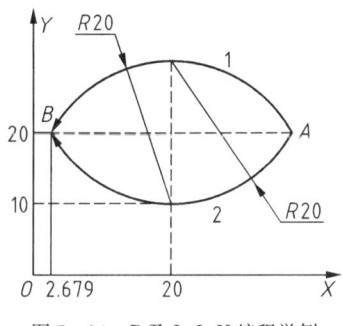

图 5-14 R 及 I、J、K 编程举例　　　　　图 5-15 R 值的正负判别

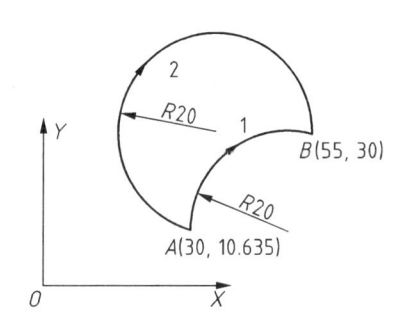

圆弧半径 R 有正值与负值之分。当圆弧所对应的圆心角小于或等于180°(如图 5-15 中圆弧 AB1)时,程序中的 R 用正值表示;当圆弧所对应的圆心角大于180°并小于360°(如图 5-15 中圆弧 AB2)时,R 用负值表示。需要注意的是,该指令格式不能用于整圆插补的编程,整圆插补需用 I、J、K 方式编程。

例1 如图 5-15 中圆弧轨迹 AB,用 R 指令格式编写的程序段如下:

FANUC 与华中系统为: SINUMERIK 系统为:
AB1: G90 G02 X55.0 Y30.0 R20.0 F100;   G90 G02 X55.0 Y30.0 CR=20.0 F100;
AB2: G90 G02 X55.0 Y30.0 R-20.0 F100;   G90 G02 X55.0 Y30.0 CR=-20.0 F100;

例2 如图 5-16 中以 C 点为起点和终点的整圆加工程序段如下:
G03 X20.0 Y0 I-20.0 J0;或简写成:G03 I-20.0;

(4) 圆弧切削速度修调问题。

在加工圆弧轮廓时,切削点的实际进给速度 $F_{切削}$ 并不等于编程设定的刀具中心点进给速度 $F_{编程}$。由图 5-17 可知,在直线轮廓切削时,$F_{切削} = F_{编程}$;在凹圆弧轮廓切削时,$F_{切削} = \dfrac{R_{轮廓}}{R_{轮廓} - R_{刀具}} F_{编程} > F_{编程}$;在凸圆弧轮廓切削时,$F_{切削} = \dfrac{R_{轮廓}}{R_{轮廓} + R_{刀具}} F_{编程} < F_{编程}$。在

凹圆弧轮廓切削时，如果$R_{轮廓}$与$R_{刀具}$很接近，则$F_{切削}$将变得非常大，有可能损伤刀具或工件。因此要考虑圆弧半径对进给速度的影响，在编程时对切削圆弧处的进给速度作必要的修调，具体按下面的计算式进行。

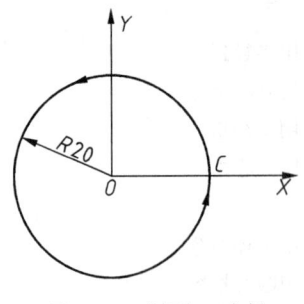

图 5-16 整圆加工实例

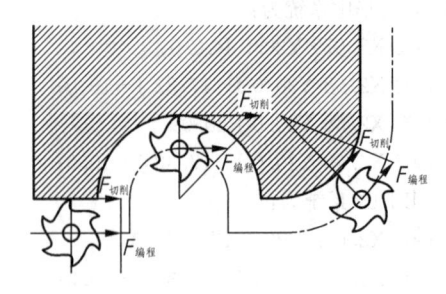

图 5-17 切削点的进给速度与刀具中心点的速度关系

切削凹圆弧时的编程速度：$F_{凹圆弧} = \dfrac{R_{轮廓} - R_{刀具}}{R_{轮廓}} F_{直线段编程}$

切削凸圆弧时的编程速度：$F_{凸圆弧} = \dfrac{R_{轮廓} + R_{刀具}}{R_{轮廓}} F_{直线段编程}$（通常情况下可不作修调）

三、程序编写

1. 刀具轨迹

在加工外轮廓时（图 5-18），刀具轨迹如图中双点划线所示。在不采用半径补偿编程时，程序中所编程的坐标点的位置（即实际刀具中心点的位置）应在零件外轮廓基础上等距偏置一个刀具半径；在凸圆角处，其转角圆弧半径也变为在原来圆弧半径的基础上加上刀具半径。

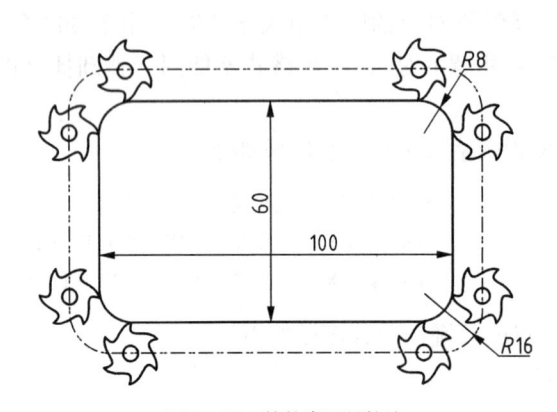

图 5-18 外轮廓刀具轨迹

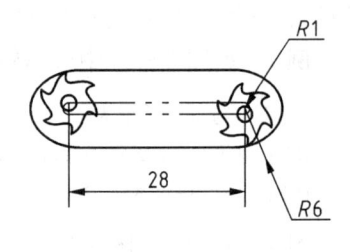

图 5-19 内轮廓刀具轨迹

在加工内轮廓时（图 5-19），刀具轨迹如图中双点划线所示。编程轮廓为在原零件轮廓的基础上等距偏置一个刀具半径；在凹圆角处，其转角圆弧半径也变为在原来圆弧半径的基础上减去刀具半径。

2. 参考程序

FANUC、华中系统	SINUMERIK 系统	说明
O1001	LKJG001	
%1(华中系统)		
G90 G80 G40 G21 G17 G94	G90 G40 G71 G17 G94	程序初始化
G91 G28 Z0.0	Z0 D0	Z 方向回零
M06 T01	M06 T01	换取 1 号刀，$\varnothing$16 mm 立铣刀
G90 G54	G90 G54	绝对编程方式，调用 G54 工件坐标系
G00 X−70.0 Y38.0	G00 X−70.0 Y38.0	刀具快速进给至起刀点
G43 Z20.0 H01	G00 Z20.0 D01	执行 1 号刀长度补偿使刀具快速进给到 Z20.0 处
M03 S600	M03 S600	主轴正转，转速 600 r/min
M08	M08	冷却液打开
G01 Z−5.0 F50	G01 Z−5.0 F50	Z 方向直线进给，速度 50 mm/min
G01 X−42.0 F100	G01 X−42.0 F100	XY 平面外轮廓进给开始，进给速度 100 mm/min
X42.0	X42.0	
G02 X58.0 Y22.0 R16.0	G02 X58.0 Y22.0 CR=16.0	
G01 Y−22.0	G01 Y−22.0	
G02 X42.0 Y−38.0 R16.0	G02 X42.0 Y−38.0 CR=16.0	
G01 X−42.0	G01 X−42.0	
G02 X−58.0 Y−22.0 R16.0	G02 X−58.0 Y−22.0 CR=16.0	
G01 Y22.0	G01 Y22.0	
G02 X−42.0 Y38.0 R16.0	G02 X−42.0 Y38.0 CR=16.0	XY 平面外轮廓进给结束
G00 Z150.0	G00 Z150.0	快速抬刀
M05	M05	主轴停转
M09	M09	冷却液关
G91G28 Z0.0	Z0 D0	Z 方向回零
M06 T02	M06 T02	换 2 号刀，$\varnothing$10 mm 键铣刀
G90 G00 X0.0 Y0.0	G90 G00 X0.0 Y0.0	刀具快速进给至起刀点
G43 H02 Z10.0	G0 D01 Z10.0	执行 2 号刀长度补偿使刀具快速进给到 Z10.0 处
M03 S800	M03 S800	主轴正转，转速 600 r/min
M08	M08	冷却液打开
G01 Z−3.0 F20.0	G01 Z−3.0 F20.0	Z 方向直线进给，速度 20 mm/min
X−14.0 Y1.0 F30.0	X−14.0 Y1.0 F30.0	XY 平面内轮廓进给开始，进给速度 30 mm/min
G03 Y−1.0 R1.0	G03 Y−1.0 CR=1.0	
G01 X14.0	G01 X14.0	
G03 Y1.0 R1.0	G03 Y1.0 CR=1.0	

G01 X-14.0	G01 X-14.0	
X0.0 Y0.0	X0.0 Y0.0	XY平面内轮廓进给结束
G00 Z150.0	G00 Z150.0	快速抬刀
M05	M05	主轴停转
M09	M09	冷却液关
M30	M30	程序结束

对于稍微复杂一点的轮廓形状,如果仍然不使用刀具半径补偿功能进行编程,其编程难度就会相当大。

模块二 带半径补偿的外轮廓加工

一、编程实例

编写如图5-20所示工件的外轮廓加工程序。已知毛坯尺寸120×80×20(mm)。

二、相关知识点

(一)工艺部分

1. 刀具及切削用量选用

本例外轮廓选用⌀16 mm立铣刀,转速600 r/min,进给速度100 mm/min,吃刀深度5 mm。

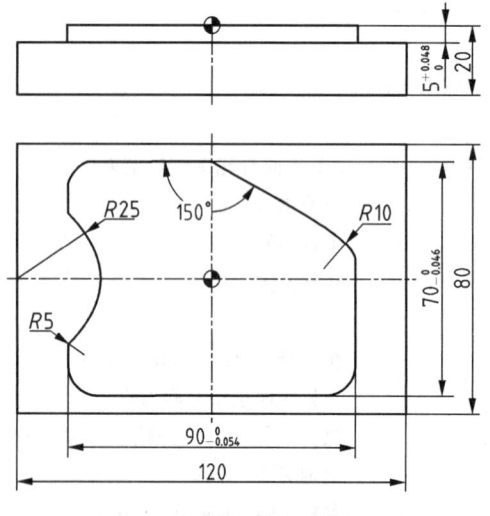

图5-20 带半径补偿的外轮廓加工

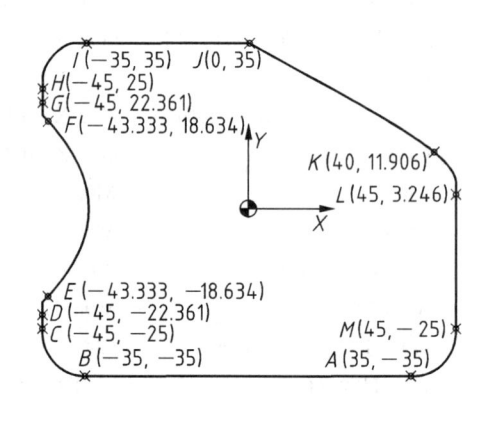

图5-21 基点坐标

2. 基点坐标

在图中除A、B、C、I、J、M(如图5-21所示)各点外,其他各点必须通过计算或利用CAD软件的标注、捕捉功能得到,具体参见图5-21。

(二)刀具半径补偿指令(G40、G41、G42)

1. 刀具半径补偿定义

在编制轮廓切削加工程序的场合,一般以工件的轮廓尺寸作为刀具轨迹进行编程,而实际的刀具运动轨迹则与工件轮廓有一偏移量(即刀具半径),如图5-22所示。**数控系统的这种编程功能称为刀具半径补偿功能。**

通过运用刀具补偿功能来编程,可以实现简化编程的目的。可以利用同一加工程序,只需对刀具半径补偿量作相应的设置就可以进行零件的粗加工、半精加工及精加工。

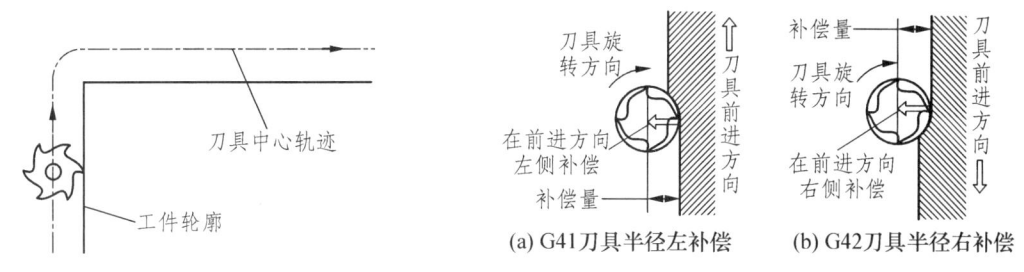

图5-22 刀具半径补偿功能

(a) G41刀具半径左补偿　　(b) G42刀具半径右补偿

图5-23 刀具半径补偿偏置方向的判别

2. 刀具半径补偿指令(适用于FANUC、华中、SINUMERIK系统)

(1)指令格式。

G41 G01 X____ Y____ D____ F____；　　(刀具半径左补偿)
G42 G01 X____ Y____ D____ F____；　　(刀具半径右补偿)

"D____"用于存放刀具半径补偿值的存储位置。对SINUMERIK系统,在引入长度补偿时会预调入刀具半径补偿量,执行G41或G42后会激活,所以这儿的"D____"可以不写。

(2)指令说明。

G41与G42的判断方法是：处在补偿平面外另一根轴的正方向,沿刀具的移动方向看,当刀具处在切削轮廓左侧时,称为刀具半径左补偿；当刀具处在切削轮廓的右侧时,称为刀具半径右补偿。如图5-23所示。

地址D所对应的在偏置存储器中存入的偏置值通常指刀具半径值。和刀具长度补偿一样,刀具刀号与刀具偏置存储器号可以相同,也可以不同,一般情况下,为防止出错,最好采用相同的刀具号与刀具偏置号。

G41、G42为模态指令,可以在程序中保持连续有效。G41、G42的撤消可以使用G40进行。

(3)刀具半径补偿过程。

刀具半径补偿的过程如图5-24所示,共分三步,即刀补的建立、刀补的进行和刀补的取消。

① 刀补建立。刀补的建立指刀具从起点接近工件时,刀具中心从与编程轨迹重合过渡到与编程轨迹偏离一个偏置量的过程。该过程的实现必须有G00或G01功能才有效。

② 刀补进行。在G41或G42程序段后,程序进入补偿模式,此时刀具中心与编程轨迹始终相距一个偏置量,直到刀补取消。

在补偿模式下,数控系统要预读两段程序,找出当前程序段刀位点轨迹与下程序段刀位点轨迹的交点,以确保机床把下一个工件轮廓向外补偿一个偏置量。

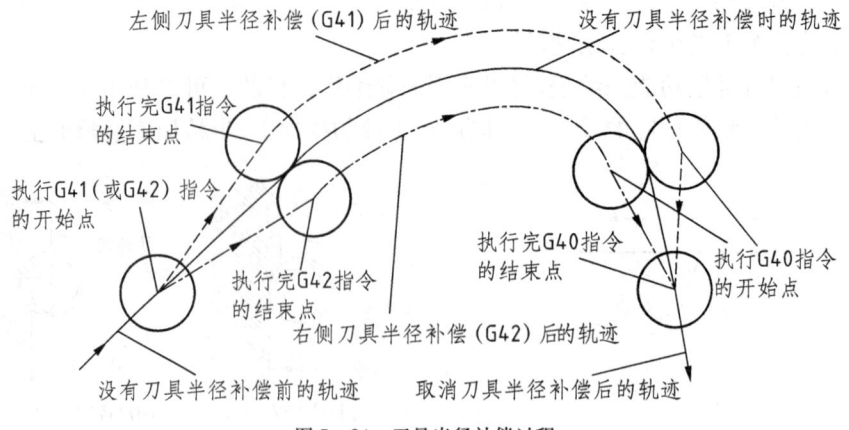

图 5-24 刀具半径补偿过程

③ 刀补取消。刀具离开工件,刀具中心轨迹过渡到与编程轨迹重合的过程称为刀补取消。

刀补的取消用 G40 或 D00 来执行,要特别注意的是,G40 必须与 G41 或 G42 成对使用。

3. 刀具半径补偿注意事项

在刀具半径补偿过程中要注意以下几个方面的问题:

(1) 半径补偿模式的建立与取消程序段只能在 G00 或 G01 移动指令模式下才有效。

(2) 为保证刀补建立与刀补取消时刀具与工件的安全,通常采用 G01 运动方式来建立或取消刀补。如果采用 G00 运动方式来建立或取消刀补,则要采取先建立刀补再下刀和先退刀再取消刀补的编程加工方法。

(3) 为了保证切削轮廓的完整性、平滑性,特别在采用子程序分层切削时,注意不要造成欠切或过切的现象。内、外轮廓的走刀方式见图 5-25。具体为:用 G41 或 G42 指令进行刀具半径补偿 → 走过渡段 → 轮廓切削 → 走过渡段 → 用 G40 指令取消刀具半径补偿。

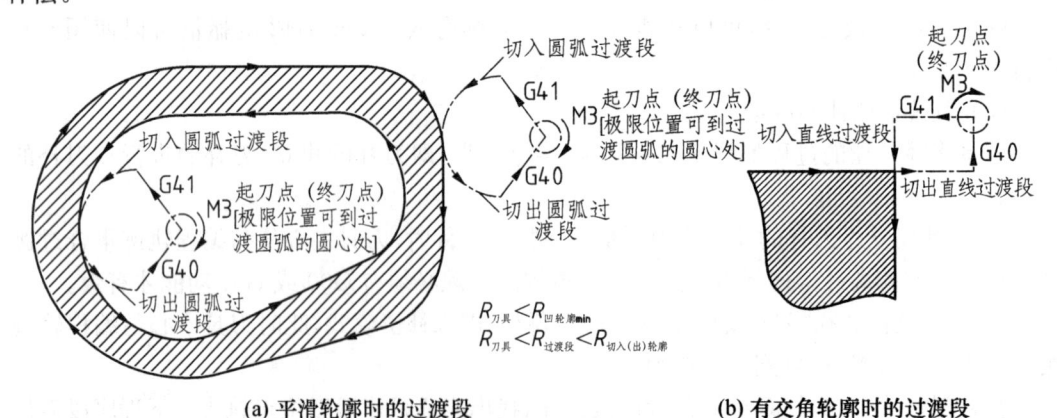

(a) 平滑轮廓时的过渡段   **(b) 有交角轮廓时的过渡段**

图 5-25 内、外轮廓刀具半径补偿时的切入、切出(图中都为顺铣)

(4) 切入点应选择那些在 XY 平面内最左(或右)、最上(或下)的点(如圆弧的象限点等)或相交的点。

(5) 在刀具补偿模式下,一般不允许存在连续两段以上的非补偿平面内移动指令,否则刀具也会出现过切等危险动作。

非补偿平面移动指令通常指：只有 G、M、S、F、T 代码的程序段(如 G90；M05 等)；程序暂停程序段(如 G04 X10.0；等)；G17(G18、G19)平面内的 Z(Y、X)轴移动指令等。

4. 刀具半径补偿的应用

例 1 采用同一段程序,对零件进行粗、精加工。

如图 5-26(a)所示,编程时按实际轮廓 ABCD 编程,在粗加工中时,将偏置量设为 $R+\Delta$,其中 R 为刀具的半径,Δ 为精加工余量,这样在粗加工完成后,形成的工件轮廓的加工尺寸要比实际轮廓 ABCD 每边都大 Δ。在精加工时,将偏置量设为 R,这样,零件加工完成后,即得到实际加工轮廓 ABCD。同理,当工件加工后,如果测量尺寸比图纸要求尺寸大时,也可用同样的办法进行修整解决。

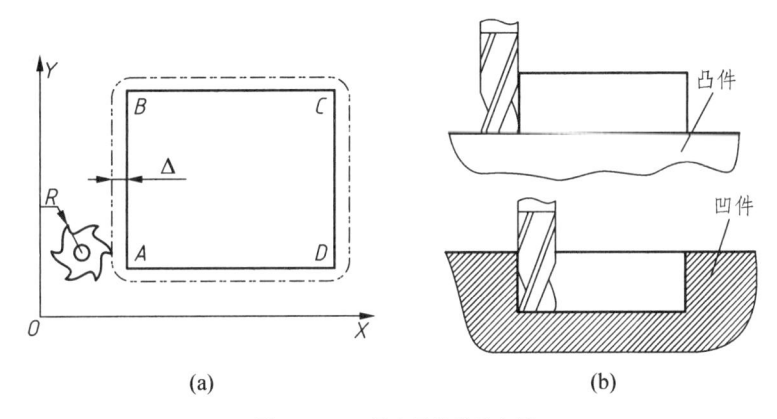

图 5-26 刀具半径补偿的应用

例 2 采用同一程序段,加工同一公称直径的凹、凸型面。

如图 5-26(b)所示,对于同一公称尺寸的凹、凸型面,内、外轮廓编写成同一程序,在加工外轮廓时,将偏置值设为 D,刀具中心将沿轮廓的外侧切削；当加工内轮廓时,可改变刀具补偿起点和刀补方向。这时刀具中心将沿轮廓的内侧切削。这种编程与加工方法,在配合件加工中运用较多。在应用这一技巧时,要注意刀具半径值的变化及刀具半径补偿的方向。

三、参考程序

粗加工时 D01=8.3,精加工时 D01=7.98

1. FANUC、华中系统参考程序	2. SINUMERIK 系统参考程序
O0001	JGCZ001
%1(华中系统)	
G90 G80 G40 G21 G17 G94	G90 G40 G71 G17 G94
G91 G28 Z0.0	Z0 D0

M06 T01	M06 T01
G90 G54	G90 G54
G00 X35.0 Y-50.0	G00 X35.0 Y-50.0
G43 Z20.0 H01	Z20.0 D01
M03 S600	M03 S600
M08	M08
G01 Z-5.0 F50	G01 Z-5.0 F50
G41 G01 X45.0 Y-45.0 D01 F100	G41 G01 X45.0 Y-45.0 F100
G03 X35.0 Y-35.0 R10.0	G03 X35.0 Y-35.0 CR=10.0
X-35.0	X-35.0
G02 X-45.0 Y-25.0 R10.0	G02 X-45.0 Y-25.0 CR=10.0
G01 Y-22.361	G01 Y-22.361
G02 X-43.333 Y-18.634 R5.0	G02 X-43.333 Y-18.634 CR=5.0
G03 Y18.634 R25.0	G03 Y18.634 CR=25.0
G02 X-45.0 Y22.361 R5.0	G02 X-45.0 Y22.361 CR=5.0
G01 Y25.0	G01 Y25.0
G02 X-35.0 Y35.0 R10.0	G02 X-35.0 Y35.0 CR=10.0
G01 X0.0	G01 X0.0
X40.0 Y11.906	X40.0 Y11.906
G02 X45.0 Y3.246 R10.0	G02 X45.0 Y3.246 CR=10.0
G01 Y-25.0	G01 Y-25.0
G02 X35.0 Y-35.0 R10.0	G02 X35.0 Y-35.0 CR=10.0
G03 X25.0 Y-45.0 R10.0	G03 X25.0 Y-45.0 CR=10.0
G40 G01 X35.0 Y-50.0	G40 G01 X35.0 Y-50.0
G00 G49 Z0	G00 Z0 D0
M05	M05
M09	M09
M30	M30

四、操作注意事项

在自动运行前必须确保刀具长度、半径补偿与工件坐标系设置正确,工件已夹紧、程序已验证。

课题二　型腔的铣削加工

模块一　带半径补偿的型腔加工

一、编程实例

编写如图5-27所示工件的加工程序,已知毛坯尺寸120×100×20(mm)。

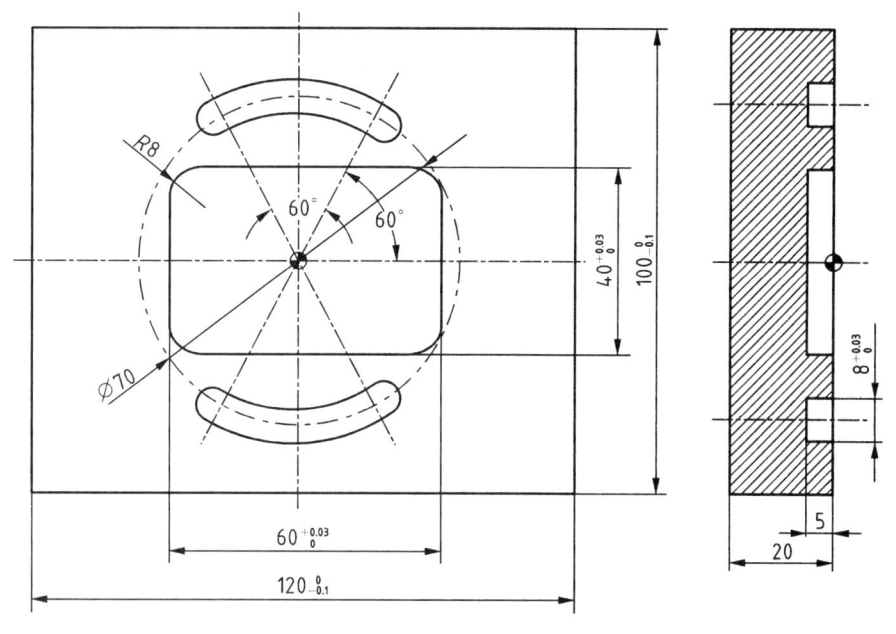

图 5-27 带半径补偿的型腔加工

二、相关知识

(一) 工艺分析

1. 精度分析

图中矩形槽的尺寸 $40_0^{+0.03}$ mm、$60_0^{+0.03}$ mm,圆周槽的尺寸为 $8_0^{+0.03}$ mm,这三处尺寸精度可通过修改刀具半径补偿值的方法来保证。

2. 刀具及切削用量选用

在轮廓加工中,为更多的去除余量,一般情况下刀具半径应尽可能选大一些,但需注意,刀具半径要小于轮廓中内凹圆弧的半径,否则将会发生过切。本例中 60×40(mm) 型腔选用∅14 mm 键铣刀,圆周槽选用∅6 mm 键铣刀。由于型腔深度只有 5 mm,故不再另行预钻孔。刀具及切削用量如表 5-2 所示。

表 5-2 刀具与切削用量参数

参数 刀号	型号	刀具材料	刀具补偿号	刀具转速 (r/min)	进给速度 (mm/min)
1	∅14 mm 键铣刀	高速钢	01	600	100
2	∅6 mm 键铣刀	高速钢	02	1 200	50

3. 圆周槽的基点尺寸

在图中各点必须通过计算或利用 CAD 软件的标注、捕捉功能得到,具体参见图 5-28。

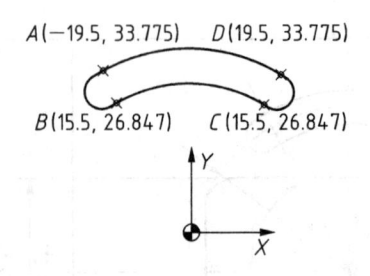

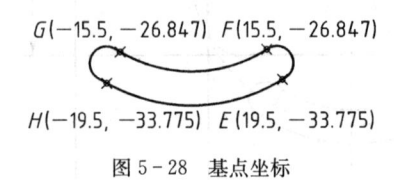

A(-19.5, 33.775)　　D(19.5, 33.775)

B(15.5, 26.847)　　C(15.5, 26.847)

G(-15.5, -26.847)　　F(15.5, -26.847)

H(-19.5, -33.775)　　E(19.5, -33.775)

图 5-28　基点坐标

(二) 数控指令

在 FANUC 与华中系统中,内、外轮廓的数控指令基本相同;而在 SINUMERIK 系统中,除了可以用这些基本指令完成内轮廓加工程序的编制外,系统还提供了一系列铣槽固定循环,来完成特定形状的槽加工。在图 2-80 中按[铣削]就可以进入固定循环的设定窗口,根据系统提示进行相应的设置,最后生成循环程序。

三、参考程序

1. FANUC、华中系统参考程序

O0002
%1(华中系统)
G90 G80 G40 G21 G17 G94
G91 G28 Z0.0
M06 T01
G90 G54
G00 X0.0 Y0.0
G43 Z20.0 H01
M03 S600
M08
G01 Z-5.0 F30
G41 G01 X10.0 Y10.0 D01 F100
G03 X0.0 Y20.0 R10.0
G01 X-22.0
G03 X-30.0 Y12.0 R8.0
G01 Y-12.0
G03 X-22.0 Y-20.0 R8.0
G01 X22.0

2. SINUMERIK 系统参考程序

JGCZ002

G90 G40 G71 G17 G94
Z0 D0
M06 T01
G90 G54
G00 X0.0 Y0.0
Z20.0 D01
M03 S600
M08
G01 Z-5.0 F30
G41 G01 X10.0 Y10.0 F100
G03 X0.0 Y20.0 CR=10.0
G01 X-22.0
G03 X-30.0 Y12.0 CR=8.0
G01 Y-12.0
G03 X-22.0 Y-20.0 CR=8.0
G01 X22.0

G03 X30.0 Y-12.0 R8.0	G03 X30.0 Y-12.0 CR=8.0
G01 Y12.0	G01 Y12.0
G03 X22.0 Y20.0 R8.0	G03 X22.0 Y20.0 CR=8.0
G01 X0.0	G01 X0.0
G03 X-10.0 Y10.0 R10.0	G03 X-10.0 Y10.0 CR=10.0
G40 G01 X0.0Y0.0	G40 G01 X0.0Y0.0
G00 G49 Z0.0	G00 Z0.0 D0
M05	M05
M09	M09
M06 T02	M06 T02
G00 X0.0 Y35.0	G00 X0.0 Y35.0
G43 Z20.0 H02	Z20.0 D01
M03 S1200	M03 S1200
M08	M08
G01 Z-5.0 F20	G01 Z-5.0 F20
G41 G01 X3.5Y35.5 D02 F50	G41 G01 X3.5Y35.5 F50
G03 X0.0 Y39.0 R3.5	G03 X0.0 Y39.0 CR=3.5
X-19.5 Y33.775 R39.0	X-19.5 Y33.775 CR=39.0
X-15.5 Y26.847 R4.0	X-15.5 Y26.847 CR=4.0
G02 X15.5 R31.0	G02 X15.5 CR=31.0
G03 X19.5 Y33.775 R4.0	G03 X19.5 Y33.775 CR=4.0
X0.0 Y39.0 R39.0	X0.0 Y39.0 CR=39.0
X-3.5 Y35.5 R3.5	X-3.5 Y35.5 CR=3.5
G40 G01 X0.0Y35.0	G40 G01 X0.0Y35.0
G00 Z5.0	G00 Z5.0
X0.0 Y-35.0	X0.0 Y-35.0
G01 Z-5.0 F20	G01 Z-5.0 F20
G41 G01 X-3.5Y-35.5 D02 F50	G41 G01 X-3.5Y-35.5 D02 F50
G03 X0.0 Y-39.0 R3.5	G03 X0.0 Y-39.0 CR=3.5
X19.5 Y-33.775 R39.0	X19.5 Y-33.775 CR=39.0
X15.5 Y-26.847 R4.0	X15.5 Y-26.847 CR=4.0
G02 X-15.5 R31.0	G02 X-15.5 CR=31.0
G03 X-19.5 Y-33.775 R4.0	G03 X-19.5 Y-33.775 CR=4.0
X0.0 Y-39.0 R39.0	X0.0 Y-39.0 CR=39.0
X3.5 Y-35.5 R3.5	X3.5 Y-35.5 CR=3.5
G40 G01 X0.0Y-35.0	G40 G01 X0.0Y-35.0
G49 G00 Z0.0	G00 Z0.0 D0
M05	M05
M09	M09
M30	M30

模块二　内、外轮廓加工中的残料清除

一、编程实例

编写如图 5-29 所示工件的加工程序,毛坯尺寸 85×85×30(mm)。

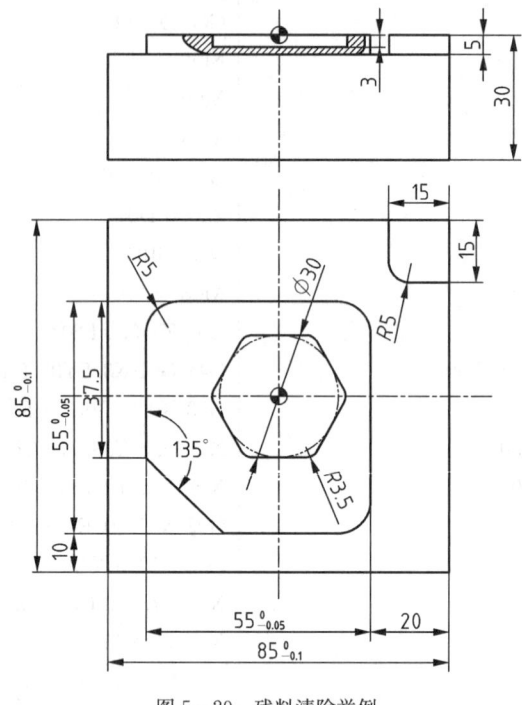

图 5-29　残料清除举例

二、相关知识

1. 残料清除的方法

在数控铣削加工中,大多数时候不能一次走刀把零件的被加工面中所有余量全部清除,一般情况下,按照轮廓轨迹编程加工之后,会在零件的局部留下残料。而针对零件轮廓形状的不同所生成的残料也不相同,因此去除残料的方法也各有不同。

(1) 外轮残料清除的方法

① 外形简单,四周无凸台干涉。

若轮廓中无内凹部分且四周余量分布较均匀,如图 5-30 所示,可尽量选用大直径刀具一次去除所有余量。如果所备刀具直径不够一次切削所有余量,也可用通过增大刀具半径存储器中数值的方法分几次切削完成残料清除。

若轮廓中无内凹部分且四周余量分布很不均匀,如图 5-31 所示,可尽量选用大直径刀具一次或采用相对较小半径的刀具通过改变刀具半径存储器中数值的方法几次切削完成大部分余量。对于局部可能留下的残料如图 5-32 所示。可通过一些直线段刀轨去除,相关

的坐标点可通过 CAD 软件捕捉功能获取。

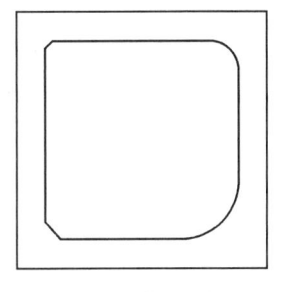

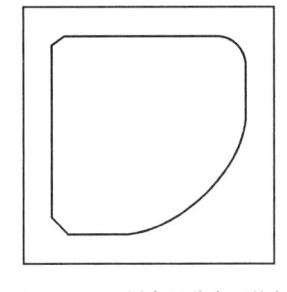

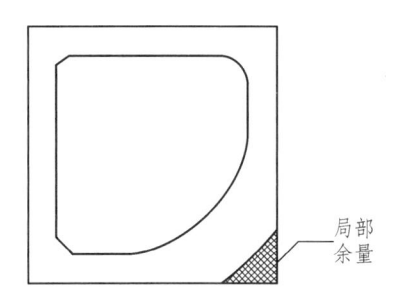

图 5-30　四周余量分布较均匀　　图 5-31　四周余量分布不均匀　　图 5-32　局部余量

若轮廓中有内凹部分且内凹部分圆弧半径较大时,如图 5-33 所示,可以采用较大直径的刀具一次或采用相对较小半径的刀具通过改变刀具半径存储器中数值的方法分几次切削,完成大部分余量的清除;对于局部可能留下的残料(如图 5-34 所示),可通过一些直线段刀轨去除。

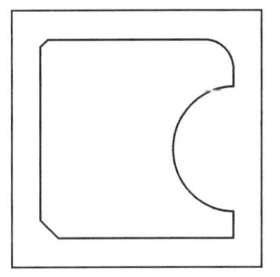

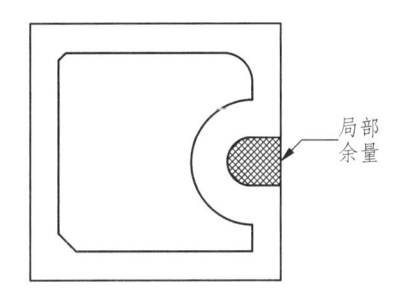

图 5-33　内凹圆弧直径较大　　图 5-34　局部余量　　图 5-35　内凹圆弧直径较小

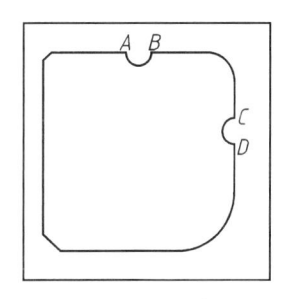

若轮廓中有内凹且内凹部分圆弧半径较小时,如图 5-35 所示,当粗加工时,可以忽略此内凹形状并用直线把此处连接(即 AB、CD 处看成直线);然后采用较大直径的刀具一次或采用相对较小半径的刀具通过改变刀具半径存储器中数值的方法分几次完成把不包括内凹圆弧轮廓的大部分余量清除。之后再用半径小于内凹部分圆弧半径的刀具完成凹轮廓的加工。

② 外形较复杂,周边有凸台干涉。

此类形状余量清除之前,可先考虑用合适半径刀具(防止过切)加工完成所有轮廓,然后观察所留余量的分布情况,一般可通过在 AUTOCAD 上画出轮廓形状然后偏置一个刀具直径。下面分三种情况说明。

若只有一两处凸台(如图 5-36 所示),可用上面所述(外形简单,四周无凸台干涉)方法去除无干涉处所有余量,然后在干涉处选用较小半径的刀具通过些直线段刀轨去除。

若凸台较多但形状相同且呈规律分布(如图 5-37 所示),用合适的刀具加工完所有轮廓后,所留的残料如阴影部分所示,通过一些直线段刀轨编写去除任一小阴影部分(如阴影 A)的程序,然后通过坐标旋转或镜像等功能去除其他部分(B、C、D 处)的余量。

若凸台较多且形状各不相同(如图 5-38 所示),用合适的刀具加工完所有轮廓后,所留的残料如阴影部分所示。此类余量一般直接通过些直线段刀轨去除,相关坐标可通过 CAD

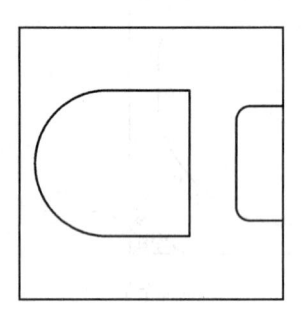

图 5-36 凸台干涉较少 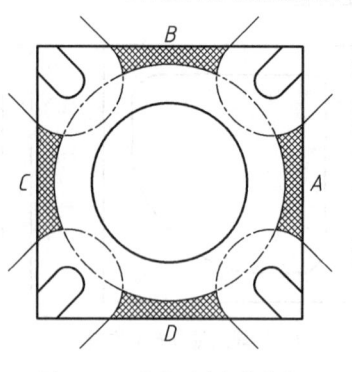　　　图 5-37 凸台干涉规律分布 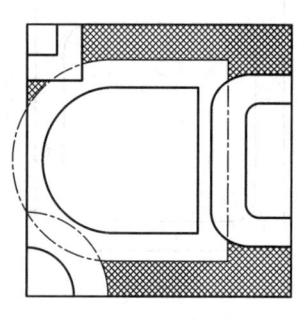　　　图 5-38 凸台干涉不规则分布

实线为外形轮廓，虚线为轮廓刀轨，阴影为残料

捕捉点功能获取。

（2）内轮廓的残料清除方法。

内轮廓的残料清除方法与外轮廓思路相似，但是内轮廓清除残料时更要注意刀具的过切情况。

① 内轮廓形状简单，无凸台干涉。

若内轮廓为类似整圆形状，加工完轮廓形状之后，可通过一些整圆刀轨完成余量的清除。

若内轮廓为矩形状，加工完轮廓之后，可在 CAD 上通过一些偏置矩形框来编写刀轨完成余量的清除。

② 内轮廓形状复杂，有凸台干涉，加工完所有轮廓形状后，可通过一些直线、圆弧刀轨来完成余量清除，相关坐标点可通过 CAD 捕捉点功能获取。

2. 本例的加工方案

本例外轮廓属于外形较复杂，周边有一处凸台干涉的情况，通过 CAD 软件的标注功能可知，若要加工整个外轮廓，所用刀具半径最大为 11.213 mm，为安全起见，此处采用 $\varnothing$10 mm 刀具进行加工。$\varnothing$10 mm 刀轨加工完成后，所留余量如图 5-39 所示（阴影部分），可通过选用直径为 $\varnothing$18 mm 或 $\varnothing$20 mm 的刀具一次性加工完 A 到 B 处所有余量，半径补偿为 10－1＋9＝18（mm）（其中 10 为 $\varnothing$10 mm 刀具已切削宽，9 为 $\varnothing$18 mm 刀具的半径，有 1 mm 交叠）。

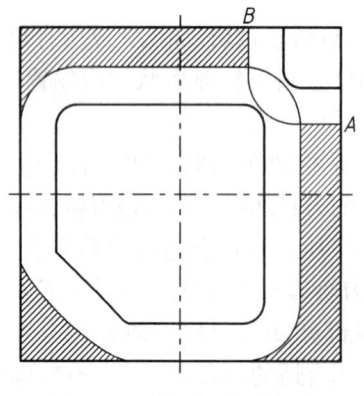

图 5-39 外轮廓余量示意图 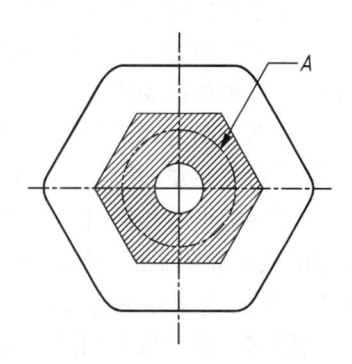　　　图 5-40 内轮廓余量示意图

内轮廓为整圆形状,用∅6 mm加工完轮廓后所留余量如图5-40所示(阴影部分。中间圆为∅6 mm键槽刀下刀所留),可通过直径为∅10 mm的刀具走图中所示一个整圆A(不用半径补偿,半径为R7)轨迹来完成余量的清除。

3. 基点坐标

通过在CAD中利用捕捉功能得到各基点(图5-41)坐标如下：A(0.0, 0.0)、B(22.5, −27.5)、C(17.5, −32.5)、D(−12.929, −32.5)、E(−16.464, −31.036)、F(−32.5, −15.0)、G(−32.5, 17.5)、H(−27.5, 22.5)、I(17.5, 22.5)、J(22.5, 17.5)、K(6.64, 15.0)、L(9.671, 13.25)、M(16.31, 1.75)、N(42.5, 27.5)、O(32.5, 27.5)、P(27.5, 32.5)、Q(27.5, 42.5)、R(42.5, 42.5)。

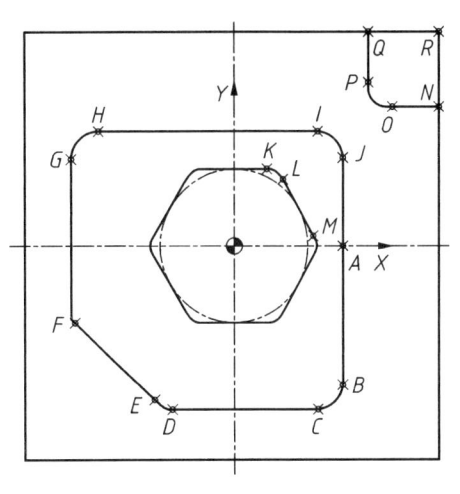

图5-41 基点位置

4. 刀具选用

表4-3 刀具与切削用量参数

参数 刀号	型号	刀具材料	刀径补偿号	半径补偿量(mm)	刀具转速(r/min)	进给速度(mm/min)
1	∅18 mm立铣刀	高速钢	01	18	500	100
2	∅10 mm键铣刀	硬质合金	02	粗加工时5.2、精加工时改为4.98	800	100
3	∅6 mm键铣刀	硬质合金	03	粗加工时3.2、精加工时改为2.98	1 000	80

三、参考程序

1. FANUC、华中系统参考程序

O0003
%1(华中系统)
G90 G80 G40 G21 G17 G94
G91 G28 Z0.0
M06 T01
G90 G54
G00 X60.0 Y15.0
G43 Z20.0 H01
M03 S500
M08
G01 Z−5.0 F30

2. SINUMERIK系统参考程序

JGCZ003
G90 G40 G71 G17 G94
Z0 D0
M06 T01
G90 G54
G00 X60.0 Y15.0
Z20.0 D01
M03 S500
M08
G01 Z−5.0 F30

实训项目五 轮廓、型腔的铣削加工

G41 G01 X42.5Y35.0 D01 F100
G03 X22.5 Y15.0 R20.0
G01 Y-27.5
G02 X17.5 Y-32.5 R5.0
G01 X-12.929
G02 X-16.464 Y-31.036 R5.0
G01 X-32.5 Y-15.0
Y17.5
G02 X-27.5 Y22.5 R5.0
G01 X15.0
G03 X35.0 Y42.5 R20.0
G40 G01 Y45.0
G00 G49 Z0.0
M05
M09
M06 T02
G00 X50.0 Y0
G43 Z20.0 H02
M03 S800
M08
G01 Z-5.0 F50
G41 G01 X32.5 Y10.0 D02 F100
G03 X22.5 Y0.0 R10.0
G01 Y-27.5
G02 X17.5 Y-32.5 R5.0
G01 X-12.929 Y-32.5
G02 X-16.464 Y-31.036 R5.0
G01 X-32.5 Y-15.0
Y17.5
G02 X-27.5 Y22.5 R5.0
G01 X17.5
G02 X22.5 Y17.5 R5.0
G01 Y0.0
G03 X32.5 Y-10.0 R10.0
G40 G01 X50.0 Y0.0
G41 Y27.5 D02
X42.5
X32.5
G02 X27.5 Y32.5 R5.0
G01 Y42.5
X42.5

G41 G01 X42.5Y35.0 F100
G03 X22.5 Y15.0 CR=20.0
G01 Y-27.5
G02 X17.5 Y-32.5 CR=5.0
G01 X-12.929
G02 X-16.464 Y-31.036 CR=5.0
G01 X-32.5 Y-15.0
Y17.5
G02 X-27.5 Y22.5 CR=5.0
G01 X15.0
G03 X35.0 Y42.5 CR=20.0
G40 G01 Y45.0
G00 Z0.0 D0.0
M05
M09
M06 T02
G00 X50.0 Y0
Z20.0 D01
M03 S800
M08
G01 Z-5.0 F50
G41 G01 X32.5 Y10.0 F100
G03 X22.5 Y0.0 CR=10.0
G01 Y-27.5
G02 X17.5 Y-32.5 CR=5.0
G01 X-12.929 Y-32.5
G02 X-16.464 Y-31.036 CR=5.0
G01 X-32.5 Y-15.0
Y17.5
G02 X-27.5 Y22.5 CR=5.0
G01 X17.5
G02 X22.5 Y17.5 CR=5.0
G01 Y0.0
G03 X32.5 Y-10.0 CR=10.0
G40 G01 X50.0 Y0.0
G41 Y27.5
X42.5
X32.5
G02 X27.5 Y32.5 CR=5.0
G01 Y42.5
X42.5

Y25.0	Y25.0
G00 Z50.0	G00 Z50.0
G40 X0.0 Y0.0	G40 X0.0 Y0.0
G01 Z－3.0 F20	G01 Z－3.0 F20
Y7.0	Y7.0
G03 I0.0 J－7.0	G03 I0.0 J－7.0
G00 G49 Z0.0	G00 Z0.0 D0
M5	M5
M9	M9
M06 T03	M06 T03
G00 X0.0 Y0.0	G00 X0.0 Y0.0
G43 Z20.0 H03	Z20.0 D01
M03 S1000	M03 S1000
M08	M08
G01 Z－3.0 F20	G01 Z－3.0 F20
G41 G01 X5.0 Y10.0 D03 F80	G41 G01 X5.0 Y10.0 F80
G03 X0.0 Y15.0 R5.0	G03 X0.0 Y15.0 CR=5.0
G01 X－6.64	G01 X－6.64
G03 X－9.671 Y13.25 R3.5	G03 X－9.671 Y13.25 CR=3.5
G01 X－16.31 Y1.75	G01 X－16.31 Y1.75
G03 Y－1.75 R3.5	G03 Y－1.75 CR=3.5
G01 X－9.671 Y－13.25	G01 X－9.671 Y－13.25
G03 X－6.64 Y－15.0 R3.5	G03 X－6.64 Y－15.0 CR=3.5
G01 X6.64	G01 X6.64
G03 X9.671 Y－13.25 R3.5	G03 X9.671 Y－13.25 CR=3.5
G01 X16.31 Y－1.75	G01 X16.31 Y－1.75
G03 Y1.75 R3.5	G03 Y1.75 CR=3.5
G01 X9.671 Y13.25	G01 X9.671 Y13.25
G03 X6.64 Y15.0 R3.5	G03 X6.64 Y15.0 CR=3.5
G01 X0.0	G01 X0.0
G03 X－5.0 Y10.0 R5.0	G03 X－5.0 Y10.0 CR=5.0
G40 G01 X0.0 Y0.0	G40 G01 X0.0 Y0.0
G90 G00 Z0.0	G00 Z0.0 D0
M05	M05
M09	M09
M30	M30

实训项目六 子程序、旋转与固定循环的加工

实训目的与要求

1. 掌握应用子程序进行轮廓的分层及不同位置的铣削加工。
2. 掌握用坐标系旋转进行轮廓的铣削加工。
3. 掌握应用固定循环进行孔类加工。

课题一 应用子程序的轮廓加工

模块一 同一轮廓的分层铣削加工

一、编程实例

编写如图 6-1 所示工件的加工程序。

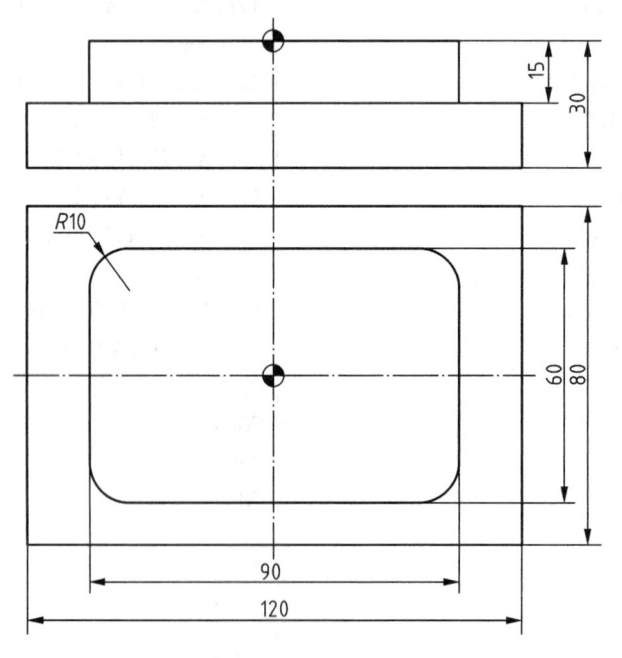

图 6-1 分层铣削

二、相关知识

(一) 刀具选用

选用∅16 mm 高速钢立铣刀,转速 500 r/min,切削速度 100 mm/min,吃刀深度 5 mm/层。

(二) 子程序应用

1. 子程序的概念

(1) 子程序的定义。机床的加工程序可以分为主程序和子程序两种。所谓主程序是一个完整的工件加工程序,或是工件加工程序的主体部分。它和被加工工件或加工要求一一对应,不同的工件或不同的加工要求,都有唯一的主程序。

在编制加工程序中,有时会遇到一组程序段在一个程序中多次出现,或者在几个程序中都要使用它。这个典型的加工程序可以做成固定程序,并单独加以命名,这组程序段就称为子程序。

子程序一般都不可以作为独立的加工程序使用,它只能通过调用,实现加工中的局部动作。子程序执行结束后,能自动返回到调用的程序中。

(2) 子程序的嵌套。为了进一步简化程序,可以让子程序调用另一个子程序,这一功能称为子程序的嵌套。

当主程序调用子程序时,该子程序被认为是一级子程序,数控系统不同,其子程序的嵌套级数也不相同。如图 6-2 所示为四层子程序嵌套。

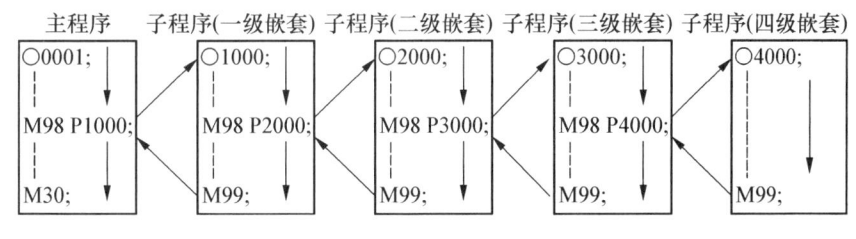

主程序	子程序(一级嵌套)	子程序(二级嵌套)	子程序(三级嵌套)	子程序(四级嵌套)
O0001;	O1000;	O2000;	O3000;	O4000;
M98 P1000;	M98 P2000;	M98 P3000;	M98 P4000;	
M30;	M99;	M99;	M99;	M99;

图 6-2 子程序嵌套

2. 子程序的格式与调用

(1) 子程序的格式。子程序的编写与一般程序基本相同,只是程序结束符有所不同。在 FANUC 和华中系统中用 M99 表示子程序结束并返回;SINUMERIK 系统用 M17 或 RET 表示子程序结束并返回。

O×××× 子程序名。在 FANUC 系统引用子程序时,为避免过切,可不必作为独立的程序段,可放在第一个程序段的段首,如:O1234 N10 G91 G1 Z-5 F50;

N10…

…

N… M99 M99 可不必作为独立的程序段,可放在最后一个程序段的段尾,如:N60 X100 Y60 M99;

(2) 子程序的调用。

① 在 FANUC 和华中系统中,子程序的调用可通过辅助功能代码 M98 指令进行,且在

调用格式中将子程序的程序号地址改为 P,其常用的子程序调用格式有两种。

格式一:M98P××××L××××;

例1 M98P100L5;

例2 M98P100;

其中地址 P 后面的 4 位数字为子程序序号,地址 L 的数字表示重复调用的次数,子程序号及调用次数前的 0 可省略不写。如果只调用子程序 1 次,则地址 L 及其后的数字可省略。如上"例1"表示调用子程序"O100"5 次,而"例2"表示调用子程序 1 次。

格式二:M98P××××××××;

例3 M98P50010;

例4 M98P510;

地址 P 后面的 8 位数字中,前 4 位表示调用次数,后 4 位表示子程序序号,采用此种调用格式时,调用次数前的 0 可以省略不写,但子程序号前的 0 不可省略。如"例3"表示调用子程序"O10"5 次,而"例4"则表示调用子程序"O510"1 次。

(2) 在 SINUMERIK 系统中,指令格式如下。

格式一:△△△△△△△△P××××;

"△△△△△△△△"为子程序名,程序名命名方式与一般程序的命名规则相同。

例5 CZQY001P5;

表示调用子程序 CZQY001 的子程序 5 次。

格式二:L×××××××P××××;

子程序用地址 L 及其后的 7 位以内的整数所组成(L 之后的每个零均有意义,不可省略);P 后面的数字表示调用次数。

例6 L0100P3;

表示调用子程序"L0100"3 次;L100P3,表示调用子程序"L100"3 次。

(3) 子程序的执行过程如图 6-3 所示。

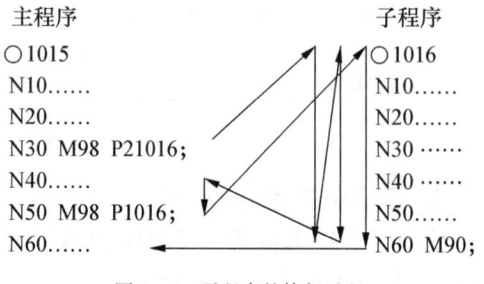

主程序
O1015
N10……
N20……
N30 M98 P21016;
N40……
N50 M98 P1016;
N60……

子程序
O1016
N10……
N20……
N30……
N40……
N50……
N60 M90;

图 6-3 子程序的执行过程

3. 使用子程序的注意事项

(1) 注意主程序与子程序之间的模式变换。有时为了编程的需要,在子程序中采用了增量的编程形式,而在主程序中是使用绝对编程形式的,因此需要注意及时进行 G90 与 G91 模式的变换。

(2) 半径补偿模式不要在主程序与子程序之间被分支。有时为了粗、精加工调用子程序的需要,会使用 G41 指令在主程序中完成,而其他半径补偿模式在子程序中。在这种情况下,由于可能会有调用子程序程序段等连续两段以上的非补偿平面内移动指令,刀具很容易程序切的情况。在编程过程中应尽量避免编写这种形式的程序,应使刀具半径补偿的引入与取消全部在子程序中完成。

4. 子程序的应用

(1) 实现零件的分层铣削。

有时零件的总切削深度比较大,要进行分层铣削,则编写该轮廓加工的刀具轨迹子程序后,通过调用该子程序来实现分层铣削。这种情况,XY 平面内铣削加工的编程通常采用 G90 进行;Z 向加工的编程既可以用 G90(在主程序中使刀具到达要求的深度,然后调用子程序一次;结束后返回到主程序,使刀具继续到另一深度,再调用子程序一次;依此类推,完成分层铣削),也可以用 G91(在主程序中刀具到达某一位置,根据此位置到加工总深度的距离,分配分层铣削次数和背吃刀量。在子程序的第一个程序段中往往采用这样的编程:G91 G01 Z—____ F ____)进行编程。

如图 6-1 所示工件凸台外形轮廓高度为 15 mm,显然 Z 方向要分层切削,如果每次背吃刀量为 5 mm,在不同的切削层上相同的轮廓程序将执行 3 次。因此只要编写一个子程序,通过调用它 3 次,使其在三个不同的切削层执行相同的外轮廓轨迹即可。

(2) 在 XY 平面内有相同形状的轮廓。

由于轮廓形状相同,在 XY 平面内的编程如果采用 G90 编程,则编写的程序段不会出现重复,但程序段很多,因此要采用子程序的形式。具体根据需要可使用:①在轮廓的不同位置用不同的工件坐标系,然后调用子程序,XY 平面内的铣削编程往往使用 G90 进行;②用一个工件坐标系,在主程序中使刀具移动到要求的位置,然后－Z 方向下刀,而 XY 平面内的铣削编程必须采用 G91 进行。Z 向的编程既可以用 G90,也可以用 G91 进行编程。

(3) 上面两种的综合。

即在 XY 平面内有相同形状的轮廓,而每个轮廓的加工深度又较深,这种情况往往使用子程序嵌套的方式进行。

三、参考程序

1. FANUC 系统参考程序	2. 华中系统参考程序	3. SINUMERIK 系统参考程序
O0002(主程序)	O0002(文件名)	CZQY001(主程序)
	%1(主程序)	
G90 G80 G40 G21 G17 G94	G90 G80 G40 G21 G17 G94	G90 G40 G71 G17 G94
M06 T01	M06 T01	M06 T01
G90 G54	G90 G54	G90 G54
G00 X0.0 Y60.0	G00 X0.0 Y60.0	G00 X0.0 Y60.0
G43 Z20.0 H01	G43 Z20.0 H01	Z20.0 D01
M03 S500	M03 S500	M03 S500
M08	M08	M08
G01 Z0.0 F50	G01 Z0.0 F50	G01 Z0.0 F50
M98 P30020	M98 P20 L3	L088 P3
G00 G49 Z0.0	G00 G49 Z0.0	G00 D0.0 Z0.0
M05	M05	M05
M09	M09	M09
M30	M30	M30
O0020(子程序,独立文件)	%2(子程序,接上面继续输入)	L088(子程序,独立文件)

G91 G01 Z-5.0 F50 (通过此句调用三个不同切削层) G90 G41 X-10.0 Y40.0 D01 F100 G03 X0.0 Y30.0 R10.0 G01 X35.0 G02 X45.0 Y20.0 R10.0 G01 Y-20.0 G02 X35.0 Y-30.0 R10.0 G01 X-35.0 G02 X-45.0 Y-20.0 R10.0 G01 Y20.0 G02 X-35.0 Y30.0 R10.0 G01 X0.0 G03 X10.0 Y40.0 R10.0 G40 G01 X0.0 Y60.0 M99	G91 G01 Z-5.0 F50 (通过此句调用三个不同切削层) G90 G41 X-10.0 Y40.0 D01 F100 G03 X0.0 Y30.0 R10.0 G01 X35.0 G02 X45.0 Y20.0 R10.0 G01 Y-20.0 G02 X35.0 Y-30.0 R10.0 G01 X-35.0 G02 X-45.0 Y-20.0 R10.0 G01 Y20.0 G02 X-35.0 Y30.0 R10.0 G01 X0.0 G03 X10.0 Y40.0 R10.0 G40 G01 X0.0 Y60.0 M99	G91 G01 Z-5.0 F50 (通过此句调用三个不同切削层) G90 G41 X-10.0 Y40.0 D01 F100 G03 X0.0 Y30.0 CR=10.0 G01 X35.0 G02 X45.0 Y20.0 CR=10.0 G01 Y-20.0 G02 X35.0 Y-30.0 CR=10.0 G01 X-35.0 G02 X-45.0 Y-20.0 CR=10.0 G01 Y20.0 G02 X-35.0 Y30.0 CR=10.0 G01 X0.0 G03 X10.0 Y40.0 CR=10.0 G40 G01 X0.0 Y60.0 M17(或 RET)

四、操作注意事项

在自动运行前必须确保刀具长度、半径补偿与工件坐标系设置正确，工件已夹紧、程序已验证。

模块二　相同轮廓在不同位置的铣削加工

一、编程实例1

编写如图6-4所示工件的加工程序，已知毛坯尺寸120×80×15(mm)。

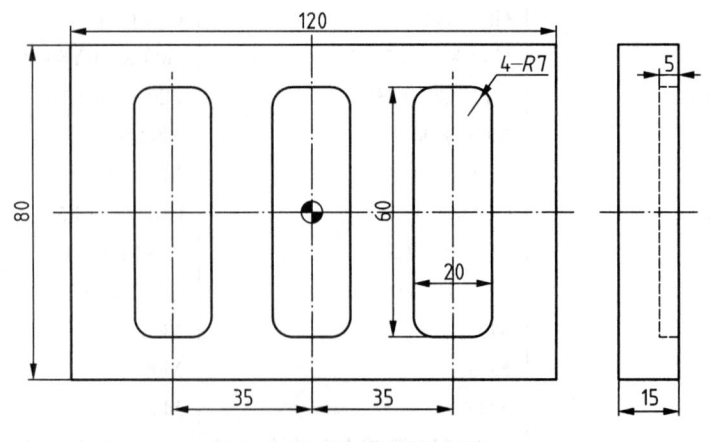

图6-4　并行排列轮廓铣削加工

1. 刀具选用及工序安排

选用⌀12 mm 的高速钢键槽铣刀进行轮廓的加工，D1＝6，转速 750 r/min，切削速度 60 mm/min，背吃刀量 5 mm。

2. 编写的参考程序（FANUC 系统程序，其他系统参考执行）

O0003（主程序）	O1002（子程序）
G53G90G00Z0	G91G41Y－10D1F60
M6T1	G03X10Y10R10
G54G90M3S750	G01Y23
G00G43H1Z200M08	G03X－7Y7R7
X－35Y0	G01X－6
Z5	G03X－7Y－7R7
G01Z－5F20	G01Y－46
M98P1002	G03X7Y－7R7
G90G00Z5	G01X6
X0Y0	G03X7Y7R7
G01Z－5F20	G01Y23
M98P1002	G03X－10Y10R10
G90G00Z5	G40G01Y－10
X35Y0	M99
G01Z－5F20	
M98P1002	
G90G49G00Z0M09	
M05	
M30	

二、编程实例 2

编写如图 6-5 所示工件的加工程序，已知毛坯尺寸 120×100×30(mm)。

1. 刀具选用及工序安排

选用⌀12 mm 硬质合金键铣刀，转速 800 r/min，切削速度 100 mm/min，背吃刀量 5 mm。

2. 编写的程序

(1) 用 G54 单一坐标系编程。

① FANUC 系统参考程序	② SINUMERIK 系统参考程序
O0005（主程序）	CZQY005（主程序）
G53G90G00Z0	G53G90G94G40G17
M6T1	M6T1
G54G90M3S800	G54G90M3S800
G00G43H1Z200M08	G00D1Z200M08

实训项目六　子程序、旋转与固定循环的加工

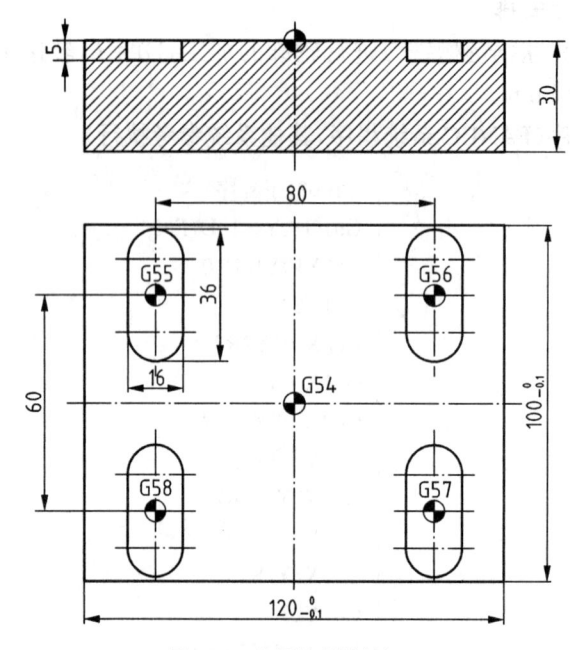

图 6-5　相同轮廓铣削加工

X-40Y30	X-35Y0
Z5	Z5
G01Z-5F20	G01Z-5F20
M98P1005	L1005
G90G00Z5	G90G00Z5
X40	X40
G01Z-5F20	G01Z-5F20
M98P1005	L1005
G90G00Z5	G90G00Z5
Y-30	Y-30
G01Z-5F20	G01Z-5F20
M98P1005	L1005
G90G00Z5	G90G00Z5
X-40	X-40
G01Z-5F20	G01Z-5F20
M98P1005	L1005
G90G49G00Z0M09	G90G00Z0D0M09
M05	M05
M30	M30
O1005(子程序)	L1005(子程序)
G91G41G1Y-8D1F100	G91G41G1Y-8F100
G3X8Y8R8	G3X8Y8CR=8

G1Y10	G1Y10
G3X−16R8	G3X−16CR=8
G1Y−20	G1Y−20
G3X16R8	G3X16CR=8
G1Y10	G1Y10
G3X−8Y8R8	G3X−8Y8CR=8
G1G40Y−8	G1G40Y−8
M99	RET

（2）采用不同的工件坐标系编程。

① FANUC 系统参考程序　　　　　　　② SINUMERIK 系统参考程序

FANUC	SINUMERIK
O0006（主程序）	CZQY006（主程序）
G53G90G00Z0	G53G90G94G40G17
M6T1	M6T1
G55G90M3S800	G55G90M3S800
G00G43H1Z200M8	G00D1Z200M8
X0Y0	X0Y0
Z5	Z5
G01Z−5F20	G01Z−5F20
M98P1006	L1006
G49G00Z0	G0Z0D0
G56	G56
G00G43H1Z200	G00D1Z200
X0Y0	X0Y0
Z5	Z5
G01Z−5F20	G01Z−5F20
M98P1006	L1006
G49G00Z0	G0Z0D0
G57	G57
G00G43H1Z200	G00D1Z200
X0Y0	X0Y0
Z5	Z5
G01Z−5F20	G01Z−5F20
M98P1006	L1006
G49G00Z0	G0Z0D0
G58	G58
G00G43H1Z200	G00D1Z200
X0Y0	X0Y0
Z5	Z5
G01Z−5F20	G01Z−5F20
M98P1006	L1006

G49G00Z0M9	G0Z0D0M9
M5	M5
M30	M30
O1006（子程序）	L1006（子程序）
G41G1Y－8D1	G41G1Y－8
G3X8Y0R8	G3X8Y0CR=8
G1Y10	G1Y10
G3X－8R8	G3X－8CR=8
G1Y－10	G1Y－10
G3X8R8	G3X8CR=8
G1Y0	G1Y0
G3X0Y8R8	G3X0Y8CR=8
G1G40Y0	G1G40Y0
M99	M17（或RET）

课题二　应用坐标系旋转的铣削加工

模块一　应用坐标系旋转的铣削加工

一、编程实例

应用坐标系旋转功能完成图6-6所示工件的程序编制，已知毛坯尺寸120×80×20(mm)。

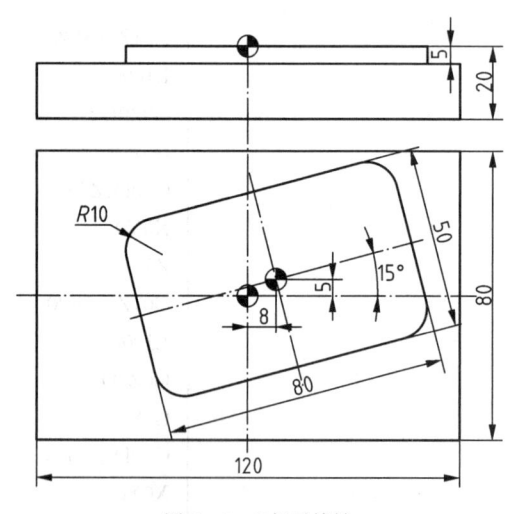

图6-6　坐标系旋转

二、相关知识

(一) 刀具及切削用量选用

本例选用∅16 mm的高速钢立铣刀,Z向背吃刀量5 mm,转速500 r/min,切削速度100 mm/min。

(二) 坐标旋转

1. FANUC、华中系统坐标旋转

对于某些围绕中心旋转得到的特殊的轮廓加工,如果根据旋转后的实际加工轨迹进行编程,那么各点坐标计算的工作量将大大增加。而通过数控系统提供的坐标旋转功能,可以大大简化编程的工作量。

(1) 指令格式

① FANUC 系统:　　　　　　　② 华中系统:

G68 X__ Y__ R__　　　　　　G68 X__ Y__ P__　　坐标系开始旋转

…　　　　　　　　　　　　…　　　　　　　　　坐标系旋转方式的程序段

G69　　　　　　　　　　　　G69　　　　　　　　坐标系旋转取消指令

(2) 参数说明。

格式中的 X、Y 值用于指定图形旋转的中心(图6-7)。R 或 P 用于表示图形旋转的角度,对FANUC系统的 R,"+"逆时针旋转、"−"顺时针旋转;对华中系统的 P 一般按逆时针方向取0°～360°的正值;不足1°的角度以小数点表示,如10°54′用10.9°表示。

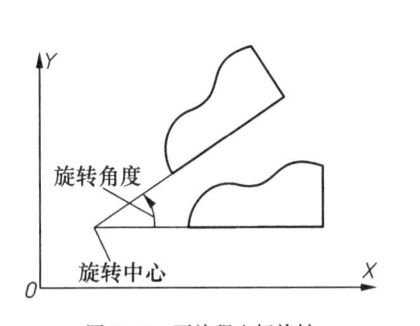

图6-7 可编程坐标旋转　　　　　图6-8 可编程零点偏移

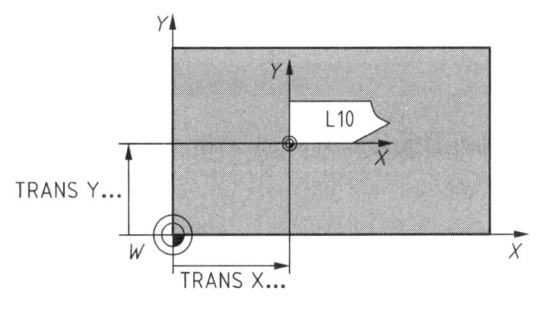

例:G68X15.0Y20.0R30.0;

该指令表示图形以坐标点(15,20)作为旋转中心,逆时针旋转30°。

(3) 坐标系旋转编程说明。

① 在坐标系旋转取消指令(G69)以后的第一个移动指令必须用绝对值指定。如果采用增量值指令,则不执行正确的移动。

② 如果所选的旋转中心为工件坐标系原点,则旋转后 XY 平面内的编程仍采用绝对编程;如果所选的旋转中心不在工件坐标系原点,那么在 XY 平面内的编程必须采用增量的方式。

2. SINUMERIK 系统坐标旋转

在 SINUMERIK 系统中没有像 FANUC、华中系统那样的直接绕指定的点旋转,必须先通过可编程的零点偏置(坐标系移动到旋转点)后再执行可编程旋转。

(1) 可编程的零点偏置

指令格式:

TRANS X___ Y___	可编程的偏移。清除原来所有偏移、旋转等指令,附加于设定的工件坐标系。
或 ATRANS X___ Y___	可编程的偏移。附加于当前坐标系。
…	坐标系偏移方式的程序段
TRANS(后面没有设定值);	取消所有偏移、旋转等指令。

(2) 可编程旋转

ROT/AROT 可以使工件坐标系在 G17 平面内绕着设定的轴(设定的工件坐标系或坐标系偏移后的 Z 轴)旋转一个角度,使用坐标旋转功能之后,新输入的尺寸均是在当前坐标系中的数据尺寸。

指令格式:

ROT RPL=___;	可编程的旋转。清除以前所有偏移、旋转、等指令;绕设定的工件坐标系原点旋转。
或 AROT RPL=___;	可编程的旋转。绕坐标系偏移后的当前坐标系旋转。
…	坐标系旋转方式的程序段
ROT(后面没有设定值);	取消可编程旋转。也可以用 TRANS 取消所有的偏移、旋转等。

RPL 为旋转的角度,单位为度;与 FANUC 系统一样可以用"+"逆时针旋转、"-"顺时针旋转。

三、参考程序

本例可看成是如图 6-9(a)所示的图形在 XY 平面内偏移(图 6-9(b))、旋转后的结果(图 6-9(c))。

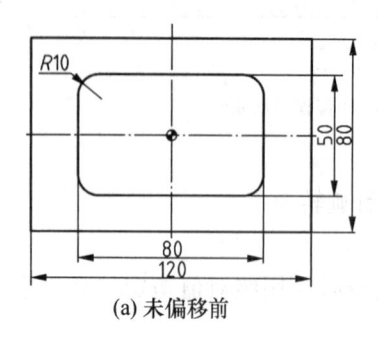

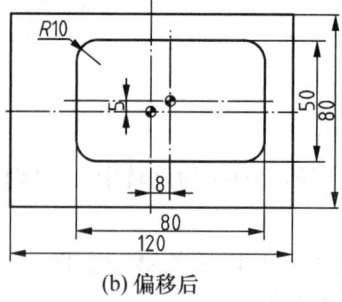

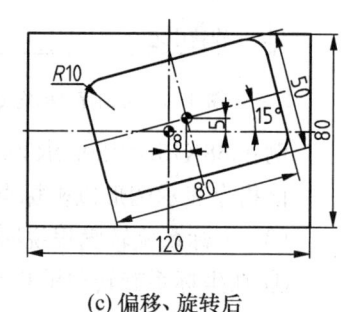

(a) 未偏移前 (b) 偏移后 (c) 偏移、旋转后

图 6-9 坐标偏移与旋转

1. FANUC 系统参考程序

O0007

G90 G80 G40 G21 G17 G94
M6 T1
G90 G54 G0 X8 Y5
G43 Z200 H1
M3 S500
M8
G68 X8 Y5 R15
G91 Y45
G90 Z5
G1 Z-5 F30
G91 G41 X-10 Y-10 D1 F100
G3 X10 Y-10 R10
G1 X30
G2 X10 Y-10 R10
G1 Y-30
G2 X-10 Y-10 R10
G1 X-60
G2 X-10 Y10 R10
G1 Y30
G2 X10 Y10 R10
G1 X30
G3 X10 Y10 R10
G1 G40 X-10 Y10
G90 G0 G49 Z0
M5
M9
M30

2. 华中系统参考程序

O0007
%1
G90 G80 G40 G21 G17 G94
M6 T1
G90 G54 G0 X8 Y5
G43 Z200 H1
M3 S500
M8
G68 X8 Y5 P15
G91 Y45
G90 Z5
G1 Z-5 F30
G91 G41 X-10 Y-10 D1 F100
G3 X10 Y-10 R10
G1 X30
G2 X10 Y-10 R10
G1 Y-30
G2 X-10 Y-10 R10
G1 X-60
G2 X-10 Y10 R10
G1 Y30
G2 X10 Y10 R10
G1 X30
G3 X10 Y10 R10
G1 G40 X-10 Y10
G90 G0 G49 Z0
M5
M9
M30

3. SINUMERIK 系统参考程序

CZQY007

G90 G40 G71 G17 G94
M6 T1
G90 G54 G0 Z200 D1
M03 S500
M08
TRANS X8 Y5
AROT RPL=15
X0 Y45
Z5
G1 Z-5 F30
G41 X-10 Y35 F100
G3 X0 Y25 CR=10
G1 X30
G2 X40 Y20 CR=10
G1 Y-15
G2 X30 Y-25 CR=10
G1 X-30
G2 X-40 Y-15 CR=10
G1 Y15
G2 X-30 Y25 CR=10
G1 X0
G3 X10 Y35 CR=10
G1 G40 X0 Y45
G00 D0 Z0.0 M5
ATRANS
M09
M30

模块二 应用坐标系旋转和子程序的铣削加工

一、编程实例1

用∅12 mm立铣刀对图6-10(a)所示槽轮形状的外轮廓进行粗、精加工；用∅16 mm立铣刀进行去残料加工(图6-10(b)所示)。已知毛坯尺寸为100×80×20(mm)。

1．工艺分析

从图中的结构来看，从A到G的走刀轨迹在其他的三个位置是重复的，可以采用调用子程序的方式，但其他三个位置是在第一个位置的基础上通过旋转功能才重复的，因此在编程时既要采用旋转功能又要调用子程序(在-Z方向还要采用分层铣削)。

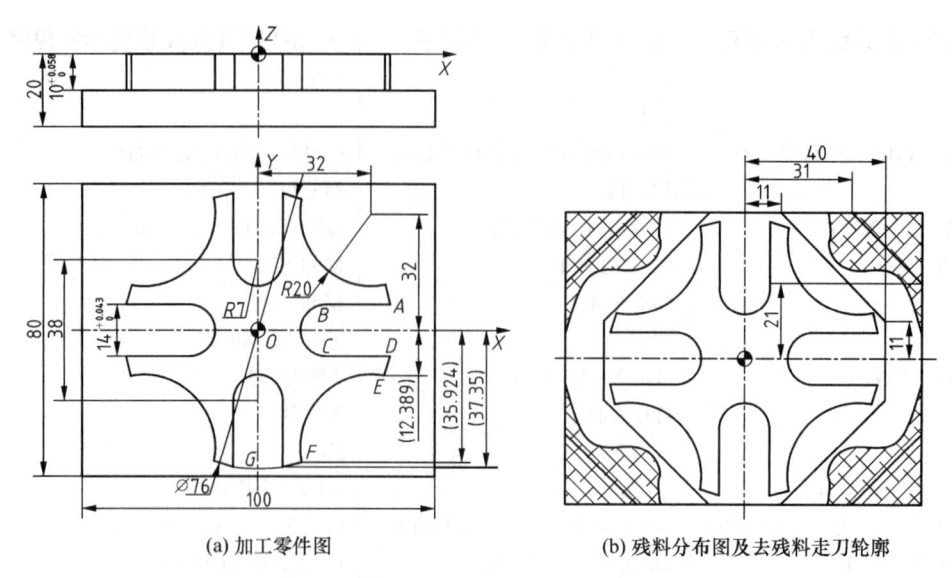

(a) 加工零件图　　　　　　　　　　　　(b) 残料分布图及去残料走刀轮廓

图 6-10　应用坐标旋转和子程序的铣削加工 1

2. 加工程序（FANUC 系统）

主程序：

O3009	主程序名
N10 M6 T1	换上 1 号刀，$\varnothing$12 mm 立铣刀
N20 G54 G90 G0 G43 H1 Z200	刀具快速移动 Z200 处（在 Z 方向调入了刀具长度补偿）
N30 M3 S600	主轴正转，转速 600 r/min
N40 X60 Y0	快速到达起刀点上方
N50 Z1	快速下降到 Z1
N60 G10 L12 P1 R6.5	给 D1 输入半径补偿值 6.5，精加工余量为 0.5 mm
N70 G1 Z-5 F50 M8	以 50 mm/min 进给到 Z-5，进行第一层切削，切削液开
N80 M98 P3010	调用 O3010 子程序，进行第一层的粗加工
N90 G1 Z-10 F50	刀具进给到 Z-10，准备进行第二层切削
N100 M98 P3010	调用 O3010 子程序，进行第二层的粗加工
N110 G10 L12 P1 R6	给 D1 重新输入半径补偿值 6
N120 S1500	增大主轴转速到 1 500 r/min
N130 M98 P3010	调用 O3010 子程序，进行精加工
N140 G49 G90 Z0 M9	取消长度补偿，Z 轴快速移动到机床坐标 Z0 处，切削液关
N150 M6 T2	换上 2 号刀，$\varnothing$16 mm 立铣刀
N160 G0 G43 H2 Z100	刀具快速移动 Z100 处（在 Z 方向调入了刀具长度补偿）
N170 G10 L12 P2 R8	给 D2 输入半径补偿值 8
N180 M3 S500	主轴正转，转速 500 r/min
N190 X0 Y60	快速到达起刀点上方
N200 Z1	快速下降到 Z1
N210 G1 Z-10 F100 M8	刀具下降到 Z-10 处，切削液打开

N220 G41 X11 Y40 D2	引入刀具半径补偿
N230 X40 Y11	残料切削加工
N240 Y－11	
N250 X11 Y－40	
N260 X－11	
N270 X－40 Y－11	
N280 Y11	
N290 X－11 Y40	
N300 X31	
N310 X50 Y21	
N320 Y－21	
N330 X31 Y－40	
N340 X－31	
N350 X－50 Y－21	
N360 Y21	
N370 X－31 Y40	
N380 X－10 Y50	
N390 G40 X0 Y60	取消刀具半径补偿
N400 G0 G49 Z0 M9	取消刀具长度补偿并返回到机床 Z 向原点
N410 M30	程序结束

第一级子程序

O3010	子程序名
N10 M98 P3101	调用 O3101 子程序 1 次加工图中 $A \sim G$ 轮廓
N20 G68 X0 Y0 R－90	坐标系绕坐标原点顺时针旋转 90°
N30 M98 P3101	调用 O3101 子程序
N40 G69	取消坐标系旋转
N50 G68 X0 Y0 R－180	坐标系绕坐标原点顺时针旋转 180°
N60 M98 P3101	调用 O3101 子程序
N70 G69	取消坐标系旋转
N80 G68 X0 Y0 R－270	坐标系绕坐标原点顺时针旋转 270°
N90 M98 P3101	调用 O3101 子程序
N100 G69	取消旋转指令

第二级子程序

O3101	子程序名
N10 G90 G41 X50 Y7 D1 F100	绝对指令，刀具左侧补偿移动
N20 X37.35	移动到 A 点（直线过渡段）
N30 X19	移动到 B 点
N40 G3 Y－7 R－7 F15	逆圆到 C 点，进给速度修调为 15 mm/min
N50 G1 X37.35 F100	直线移动到 D 点

N60 G2 X35.924 Y－12.389 R38 F115	顺圆到 E 点,进给速度修调为 115 mm/min
N70 G3 X12.389 Y－35.924 R20 F70	逆圆到 F 点,进给速度修调为 70 mm/min
N80 G2 X0 Y－38 R38 F115	顺圆到 G 点,进给速度修调为 115 mm/min
N90 G1 Y－50F100	沿 Y 负向退至－50
N100 G40 Y－60	取消半径补偿,沿 Y 负向退至－60(与旋转后的起刀点重合)
N110 M99	子程序结束并返回

二、编程实例 2

编写如图 6-11 所示工件的加工程序,已知毛坯尺寸为 100×100×30(mm)。

1. 工艺分析

图 6-11 所示工件由一个圆柱形凸台和四个半腰圆形凸台组成。其中,圆柱形凸台可通过整圆刀轨加工而成;四个半腰圆形凸台可只编写其中某一个凸台的加工程序作为子程序,然后通过坐标旋转指令和子程序的调用来完成另外三个凸台的加工。

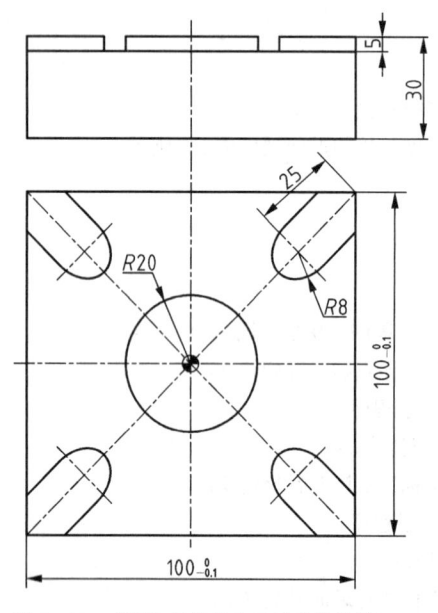

图 6-11　应用坐标旋转和子程序的铣削加工 2　　图 6-12　刀轨示意图

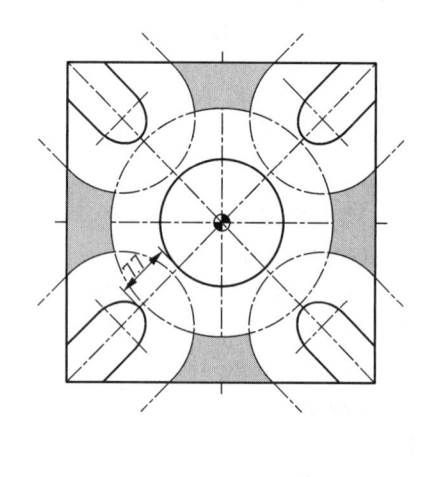

如图 6-12 所示,腰圆凸台与圆柱形凸台之间的最小间距为 17.71(mm),为防止过切,最大可选用 $\varnothing$16 mm 的立铣刀加工。

通过 CAD 偏置功能,可得 $\varnothing$16 mm 立铣刀加工腰圆凸台和圆柱凸台后所留的残料如图 6-13 阴影部分所示(其中虚线为刀具轨迹)。

而所留残料分布比较有规律,可只编写其中某一个阴影部分的加工程序作为子程序,然后通过坐标旋转指令和子程序的调用来完成另外三处残料的加工。

正下方残料的坐标点如图 6-13 所示,刀具可通过 A、B、C、D 之间的直线插补完成对残料的清除。各点坐标值为 A(－16.059,－50.0),B(16.059,－50.0),C(8.471,

−34.989)，D(−8.471，−34.989)。

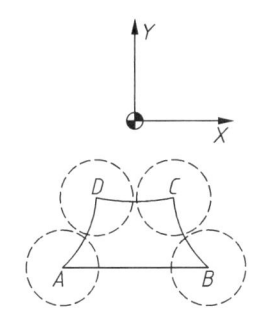

图 6-13 清除残料坐标点

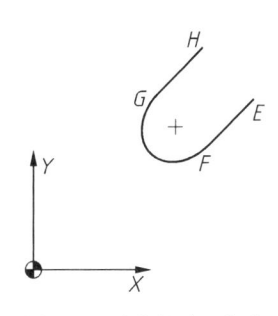

图 6-14 腰圆凸台坐标点

腰圆凸台的各点坐标如图 6-14 所示，E(50.0，38.686)，F(37.979，26.665)，G(26.665，37.979)，H(38.686，50)。

2. 参考程序：

① FANUC 系统参考程序	② 华中系统参考程序	③ SINUMERIK 系统参考程序
O5001(主程序)	O5001(文件名)	CZQY5001(主程序)
	%1(主程序)	
G90 G80 G40 G21 G17 G94	G90 G80 G40 G21 G17 G94	G90 G40 G71 G17 G94
M6 T1	M6 T1	M6 T1
G90 G54 G0 X0 Y0	G90 G54 G0 X0 Y0	G90 G54
G43 Z200 H1	G43 Z200 H1	G0 Z200 D1
M3 S500	M3 S500	M03 S500
M8	M8	M08
Z20	Z20	Z20
M98 P5002	M98 P2	L2
G68 X0 Y0 R90	G68 X0 Y0 P90	ROT RPL=90
M98 P5002	M98 P2	L2
G69	G69	ROT
G68 X0 Y0 R180	G68 X0 Y0 P180	ROT RPL=180
M98 P5002	M98 P2	L2
G69	G69	ROT
G68 X0 Y0 R270	G68 X0 Y0 P270	ROT RPL=270
M98 P5002	M98 P2	L2
G69	G69	ROT
G0 Z50	G0 Z50	G0 Z50
M98 P5003	M98 P3	L3
G68 X0 Y0 R90	G68 X0 Y0 P90	ROT RPL=90
M98 P5003	M98 P3	M98 P3
G69	G69	ROT
G68 X0 Y0 R180	G68 X0 Y0 P180	ROT RPL=180

实训项目六 子程序、旋转与固定循环的加工

M98 P5003	M98 P3	L3
G69	G69	ROT
G68 X0 Y0 R270	G68 X0 Y0 P270	ROT RPL=270
M98 P5003	M98 P3	L3
G69	G69	ROT
G0 Z50	G0 Z50	G0 Z50
M98 P5004	M98 P4	L4
G49 G0 Z0	G49 G0 Z0	G0 D0 Z0
M05	M05	M05
M09	M09	M09
M30	M30	M30
O5002(切削残料子程序)	%2(切削残料子程序)	L2(切削残料子程序)
G0 X−16.059 Y−65	G0 X−16.059 Y−65	G0 X−16.059 Y−65
G1 Z−5 F100	G1 Z−5 F100	G1 Z−5 F100
Y−50	Y−50	Y−50
X16.059	X16.059	X16.059
X8.471 Y−34.989	X8.471 Y−34.989	X8.471 Y−34.989
X−8.471	X−8.471	X−8.471
X−16.059 Y−65	X−16.059 Y−65	X−16.059 Y−65
G0 Z50	G0 Z50	G0 Z50
M99	M99	RET(或 M17)
O5003(切削腰圆凸台子程序)	%3(切削腰圆凸台子程序)	L3(切削腰圆凸台子程序)
G0 X65 Y38.686	G0 X65 Y38.686	G0 X65 Y38.686
G1 Z−5 F100	G1 Z−5 F100	G1 Z−5 F100
G41 G1 X50 Y38.686 D1	G41 G1 X50 Y38.686 D1	G41 G1 X50 Y38.686 D1
X37.979 Y26.665	X37.979 Y26.665	X37.979 Y26.665
G2 X26.665 Y37.979 R8	G2 X26.665 Y37.979 R8	G2 X26.665 Y37.979 CR=8
G1 X38.686 Y50	G1 X38.686 Y50	G1 X38.686 Y50
G40 G1 X38.686 Y65	G40 G1 X38.686 Y65	G40 G1 X38.686 Y65
G0 Z50	G0 Z50	G0 Z50
M99	M99	RET(或 M17)
O5004(切削圆柱凸台子程序)	%4(切削圆柱凸台子程序)	L4(切削圆柱凸台子程序)
G0 X0 Y65	G0 X0 Y65	G0 X0 Y65
G1 Z−5 F100	G1 Z−5 F100	G1 Z−5 F100
G41 G1 X0 Y20 D1	G41 G1 X0 Y20 D1	G41 G1 X0 Y20 D1
G2 I0 J−20	G2 I0 J−20	G2 I0 J−20
G40 G1 X0 Y65	G40 G1 X0 Y65	G40 G1 X0 Y65
G0 Z50	G0 Z50	G0 Z50
M99	M99	RET(或 M17)

课题三 孔的固定循环加工

所谓固定循环是指系统为方便用户编程而开发的一系列具有特定加工过程的工艺子程序。这些子程序是作为系统子程序固化在系统内部的。用户在使用固定循环时只要根据实际需要对相应的加工参数进行修改,而不用对刀具的具体运行轨迹进行描述。固定循环的使用不但使编程的工作量大大减少,而且还简化了程序,节省了存储器空间。

模块一 点、钻、铰孔的固定循环加工

一、编程实例

编写如图 6-15 所示工件的加工程序,已知毛坯尺寸 $120\times100\times20$(mm)。

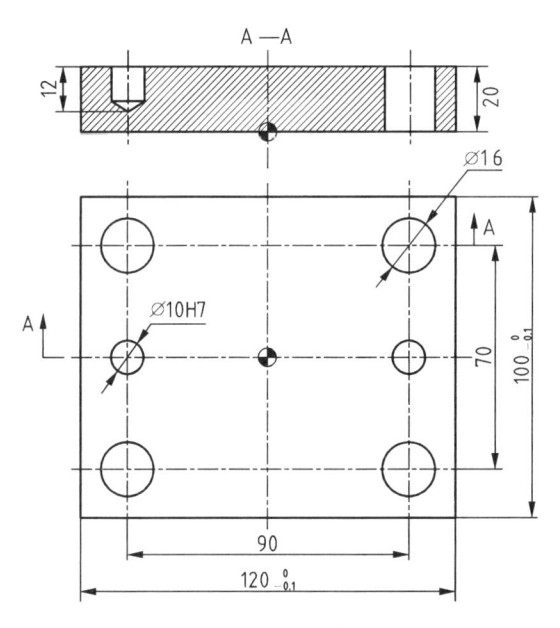

图 6-15 孔加工固定循环一

二、相关知识点

(一) 工艺分析

本例中,要加工四只 $\varnothing16$ mm 的通孔,及两只 $\varnothing10$ mm H7 的销孔。$\varnothing16$ mm 的孔为自由公差,可用定位($\varnothing6$ 中心钻)——→钻孔($\varnothing16$ 的麻花钻)两道工序完成;$\varnothing10$ mm H7 的孔精度要求较高,可通过定位($\varnothing6$ 中心钻)——→钻孔($\varnothing8$ 的麻花钻)——→扩孔($\varnothing9.8$ 的麻花钻)——→铰孔($\varnothing10H7$ 的铰刀)四道工序完成。切削参数见表 6-1。

表 5-1 刀具与切削用量

刀号 \ 参数	型 号	刀具材料	刀径偏移号	刀具转速（r/min）	进给速度（mm/min）
1	∅6 mm 中心钻	硬质合金	01	1 500	100
2	∅8 mm 麻花钻	高速钢	02	1 200	100
3	∅9.8 mm 麻花钻	高速钢	03	800	80
4	∅10 mm 铰刀	硬质合金	04	300	50
5	∅16 mm 麻花钻	高速钢	05	500	80

（二）孔加工固定循环指令表

1. FANUC、华中系统孔加工固定循环指令

FANUC、华中系统配备的固定循环功能，主要用于孔加工，包括钻孔、镗孔、攻螺纹等。使用一个程序段可以完成一个孔加工的全部动作（钻孔进给、退刀、孔底暂停等），如果孔的动作无需变更，则程序中所有模态数据可以不写，从而达到简化程序，减少编程工作量的目的。固定循环指令见表 6-2。

表 6-2 FANUC、华中系统固定循环指令功能一览表

G 指令	钻削（-Z 方向）	孔底的动作	回退（+Z 方向）	用 途
G73	间歇进给		快速移动	高速深孔往复排屑钻循环
G74	切削进给	主轴：停转→正转	切削进给	反转攻左旋螺纹循环
G76	切削进给	主轴定向停止→刀具移位	快速移动	精镗孔循环
G80				取消固定循环
G81	切削进给		快速移动	点钻、钻孔循环
G82	切削进给	进给暂停数秒	快速移动	锪孔、镗阶梯孔循环
G83	间歇进给		快速移动	深孔往复排屑钻循环
G84	切削进给	主轴：停转→反转	切削进给	正转攻右旋螺纹循环
G85	切削进给		切削进给	精镗孔循环
G86	切削进给	主轴停止	快速移动	镗孔循环
G87	切削进给	主轴正转	快速移动	反镗孔循环
G88	切削进给	进给暂停→主轴停转	手动移动	镗孔循环
G89	切削进给	进给暂停数秒	切削进给	精镗阶梯孔循环

2. SINUMERIK 系统孔加工固定循环功能与其他数控系统的孔加工固定循环功能相同，其指令见表 6-3。

表 6-3　SINUMERIK 系统孔及其他加工固定循环动作一览表

循环指令	功　　能	循环指令	功　　能
CYCLE81	钻孔、钻中心钻孔	HOLES2	钻削圆弧排列的孔
CYCLE82	中心钻孔	CYCLE90	螺纹铣削
CYCLE83	深孔钻孔	LONGHOLE	圆弧槽(径向排列的、槽宽由刀具直径确定)
CYCLE84	刚性攻丝	SLOT1	圆弧槽(径向排列的、综合加工、定义槽宽)
CYCLE840	带补偿夹具攻丝	SLOT2	铣圆周槽
CYCLE85	铰孔1(镗孔1)	POCKET3	矩形槽
CYCLE86	镗孔(镗孔2)	POCKET4	圆形槽
CYCLE87	带停止镗孔(镗孔3)	CYCLE71	端面铣削
CYCLE88	带停止钻孔2(镗孔4)	CYCLE72	轮廓铣削
CYCLE89	铰孔2(镗孔5)	CYCLE76	矩形凸台铣削
HOLES1	钻削直线排列的孔	CYCLE77	圆形凸台铣削

(三) 孔加工固定循环概述

1. 孔加工固定循环动作

固定循环通常由六个基本动作构成：(见图 6-16)

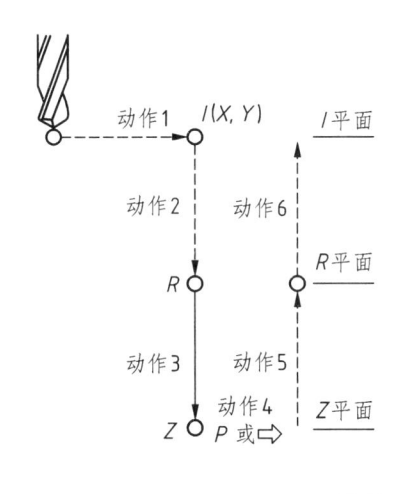

固定循环动作图形符号说明

图形符号	动作含义
→	切削进给
--->	快速移动
⇒	刀具偏移
∿→	手动操作
P	孔底暂停
OSS	主轴定向停止
R	Z 向 R 点平面
Q, d	设置的参数
Z	Z 向孔底平面
I	初始点
🛠	刀具

图 6-16　固定循环动作及图形符号

动作 1——X、Y 轴定位。刀具快速定位到孔加工的位置(初始点)。

动作 2——快进到点 R 平面。刀具自初始点快速进给到点 R 平面(准备切削的位置)，在多孔加工时，为了刀具移动的安全，应注意点 R 平面 Z 值的选取。

动作 3——孔加工。以切削进给方式执行孔加工的动作。

动作4——在孔底的动作。包括暂停、主轴定向停止、刀具移位等动作。
动作5——返回到点R平面。
动作6——快速返回到初始点。

2. 孔加工固定循环的基本格式

(1) FANUC系统

孔加工固定循环通用格式：

G90(G91) G98(G99) G73~G89 X＿Y＿Z＿R＿Q＿P＿F＿K＿

① 数据形式

固定循环指令中地址"R"与地址"Z"的数据指定与G90或G91的方式选择有关,见图6-17。在采用绝对方式时,R与Z一律取其终点坐标值；在采用增量方式时,R是指自初始点I到点R的距离,Z是指自点R到孔底平面上点Z的距离。在循环指令中"X"、"Y"与"Z"可以分别用G90或G91进行指令,因为X、Y的移动与Z的动作是在不同的基本动作中完成的,所以可以这样编程。如：

G91 G98 G73 X100 Y30 G90 Z20 R3 Q5 F50

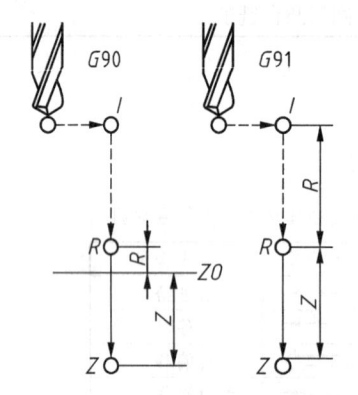

图6-17 数据形式及孔加工数据　　图6-18 返回点平面选择

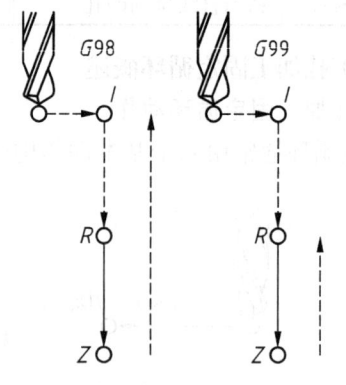

② 返回点平面选择指令

由G98、G99指令决定刀具在返回时到达的平面。G98指令返回到初始点I平面(I平面)；G99指令返回到点R平面(R平面)，见图6-18。

③ 孔加工方式

G73~G89规定孔加工方式,具体根据孔加工形式选取(表6-1)。

④ 孔加工位置

X、Y:孔加工位置坐标值。

⑤ 孔加工数据

Z:在G90指令有效时,Z值为孔底的绝对坐标值；在G91指令有效时,Z是点R平面到孔底的距离,见图6-17。

R:在G90指令有效时,R值为绝对坐标值；在G91指令有效时,R值为从初始点I平面到点 R 平面的增量。此段动作是快速进给的。

Q：在 G73、G83 方式中，Q 规定每次加工的深度；以及在 G76、G87 方式中，Q 为刀具的偏移量。Q 值始终是增量值，且用正值表示，与 G91 的选择无关。

P：规定在孔底的暂停时间，用整数表示，以 ms 为单位。

F：切削的进给速度。在图 6-16 中，循环动作 3（切削进给）的速度由 F 指定，而循环动作 5（快速移动）的速度则由选定的循环方式确定。

上述孔加工数据，不一定全部都写，根据需要可省略若干地址和数据。

⑥ 重复次数

K：决定图 6-16 中动作 1 到动作 6 等一系列操作的重复加工次数，最大值为 9 999。没有指定 K 时，系统默认 1，亦就是 K1 可以省略；如果把 K 指定为 0，即 K0，则只存储孔加工数据，而不进行孔加工。

固定循环指令是模态指令，一旦指定，就一直保持有效，直到用 G80 撤消指令为止。因此，只要在开始时用了这些指令，在后面连续的加工中不必重新指定。如果仅仅是某个孔加工数据发生变化（如孔深发生变化），仅需要修改变化了的数据即可。此外，G00、G01、G02、G03 也起撤消固定循环指令的作用。

(2) 华中系统

孔加工固定循环通用格式：

G90(G91)　　G98(G99)　　G73~G89　X__Y__Z__R__Q__P__I__J__K__F__L__

与 FANUC 系统不同的数据说明：

P：刀具在孔底的暂停时间，单位为秒（sec）。

I、J：刀具在轴反向位移增量（G76/G87）。

K：每次退刀距离，为正值，一般在 2 mm 左右。

L：固定循环的重复次数。

(3) SINUMERIK 系统

孔加工固定循环的通用编程格式：

CYCLE81~89(RTP RFP SDIS DP DPR DTB FFR RFF FDEP FDPR DAM DTB DTS FRF VARI)；

参数说明：

RTP——返回平面，采用绝对编程方式。

RFP——参考平面，采用绝对编程方式。

SDIS——安全间隙（无符号输入），安全平面与参考平面的距离，一般为 2 mm~5 mm。

DP——采用绝对编程方式的最后钻孔深度。

DPR——相对参考平面的最后钻孔深度（无符号输入）。程序中 DP 与 DPR 只要指定一个便可以，如果两个参数同时指定则以 DPR 为准。

DTB——暂停时间，单位为秒。

FFR——进给速度。

RFF——退回速度。

FDEP——绝对值方式表示的起始钻孔深度。
FDPR——相对于参考平面的起始孔深度(无符号输入)。
DAM——递减量(无符号输入)。
DTS——起始点处用于排屑的停顿时间。
FRF——进给系数(系数不大于1)。
VARI——排屑与断屑类型的选择,VARI=0 为断屑,VARI=1 为排屑。

对于孔加工循环通用格式中的参数,并不是每一种孔加工循环的编程都要用到以上的所有代码。

(四)常用固定循环指令

1. 定位、钻孔(G81/CYCLE81)循环

(1) 指令格式

FANUC、华中系统:G81 X＿Y＿Z＿R＿F＿;
SINUMERIK 系统:G00 X＿Y＿;
　　　　　　　　CYCLE81(RTP,RFP,SDIS,DP,DPR);

(2) 孔加工动作

以 FANUC 为例(如图 6-19),G81/CYCLE81 指令用于中心钻的定位点孔和对孔要求不高的钻孔,切削进给执行到孔底,然后刀具从孔底快速移动退回。

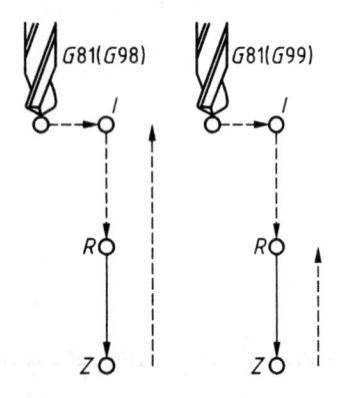

图 6-19　G81 钻孔循环指令 G81　　　　图 6-20　孔加工范例 1

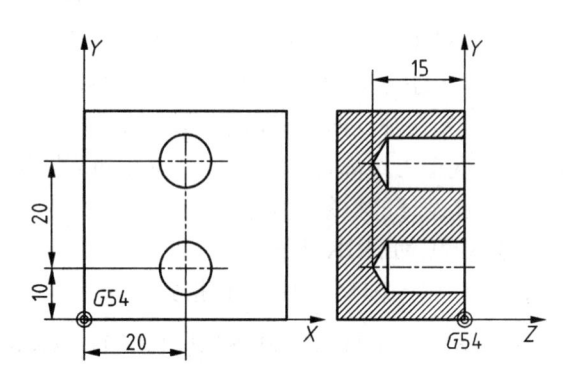

(3) 程序范例

加工如图 6-20 所示孔,试用 G81 指令及 G90 方式进行编程。

① FANUC、华中系统参考程序　　　② SINUMERIK 系统参考程序
O5002　　　　　　　　　　　　　　CZQY5002
%1(华中)
G90 G80 G40 G21 G17 G94　　　　　G90 G40 G71 G17 G94
M6 T1　　　　　　　　　　　　　　 M6 T1
G90 G54 G0 X20 Y10　　　　　　　　G90 G54 X20 Y10
G43 Z200 H1　　　　　　　　　　　 G0 Z200 D1

M3 S600	M03 S600 F60
M8	M08
Z20	Z20
G90 G99 G81 X20 Y10 Z-15 R5 F60	MCALL CYCLE81(30,,3,-15)
（加工下孔）	（MCALL 为模态调用指令）
Y30（加工上孔）	Y30
G80（取消孔加工固定循环）	MCALL（MCALL 独立出现,为模态调用取消）
G0Z50	G0 Z50
G49 G0 Z0	G0 D0 Z0
M05	M05
M09	M09
M30	M30

说明：对 SINUMERIK 系统,以下的程序段等效：

CYCLE81(30,0,3,-15,15)——G0 移动到 Z3；钻孔深度为 Z-15。

CYCLE81(30,,3,-15,)——参考平面为 Z0 省略；DPR 省略。

CYCLE81(30,3,,-15)——参考平面为 Z3；无安全间隙(SDIS 省略)；DPR 省略。

CYCLE81(30,,3,,15)——参考平面为 Z0 省略；DP 省略,由参考平面往下计算孔深 0-15=-15。

CYCLE81(30,1,2,-20,16) 或 CYCLE81(30,1,2,,16) 或 CYCLE81(30,1,2,-3,16)——参考平面为 Z1；安全间隙为 2；-20 及 -3 不起作用；由参考平面往下计算孔深 1-16=-15。

CYCLE81(30,-2,5,-15,13) 或 CYCLE81(30,-2,5,-15) 或 CYCLE81(30,-2,5,,13)——参考平面为 Z-2；安全间隙为 5；由参考平面往下计算孔深 -2-13=-15。

2. 深孔钻（G83、G73/CYCLE83）循环

G73 和 G83 一般用于较深孔的加工,又称为啄式孔加工指令。

（1）指令格式

FANUC：G73 X_ Y_ Z_ R_ Q_ F_ ；

　　　　G83 X_ Y_ Z_ R_ Q_ F_ ；

华中系统：G73 X_ Y_ Z_ R_ Q_ P_ K_ F_

　　　　　G83 X_ Y_ Z_ R_ Q_ P_ K_ F_

SINUMERIK 系统：CYCLE83(RTP RFP SDIS DP DPR FDEP FDPR DAM DTB DTS FRF VARI)

（2）孔加工动作

以 FANUC 系统为例（如图 6-21、22）。

G73 指令通过 Z 轴方向的啄式进给可以较容易地实现断屑与排屑。指令中的 Q 值是指每一次的加工深度（均为正值）。d 值由机床系统指定,无须用户指定。

G83 指令同样通过 Z 轴方向的啄式进给来实现断屑与排屑的目的。但与 G73 指令不同的是,刀具间隙进给后快速回退到 R 点,再快速进给到 Z 向距上次切削孔底平面 d 处,从该点处,快进变成工进,工进距离为 $Q+d$。此种方式多用于加工深孔。

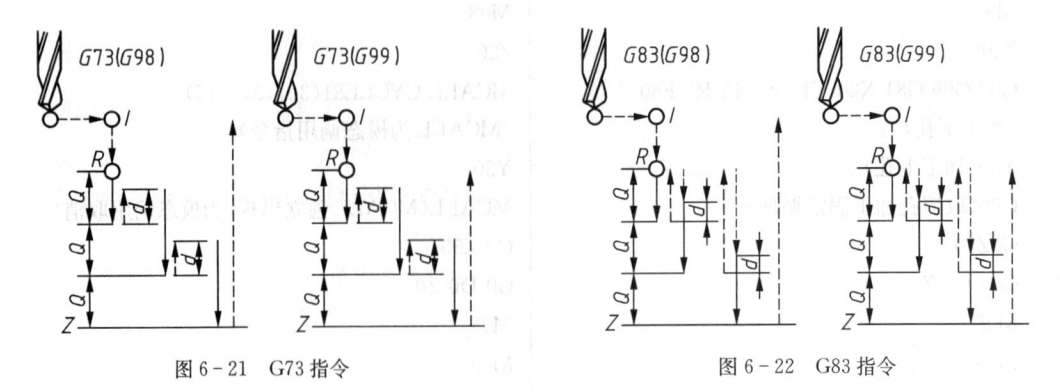

图 6-21　G73 指令

图 6-22　G83 指令

(3) 程序范例

加工如图 6-23 所示孔,试用 G73 或 G83 指令及 G90 方式进行编程。

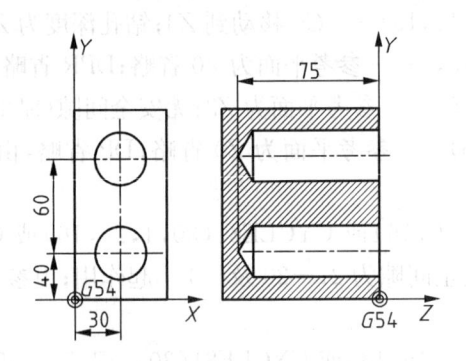

图 6-23　孔加工范例 2

① FANUC 系统参考程序
O5003(主程序)

G90 G80 G40 G21 G17 G94
M6 T1
G90 G54 G0 X30 Y40
G43 Z200 H1
M3 S600
M8
Z20
G90G99G73X30Y40Z－75R3Q5F60
Y100
G80
G0Z50
G49 G0 Z0

② 华中系统参考程序
O5003(文件名)
%1(主程序)

G90 G80 G40 G21 G17 G94
M6 T1
G90 G54 G0 X30 Y40
G43 Z200 H1
M3 S600
M8
Z20
G90G99G73X30Y40Z－75R2Q－6K1F60
Y100
G80
G0Z50
G49 G0 Z0

③ SINUMERIK 系统参考程序
CZQY5003(主程序)

G90 G40 G71 G17 G94
M6 T1
G90 G54 X20 Y10
G0 Z200 D1
M03 S600 F60
M08
Z20
MCALL CYCLE83(30,,3,－75,,－10,,3,0,1,0.8,1)
Y100
MCALL

M05
M09
M30

M05
M09
M30

G0 Z50 M09
G0 D0 Z0 M05
M30

3. 铰孔、精镗孔（G85/CYCLE85）循环

（1）指令格式

FANUC、华中系统：G85 X__Y__Z__R__F__

SINUMERIK 系统：CYCLE85(RTP,RFP,SDIS,DP,DRP,DTB,FFR,RFF)

（2）铰孔加工动作

以 FANUC 系统为例（如图 6-24）。铰孔加工循环时刀具以切削进给方式加工到孔底，然后以切削进给方式返回到 R 平面。

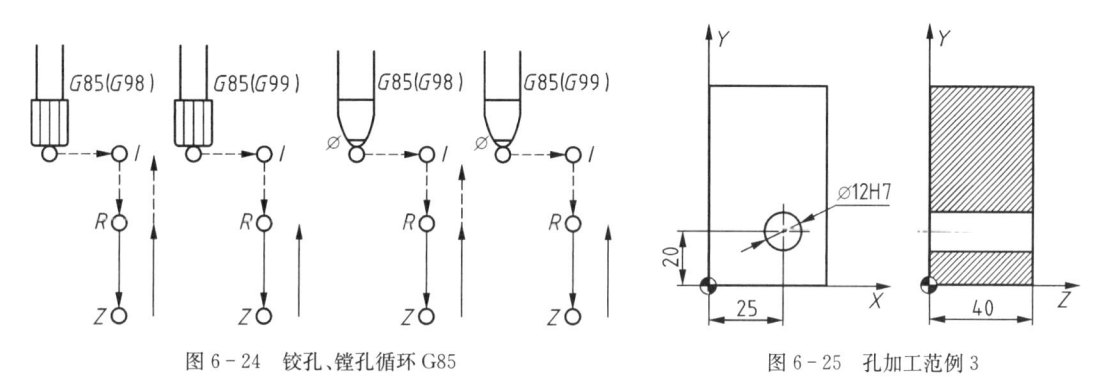

图 6-24 铰孔、镗孔循环 G85

图 6-25 孔加工范例 3

（3）程序范例

如图 6-25 所示，试用 G85/CYCLE85 指令完成铰孔加工。

FANUC、华中系统	SINUMERIK 系统
…	…
G85 X25.0Y20.0Z−43.0R45.0F100;	X25 Y20;
G80…	CYCLE85(50,40,2,−3,,1,100,150);
…	…

三、参考程序

1. FANUC、华中系统参考程序

O5005
%1（华中）
G90G94G40G80G21G54
M06T01
G90G00X−45.0Y−35.0
G43Z30.0H01
M03S1000

2. SINUMERIK 系统参考程序

CZQY005

G90G94G40G80G71G54
M06T01
G90G00X−45.0Y−35.0Z30.0D01
M03S1000
M8

M8
G99G81X－45.0Y－35.0Z18.0R23.0F100
X45.0
Y35.0
X－45.0
Y0.0
X45.0
G80
G00G49Z0M9
M06T02
G90G00X－45.0Y0.0
G43Z30.0H02
M03S1000
M8
G99G81X－45.0Y0.0Z8.0R23.0F100
X45.0
G80
G00Z50.0M9
M06T03
G90G00X－45.0Y0.0
G43Z30.0H03
M03S800
M8
G99G81X－45.0Y0.0Z8.0R23.0F100
X45.0
G80
G00Z50.0M9
M06T04
G90G00X－45.0Y0.0
G43Z30.0H04
M03S300
M8
G99G81X－45.0Y0.0Z11.0R23.0F50
X45.0
G80
G00Z50.0M9
M06T05
G90G00X－45.0Y－35.0
G43Z30.0H05
M03S500
M8

MCALL CYCLE81(30,20,3,18)F100
X45.0
Y35.0
X－45.0
Y0.0
X45.0
MCALL
G00Z50.0
Z0D0M9
M06T02
G90G00X－45.0Y0.0Z30.0D01
M03S1000
M8
MCALL CYCLE81(30,20,3,8)F100
X45.0
MCALL
G00Z50.0
Z0D0M9
M06T03
G90G00X－45.0Y0.0Z30.0D01
M03S800
M8
MCALL CYCLE81(30,20,3,8)F100
X45.0
MCALL
G00Z50.0
Z0D0M9
M06T04
G90G00X－45.0Y0.0Z30.0D01
M03S300
M8
MCALL CYCLE85(30,20,3,11)F100
X45.0
MCALL
G00Z50.0
Z0D0M9
M06T05
G90G00X－45.0Y－35.0Z30.0D01
M03S500
M8

G99G83X－45.0Y－35.0Z－3.0R23.0Q3.0F50	MCALL CYCLE83(30,20,5,－3,,5,5,1,1,1,1)
X45.0	X45.0
Y35.0	Y35.0
X－45.0	X－45.0
G80	MCLL
G0G49Z0	G00Z50.0
M9	D0 Z0M9
M05	M05
M30	M30

模块二　镗孔、攻丝的固定循环加工

一、编程实例

编写如图6-26所示工件的加工程序,已知毛坯尺寸为120×100×30(mm),板的中心有∅35 mm的预钻孔。

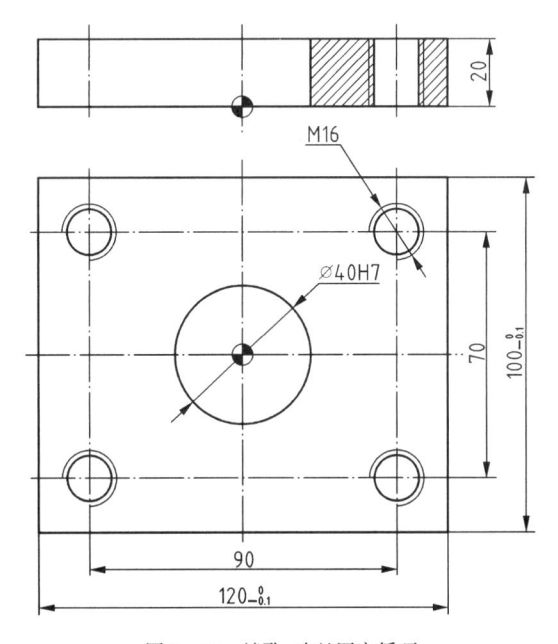

图6-26　镗孔、攻丝固定循环

二、相关知识

(一) 工艺分析

本例中,要加工4个M16的螺纹孔,及一个∅40H7的通孔。M16的螺纹孔可先钻∅14.2的底孔,然后用M16的丝锥攻丝;∅40H7的通孔位置,已经有∅35的预钻孔,可先粗镗而后精镗。切削参数见表 6-4。

表 6-4 刀具与切削用量

参数 刀号	型　号	刀具材料	刀径偏移号	转速 （r/min）	进给速度 （mm/min）
1	⌀6 中心钻	硬质合金	01	1 500	100
2	⌀14.2 麻花钻	高速钢	02	600	100
3	M16 丝锥	高速钢	03	100	1.75×80
4	⌀33～40 粗镗刀	高速钢	04	300	80
5	⌀38～43 精镗刀	硬质合金	05	600	50

（二）相关加工指令

1. 刚性攻丝（G74、G84/CYCLE84）循环

（1）指令格式

FANUC、华中系统：G84 X__ Y__ Z__ R__ F__（加工右旋螺纹）
　　　　　　　　　G74 X__ Y__ Z__ R__ F__（加工左旋螺纹）

SINUMERIK 系统：CYCLE84(RTP RFP SDIS DP DPR DTB SDAC MPIT PIT POSS SST SST1)；

参数说明：RTP RFP SDIS DP DPR DTB 参照前面；
SDAC：循环结束后的主轴旋转方向，取值范围为 3、4、5，分别对应 M3、M4、M5；
MPIT：加工螺纹由螺纹公称直径决定，取值范围为 3(M3)～48(M48)，符号决定旋转方向；
PIT：加工螺纹由螺距决定，取值范围 0.001 mm～2 000 mm，符号决定旋转方向；
POSS：主轴的准停位置；
SST：攻丝进给速度；
SST1：退回速度。

（2）指令动作说明

以 FANUC 为例（如图 6-27）。说明如下：

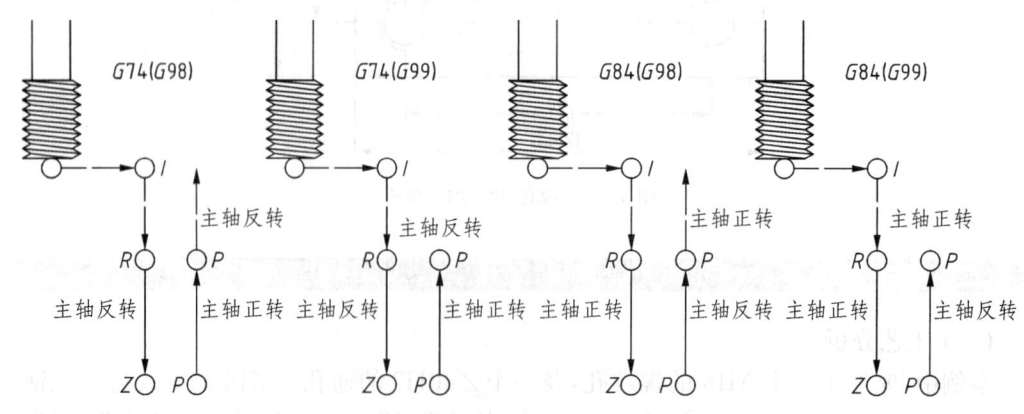

图 6-27　反转攻左旋螺纹指令 G74 与正转攻右旋螺纹指令 G84

G74 循环为左旋螺纹攻丝循环,用于加工左旋螺纹。执行该循环时,主轴反转,在 G17 平面快速定位后快速移动到 R 点,执行攻丝到达孔底后,主轴正转退回到 R 点,完成攻丝动作。

G84 动作与 G74 基本类似,只是 G84 用于加工右旋螺纹。执行该循环时,主轴正转,在 G17 平面快速定位后快速移动到 R 点,执行攻丝到达孔底后,主轴反转退回到 R 点,完成攻丝动作。

对 FANUC、华中系统而言,攻丝时进给量 F 的指定根据不同的进给模式指定。当采用 G94 模式时,进给量 F=导程×转速;当采用 G95 模式时,进给量 F=导程。SINUMERIK 系统的进给速度指定,与螺纹导程无关。

在指定 G74 前,应先使主轴反转。另外,在 G74 与 G84 攻丝期间,进给倍率、进给保持均被忽略。

(3) 程序范例

试用攻丝循环编写如图 6-28 中两螺纹孔的加工程序。

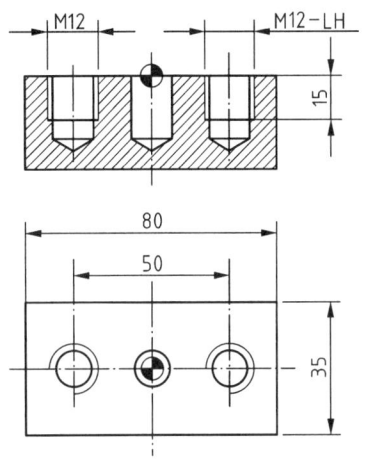

图 6-28 孔加工范例 4

FANUC 系统:
...
M03S100
G95G90G00X0Y0
G99G84X−25.0Y0Z−15.0 R3.0 F1.75
M05
M04S100
G94
G98G74X25.0Y0Z−15.0 R3.0 F175
G80
...

SINUMERIK 系统:
...
M03S100
X−25.0 Y20.0
CYCLE84(10,0,5,−15,,0,3,,1.75,90,175,200)
M05
M04S100
X25.0 Y0.0
CYCLE84(10,0,5,−15,,0,3,,−1.75,175,100,200)
...

2. 粗镗孔循环(G86、G88)/(CYCLE86、88)

(1) 指令格式

FANUC、华中系统:G86 X__Y__Z__R__F__
　　　　　　　　　G88 X__Y__Z__R__P__F__
SINUMERIK 系统:CYCLE86(RTP, RFP, SDIS, DP, DPR, DTB, SDIR, RPA, RPO, RPAP, POSS)
　　　　　　　　　CYCLE88(RTP, RFP, SDIS, DP, DPR, DTB, SDIR)

(2) 孔加工动作说明

以 FANUC 为例(如图 6-29)。说明如下:

执行 G86 循环,刀具以切削进给方式加工到孔底,然后主轴停转,刀具快速退到 R 点平

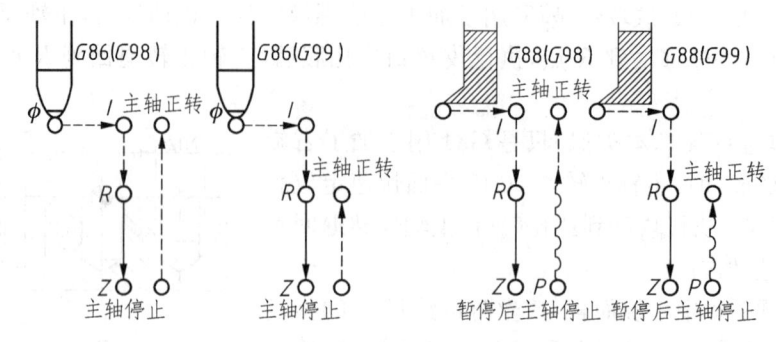

图 6-29 镗孔循环指令 G86 与 G88

面后,主轴正转。由于刀具在退回过程中容易在工件表面划出条痕,所以该指令常用于精度或粗糙度要求不高的镗孔加工。

执行 G88 循环,刀具以切削进给方式加工到孔底,刀具在孔底暂停后主轴停转,这时可通过手动方式从孔中安全退出刀具,再开始自动加工,Z 轴快速返回 R 点或初始平面,主轴恢复正转。此种方式虽能相应提高孔的加工精度,但加工效率较低。

(3) 程序范例

粗镗孔加工指令编写如图 6-30 所示两 $\varnothing 30$ mm 孔的加工程序。

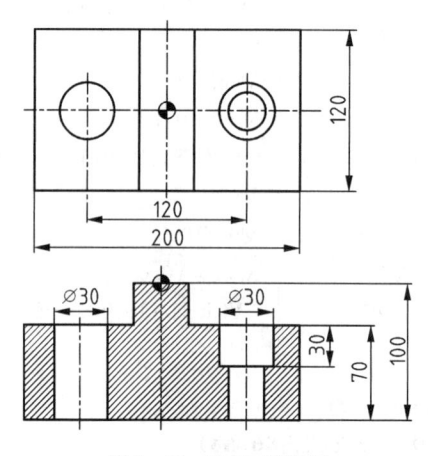

图 6-30 孔加工范例 5

FANUC 系统:

……
G98G86X−60Y0Z−100 R−27F60(通孔用 G86)
G98G88X60Z−60R−27P1000F60(台阶孔用 G88)
G80
……

SINUMERIK 系统:

……
X−60 Y0
CYCLE86(10,0,5,−100,,0,100,150)
X60Y0
CYCLE88(10,0,5,−60,,1,100,150)
……

3. 精镗孔循环(G76、G87/CYCLE86)

(1) 指令格式

FANUC 系统:G76 X＿Y＿Z＿R＿Q＿P＿F＿
　　　　　G87 X＿Y＿Z＿R＿Q＿P＿F＿
华中系统:G76 X＿Y＿Z＿R＿P＿I＿J＿F＿
　　　　G87 X＿Y＿Z＿R＿P＿I＿J＿F＿
SINUMERIK 系统:CYCLE86(RTP，RFP，SDIS，DP，DPR，DTB，SDIR，RPA，RPO，RPAP，POSS)

参数说明:RTP，RFP，SDIS，DP，DPR，DTB 参照前面;
　　　　SDIR:主轴旋转方向,3 表示 M3,4 表示 M4;
　　　　RPA:平面中第一轴上在孔底的退刀量(增量,带符号输入);
　　　　RPO:平面中第二轴上在孔底的退刀量(增量,带符号输入);
　　　　RPAP:镗孔轴上在孔底的退刀量(增量,带符号输入);
　　　　POSS:循环中用于定位主轴停止的角度位置(单位为度)。

(2) 指令动作说明

① FANUC 系统(如图 6-31),说明如下:

G76、G87 这两种指令只能用于有主轴定向停止(主轴准停)的数控铣削机床上。在 G76 指令中,刀具从上往下镗孔切削,切削完毕后定向停止,并在定向的反方向偏移一个 Q (一般取 0.5～1 mm)后返回。在 G87 指令中,刀具首先定向停止,并在定向的反方向偏移一个 Q(一般取精加工单边余量＋0.5 mm～1 mm),到孔底后由下往上进行镗孔切削。另外在 G87 指令中,点 Z 平面在点 R 平面的上方,所以没有 G99 状态。

② SINUMERIK 系统 CYCLE86 动作见图 6-32。

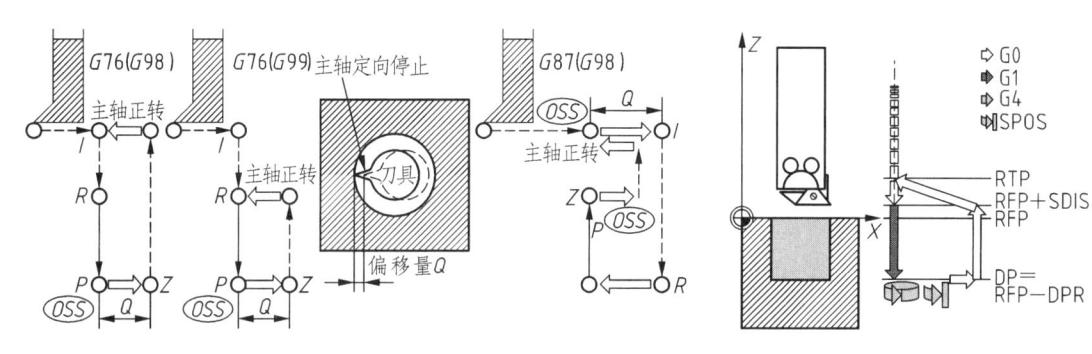

图 6-31　精镗孔循环指令 G76 与反精镗孔循环指令 G87

图 6-32　CYCLE 86 镗孔的运动顺序

(3) 程序范例

试用精镗孔循环编写如图 6-30 所示左边⌀30 孔的加工程序。

FANUC 系统:　　　　　　　　　　　　SINUMERIK 系统:
…　　　　　　　　　　　　　　　　　…
G98G87X－60.0Y0Z－25.0 R－105.0 Q1000F60.0　　X－60.0 Y0.0
G80　　　　　　　　　　　　　　　　CYCLE86(10,0,4,－100,,2,3,－2,－2,2,45)
…　　　　　　　　　　　　　　　　　…

三、参考程序

1. FANUC 系统参考程序

O5005
G90G94G40G80G21G54
M06T01
G90G00X－45.0Y－35.0
G43Z20.0H01
M03S1500
G99G81X－45.0Y－35.0Z18.0R3.0F100
X45.0
Y35.0
X－45.0
G80
G49 G00Z0.0
M06T02
G90G00X－45.0Y－35.0
G43Z20.0H02
M03S600
G99G83X－45.0Y－35.0Z－3.0R23.0Q3.0F100
X45.0
Y35.0
X－45.0
G80
G49G00Z0.0
M06T03
G90G00X－45.0Y－35.0
G43Z20.0H03
M03S100
G99G84G95X－45.0Y－35.0Z－3.0R23.0F2.0
X45.0
Y35.0
X－45.0
G80
G94
G49G00Z0.0
M06T04
G90G00X0.0Y0.0
G43Z20.0H04
M03S300

2. SINUMERIK 系统参考程序

CZQY005
G90G94G40G80G71G54
Z0D0
M06T01
G90G00X－45.0Y－35.0Z20.0D01
M03S1000
MCALL CYCLE81(30,20,3,18)F100
X45.0
Y35.0
X－45.0
MCALL
G00Z50.0
Z0D0
M06T02
G90G00X－45.0Y－35.0Z20.0D01
M03S600
MCALL CYCLE83(30,20,5,－3,,5,5,1,1,1,1)
X45.0
Y35.0
X－45.0
MCALL
G00Z50.0
Z0D0
M06T03
G90G00X－45.0Y－35.0Z20.0D03
M03S100
MCALL CYCLE84(30,20,5,－3,,0,3,,2,90,200,200)
X45.0
Y35.0
X－45.0
MCALL
G00Z50.0
Z0D0
M06T04
G90G00X0.0Y0.0Z20.0D04

G99G85X0.0Y0.0Z-3.0R23.0F60.0；
G80
G49G00Z0.0
M06T05
G90G00X0.0Y0.0
G43Z20.0H05
M03S600
G98G87X0.0Y0.0Z3.0 R-23.0 Q1000F60.0
G80
G00Z50.0
M05
M30

M03S300
CYCLE85(30,20,5,-3,,0,100,150)
G00Z50.0
Z0D0
M06T05
G90G00X0.0Y0.0Z20.0D05
M03S600
CYCLE86(30,20,4,-3,,2,3,-2,-2,2,45);
G00Z50.0
M05
M30

实训项目七　铣削综合加工

实训目的与要求

1. 通过对加工零件的工艺分析，确定加工工序并根据要求选择合适的刀具。
2. 编写工艺卡片并编写加工程序。
3. 对零件进行加工，通过测量等对加工零件进行加工质量分析。

模块一　铣削综合加工

铣削综合加工任务 1　如图 7-1 所示工件，毛坯外形尺寸为 120×80×20（mm），除上

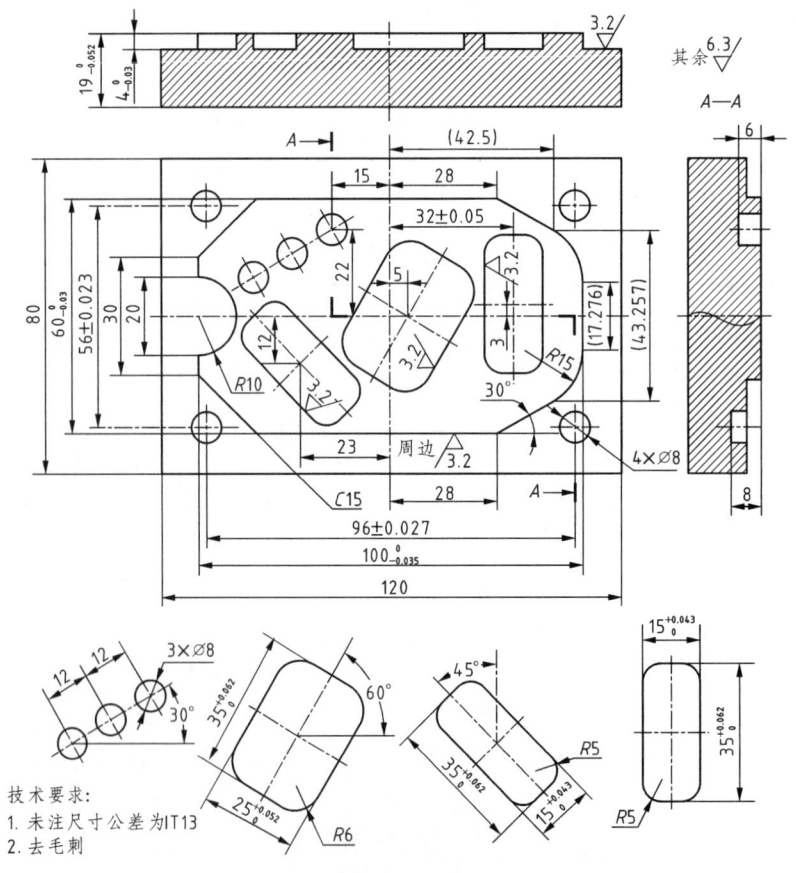

图 7-1　铣削综合加工 1 零件图

下表面以外的其他四面均已加工,并符合尺寸与表面粗糙度要求,材料为 45 号钢。按图纸要求制订正确的工艺方案(包括定位、夹紧方案和工艺路线),选择合理的刀具和切削工艺参数,编写数控加工程序并进行加工。

1. 工艺分析及操作要求

如图所示,加工零件外形规则,被加工部分的各尺寸、表面粗糙度等要求较高,包含了平面、内外轮廓、挖槽及铣孔等加工,且大部分的尺寸均达到 IT8～IT7 级精度。

选用机用平口虎钳装夹工件,校正平口钳固定钳口与工作台 X 轴移动方向平行,在工件下表面与平口钳之间放入精度较高且厚度适当的平行垫块,工件露出钳口表面不低于 6 mm,利用木锤或铜棒敲击工件,使平行垫块不能移动后夹紧工件。利用 $\varnothing 16$ mm 立铣刀直接进行对刀,设置工件坐标系原点(X、Y 轴)位于工件对称中心位置,设置 Z 轴零点与机械原点重合;刀具长度补偿值在表面铣削后,直接用刀具确定。工件上表面为执行刀具长度补偿后的 Z 零点表面。

2. 根据零件图纸要求确定的加工工序和选择刀具如下

(1) 装夹工件,铣削 120×80 的平面(铣出即可),选用 $\varnothing 80$ mm 可转位面铣刀。

(2) 重新装夹工件(已加工表面朝下),铣削表面,保证总厚度尺寸 19 mm。选用 $\varnothing 80$ mm 可转位面铣刀。

(3) 粗加工外轮廓及去除多余材料,保证深度尺寸 4 mm,选用 $\varnothing 16$ mm 立铣刀。

(4) 粗加工中间旋转大型腔,保证深度尺寸 4 mm,选用 $\varnothing 10$ mm 键槽铣刀。

(5) 粗加工两相同型腔,保证深度尺寸 4 mm,选用 $\varnothing 8$ mm 键槽铣刀。

(6) 铣孔 3×$\varnothing 8$,保证孔的直径和深度,选用 $\varnothing 8$ mm 键槽铣刀。

(7) 精加工外轮廓与三个型腔,保证所有相关尺寸,选用 $\varnothing 10$ mm 立铣刀。

3. 切削参数的选择

各工序及刀具的切削参数见表 7-1。

表 7-1 各工序刀具的切削参数

加工工序	刀具与切削参数					
加工内容	刀具规格			主轴转速 r/min	进给率 mm/min	刀具补偿	
	刀号	刀具名称	材料			长度	半径
工序 1:铣平面	T1	$\varnothing 80$ mm 面铣刀 (5 个刀片)	硬质合金	600	120	H1	
工序 2:铣另一平面							
工序 3:粗加工外轮廓/去余料	T2	$\varnothing 16$ mm 立铣刀	高速钢	400	100	H2	D2=8.1
工序 4:粗加工大型腔	T3	$\varnothing 10$ mm 键槽铣刀		900	40	H3	D3=5.1
工序 5:粗加工两小型腔	T4	$\varnothing 8$ mm 键槽铣刀		1 000	30	H4	D4=4.1
工序 6:铣 $\varnothing 8$ 的孔					15		
工序 7:精加工所有轮廓	T11	$\varnothing 10$ mm 立铣刀		800	80	H11	D11=4.99

注:对 SINUMERIK 802D 系统,刀具补偿号为 D1。

4. 编写程序

工序1铣削平面在MDI方式下完成,不必设置坐标系;在执行加工工序2之前要进行对刀,将刀具送入刀库(对号入库)并设置工件坐标系以及补偿等参数,工序2至工序7由以下程序完成加工,正式加工前必须进行程序的检查和校验,确认无误后开始自动加工。

对于在数控铣床上进行加工的,请把后面的"M6T×"程序段改为"M0",即采用手动换刀。

(1) FANUC 0i-MC 系统下的程序

```
%
O6001                          程序名
N1G53G90G0Z0                   Z轴快速抬刀至机床原点
N2M6T1                         调用1号刀具：∅80 mm 面铣刀(工序2)
N3G54G90M3S600                 G54工件坐标系,绝对坐标编程,主轴正转,600 r/min
N4G0G43H1Z200M8                Z轴快速定位,调用1号长度补偿,切削液开
N5X－105Y－20                  X、Y轴快速定位至起刀点
N6Z5                           Z轴快速定位
N7G1Z0F120                     Z轴直线进给,进给率为120 mm/min
N8X105                         X轴直线进给,铣削平面
N9G0Y20                        Y轴快速定位
N10G1X－105                    X轴直线进给,铣削平面
N11G49G0Z0M09                  取消长度补偿,Z轴快速定位到机械原点,切削液关闭
N12M5                          主轴停转
N13M6T2                        调用2号刀具：∅16立铣刀(工序3)
N14M3S400                      主轴正转,400 r/min
N15G0G43H2Z200M8               Z轴快速定位,调用2号长度补偿,切削液开
N16X－70Y50                    X、Y轴快速定位至起刀点
N17Z5                          Z轴快速定位
N18G1Z－4F100                  Z轴直线进给,进给率为100 mm/min
N19G41X－60Y30D2               X、Y轴进给,引入刀具半径补偿 D2(D2=8.1 mm)
N20M98P6011                    调用子程序加工外轮廓,程序名为O6011
N21G0Z5                        Z轴快速抬刀
N22X－40Y－50                  X、Y轴快速定位
N23Z－4                        Z轴快速下刀,去除多余材料
N24G1X－60Y－36F100            X、Y轴直线进给
N25Y36                         Y轴方向进给
N26X－40Y50                    X、Y轴直线进给
N27G0X40                       X轴快速定位
N28G1X60Y36F100                X、Y轴直线进给
N29Y－36                       Y轴方向进给
N30X40Y－50                    X、Y轴直线进给
N31G49G0Z0M09                  取消长度补偿,Z轴快速定位到机械原点,切削液关闭
N32M5                          主轴停转
N33M6T3                        调用3号刀具：∅10键槽铣刀(工序4)
```

N34M3S900	主轴正转,900 r/min
N35G0G43H3Z200M8	Z轴快速定位,调用3号长度补偿,切削液开
N36X5Y0	X、Y轴快速定位至起刀点
N37Z5	Z轴快速定位
N38G68X5Y0R60	坐标系相对点X5Y0逆时针旋转60°
N39G1Z－4F20	Z轴直线进给,进给率为20 mm/min
N40G41G91G1X－9.5Y8D3F40	相对编程,引入刀具半径补偿D3(D3＝5.1 mm),进给率为40 mm/min
N41M98P6012	调用子程序加工,程序名O6012
N42G90G0Z5	Z轴快速抬刀
N43G69	取消坐标系旋转
N44G49G0Z0M09	取消长度补偿,Z轴快速定位到机械原点,切削液关闭
N45M5	主轴停转
N46M6T4	调用4号刀具:⌀8键槽铣刀(工序5)
N47M3S1000	主轴正转,1 000 r/min
N48G0G43H4Z200M8	Z轴快速定位,调用4号长度补偿,切削液开
N49X32Y3	X、Y轴快速定位至起刀点
N50Z5	Z轴快速定位
N51G1Z－4F15	Z轴直线进给,进给率为15 mm/min
N52G41G91G1X－2.5Y5D4F30	相对编程,引入刀具半径补偿D4(D4＝4.1 mm),进给率为30 mm/min
N53M98P6013	调用子程序加工,程序名为O6013
N54G90G0Z5	Z轴快速抬刀
N55X－23Y－12	X、Y轴快速定位至起刀点
N56G68X－23Y－12R45	坐标系相对点X－23Y－12逆时针旋转45°
N57G1Z－4F15	Z轴直线进给,进给率为15 mm/min
N58G41G91G1X－2.5Y5D4F30	相对编程,引入刀具半径补偿D4(D4＝4.1 mm),进给率为30 mm/min
N59M98P6013	调用子程序加工,程序名为O6013
N60G90G0Z5	Z轴快速抬刀
N61G69	取消坐标系旋转
N62X－15Y22	X、Y轴快速定位
N63G68X－15Y22R30	坐标系相对点X－50Y22逆时针旋转30°(工序6)
N64G82G99X－15Y22Z－6R2P1000F15	固定循环加工⌀8 mm孔,进给率15 mm/min
N65X－27	固定循环加工⌀8 mm孔
N66X－39	固定循环加工⌀8 mm孔
N67G0Z50	取消固定循环,快速抬刀
N68G69	取消坐标系旋转
N69G49G0Z0M09	取消长度补偿、固定循环,Z轴快速定位到机械原点,切削液关闭
N70M5	主轴停转
N71M6T11	调用11号刀具:⌀10立铣刀(工序7)

N72M3S800	主轴正转,800 r/min
N73G0G43H11Z200M8	Z 轴快速定位,调用 11 号长度补偿,切削液开
N74X－70Y50	X、Y 轴快速定位至起刀点
N75Z5	Z 轴快速定位
N76G1Z－4F80	Z 轴直线进给,进给率为 80 mm/min
N77G41X－60Y30D11	X、Y 轴进给,引入刀具半径补偿 D11(D11＝4.99 mm)
N78M98P6011	调用子程序加工外轮廓,程序名为 O6011
N79G0Z5	Z 轴快速定位
N80X5Y0	X、Y 轴快速定位至起刀点
N81G68X5Y0R60	坐标系相对点 X5Y0 逆时针旋转 60°
N82G1Z－4	Z 轴直线进给
N83G41G91G1X－9.5Y8D11	相对编程,引入刀具半径补偿 D11(D11＝4.99 mm)
N84M98P6012	调用子程序加工,程序名为 O6012
N85G90G0Z5	Z 轴快速抬刀
N86G69	取消坐标系旋转
N87X32Y3	X、Y 轴快速定位至起刀点
N88G1Z－4	Z 轴直线进给
N89G41G91G1X－2.5Y5D11	相对编程,引入刀具半径补偿 D11(D11＝4.99 mm)
N90M98P6013	调用子程序加工,程序名为 O6013
N91G90G0Z5	Z 轴快速抬刀
N92X－23Y－12	X、Y 轴快速定位至起刀点
N93G68X－23Y－12R45	坐标系相对点 X－23Y－12 逆时针旋转 45°
N94 G1Z－4	Z 轴直线进给
N95G41G91G1X－2.5Y5D11	相对编程,引入刀具半径补偿 D11(D11＝4.99 mm)
N96M98P6013	调用子程序加工,程序名为 O6013
N97G90G0Z200	Z 轴快速抬刀
N98G69	取消坐标系旋转
N99G49G0Z0M09	取消长度补偿,Z 轴快速定位到机械原点,切削液关闭
N100X0Y200	快速移动到卸工位
N101M05	主轴停转
N102M30	程序结束,返回起始行
%	

子程序 1

%	
O6011	子程序名
N1G1X28	X 向直线进给,切向切入轮廓
N2X42.5Y21.628	X、Y 向直线进给
N3G2X50Y8.638R15	顺时针圆弧 R15 进给
N4G1Y－8.638	Y 向直线进给
N5G2X42.5Y－21.628R15	顺时针圆弧 R15 进给
N6G1X28Y－30	X、Y 向直线进给
N7X－35	X 向直线进给

N8X－50Y－15	X、Y 向直线进给
N9Y－10	Y 向直线进给
N10G3Y10R10	逆时针半圆弧 R10 铣削进给
N11G1Y15	Y 向直线进给
N12X－25Y40	X、Y 向直线进给
N13G40X－70Y50	取消刀具半径补偿至起刀点
N14M99	子程序结束,返回主程序 O6001 中

%

子程序 2

%

O6012	子程序名
N1G3X－8Y－8R8	过渡圆弧进给,切向切入轮廓
N2G1Y－6.5	Y 向直线进给
N3G3X6Y－6R6	逆时针圆弧 R6 进给
N4G1X23	X 向直线进给
N5G3X6Y6R6	逆时针圆弧 R6 进给
N6G1Y13	Y 向直线进给
N7G3X－6Y6R6	逆时针圆弧 R6 进给
N8G1X－23	X 向直线进给
N9G3X－6Y－6R6	逆时针圆弧 R6 进给
N10G1Y－6.5	Y 向直线进给
N11G3X8Y－8R8	过渡圆弧进给,切向切出轮廓
N12G40G1X9.5Y8	取消刀具半径补偿至起刀点
N13X10	X 轴直线进给,去除多余材料
N14M99	子程序结束,返回主程序 O6001 中

%

子程序 3

%

O6013	子程序名
N1G3X－5Y－5R5	逆时针圆弧 R5 进给
N2G1Y－12.5	Y 向直线进给
N3G3X5Y－5R5	逆时针圆弧 R5 进给
N4G1X5	X 向直线进给
N5G3X5Y5R5	逆时针圆弧 R5 进给
N6G1Y25	Y 向直线进给
N7G3X－5Y5R5	逆时针圆弧 R5 进给
N8G1X－5	X 向直线进给
N9G3X－5Y－5R5	逆时针圆弧 R5 进给
N10Y－12.5	Y 向直线进给
N11G3X5Y－5R5	逆时针圆弧 R5 进给

N12G40G1X2.5Y5　　　　　　取消刀具半径补偿至起刀点
N10M99　　　　　　　　　　子程序结束,返回主程序O6001中
%

(2) 华中HNC-21/22M系统下的程序(文件名O6101)

%1　　　　　　　　　　　　程序名
与O6001中的N1～N102大致相同,需作以下修改:
① M98P6011改为M98P2、M98P6012改为M98P3、M98P6013改为M98P4;
② G68X＿＿Y＿＿R＿＿改为G68X＿＿Y＿＿P＿＿;
③ N64G82G99X－15Y22Z－6R2P1000F15中P1000改为P1。

%2　　　　　　子程序名　　　"子程序结束,返回主程序O6001中"
与O6011中的N1～N14相同　　改为
%3　　　　　　子程序名　　　"子程序结束,返回主程序%1中"
与O6012中的N1～N14相同
%4　　　　　　子程序名
与O6013中的N1～N10相同

(3) SINUMERIK 802D系统下的程序

%_N_CZQY1_MPF　　　　　　主程序名
;$PATH=/_N_MPF_DIR　　　传输格式
N1G53G90G94G40G17　　　　分进给,绝对编程,切削平面,取消刀补,机床坐标系
N2M6T1　　　　　　　　　　调用1号刀具:∅80 mm面铣刀(工序2)
N3G54G90M3S600　　　　　　G54工件坐标系,绝对坐标编程,主轴正转,600 r/min
N4G0D1Z200M8　　　　　　　Z轴快速定位,调用1号长度补偿,切削液开
N5～N10　　　　　　　　　　与O6001中的相同
N11G0Z200M09　　　　　　　Z轴快速定位,切削液关闭
N12M5　　　　　　　　　　主轴停转
N13M6T2　　　　　　　　　　调用2号刀具:∅16立铣刀(工序3)
N14M3S400　　　　　　　　主轴正转,400 r/min
N15G0D1Z200M8　　　　　　Z轴快速定位,调用2号长度补偿,切削液开
N16X－70Y50　　　　　　　X、Y轴快速定位至起刀点
N17Z5　　　　　　　　　　Z轴快速定位
N18G1Z－4F100　　　　　　Z轴直线进给,进给率为100 mm/min
N19G41X－60Y30　　　　　X、Y轴进给,引入刀具半径补偿(D1=8.1 mm)
N20L1　　　　　　　　　　调用子程序加工外轮廓,程序名为L1
N21～N30　　　　　　　　　与O6001中的相同
N31G0Z200M09　　　　　　　Z轴快速定位,切削液关闭
N32M5　　　　　　　　　　主轴停转
N33M6T3　　　　　　　　　　调用3号刀具:∅10键槽铣刀(工序4)
N34M3S900　　　　　　　　主轴正转,900 r/min
N35G0D1Z200M8　　　　　　Z轴快速定位,调用3号长度补偿,切削液开

N351X5Y0	快速移动到 X5Y0
N36TRANS X5Y0	将 G54 坐标系平移到 X5Y0
N37Z5	Z 轴快速定位
N38AROP RPL=60	坐标系作相对逆时针旋转 60°
N39G1Z－4F20	Z 轴直线进给,进给率为 20 mm/min
N40G41G91G1X－9.5Y8F40	引入刀具半径补偿(D1=5.1 mm),进给率为 40 mm/min
N41L2	调用子程序加工,程序名 L2
N42G90G0Z5	Z 轴快速抬刀
N43TRANS	取消所有坐标系平移与旋转
N44 G0Z200M09	Z 轴快速定位,切削液关闭
N45M5	主轴停转
N46M6T4	调用 4 号刀具:∅8 键槽铣刀(工序 5)
N47M3S1000	主轴正转,1 000 r/min
N48G0D1Z200M8	Z 轴快速定位,调用 4 号长度补偿,切削液开
N49X32Y3	X、Y 轴快速定位至起刀点
N50Z5	Z 轴快速定位
N51G1Z－4F15	Z 轴直线进给,进给率为 15 mm/min
N52G41G91G1X－2.5Y5F30	相对编程,引入刀具半径补偿(D1=4.1 mm),进给率为 30 mm/min
N53L3	调用子程序加工,程序名为 L3
N54G90G0Z5	Z 轴快速抬刀
N541X－32Y－12	快速移动到 X－32Y－12
N55TRANS X－23Y－12	将 G54 坐标系平移到 X－23Y－12
N56AROP RPL=45	坐标系作相对逆时针旋转 45°
N57G1Z－4F15	Z 轴直线进给,进给率为 15 mm/min
N58G41G91G1X－2.5Y5D4F30	相对编程,引入刀具半径补偿(D1=4.1 mm),进给率为 30 mm/min
N59L3	调用子程序加工,程序名为 L3
N60G90G0Z5	Z 轴快速抬刀
N61TRANS	取消所有坐标系平移与旋转
N611X－15Y22	快速移动到 X－15Y22
N62TRANS X－15Y22	将 G54 坐标系平移到 X－15Y22
N63AROP RPL=30	坐标系作相对逆时针旋转 30°(工序 6)
N64C MCALL YCLE81(5,0,3,－6,6)F15	模态调用钻孔循环,加工∅8 mm 孔,进给率 15 mm/min
N65X－12	固定循环加工∅8 mm 孔
N66X－24	固定循环加工∅8 mm 孔
N67G0Z50	取消固定循环,快速抬刀
N671MCALL	取消模态调用
N68TRANS	取消所有坐标系平移与旋转
N69 G0Z200M09	Z 轴快速定位,切削液关闭
N70M5	主轴停转

N71M6T11	调用 11 号刀具：⌀10 立铣刀（工序 7）
N72M3S800	主轴正转，800 r/min
N73G0D1Z200M8	Z 轴快速定位，调用 11 号长度补偿，切削液开
N74X－70Y50	X、Y 轴快速定位至起刀点
N75Z5	Z 轴快速定位
N76G1Z－4F80	Z 轴直线进给，进给率为 80 mm/min
N77G41X－60Y30	X、Y 轴进给，引入刀具半径补偿（D1＝4.99 mm）
N78L1	调用子程序加工外轮廓，程序名为 L1
N79G0Z5	Z 轴快速定位
N791X5Y0	快速移动到 X5Y0
N80TRANS X5Y0	将 G54 坐标系平移到 X5Y0
N81AROP RPL＝60	坐标系作相对逆时针旋转 60°
N82G1Z－4	Z 轴直线进给
N83G41G91G1X－9.5Y8	相对编程，引入刀具半径补偿（D1＝4.99 mm）
N84L2	调用子程序加工，程序名为 L2
N85G90G0Z5	Z 轴快速抬刀
N86TRANS	取消所有坐标系平移与旋转
N87X32Y3	X、Y 轴快速定位至起刀点
N88G1Z－4	Z 轴直线进给
N89G41G91G1X－2.5Y5	相对编程，引入刀具半径补偿（D1＝4.99 mm）
N90L3	调用子程序加工，程序名为 L3
N91G90G0Z5	Z 轴快速抬刀
N92X－23Y－12	X、Y 轴快速定位至起刀点
N921TRANS X－23Y－12	将 G54 坐标系平移到 X－23Y－12
N93AROP RPL＝45	坐标系作相对逆时针旋转 45°
N94 G1Z－4	Z 轴直线进给
N95G41G91G1X－2.5Y5	相对编程，引入刀具半径补偿（D1＝4.99 mm）
N96L3	调用子程序加工，程序名为 L3
N97G90G0Z200	Z 轴快速抬刀
N98TRANS	取消所有坐标系平移与旋转
N99G0Z200M09	Z 轴快速抬刀，切削液关闭
N100X0Y200	快速移动到卸工位
N101M05	主轴停转
N102M30	程序结束，返回起始行

子程序 1

%_N_L1_SPF	子程序名
;＄PATH＝/_N_SPF_DIR	传输格式
N1G1X28	X 向直线进给，切向切入轮廓
N2X42.5Y21.628	X、Y 向直线进给
N3G2X50Y8.638CR＝15	顺时针圆弧 R15 进给

N4G1Y－8.638	Y 向直线进给
N5G2X42.5Y－21.628CR=15	顺时针圆弧 R15 进给
N6G1X28Y－30	X、Y 向直线进给
N7X－35	X 向直线进给
N8X－50Y－15	X、Y 向直线进给
N9Y－10	Y 向直线进给
N10G3Y10CR=10	逆时针半圆弧 R10 铣削进给
N11G1Y15	Y 向直线进给
N12X－25Y40	X、Y 向直线进给
N13G40X－70Y50	取消刀具半径补偿至起刀点
N14RET	子程序结束,返回主程序 CZQY1 中

子程序 2

%_N_L2_SPF	子程序名
;$PATH=/_N_SPF_DIR	传输格式
N1G3X－8Y－8CR=8	过渡圆弧进给,切向切入轮廓
N2G1Y－6.5	Y 向直线进给
N3G3X6Y－6CR=6	逆时针圆弧 R6 进给
N4G1X23	X 向直线进给
N5G3X6Y6CR=6	逆时针圆弧 R6 进给
N6G1Y13	Y 向直线进给
N7G3X－6Y6CR=6	逆时针圆弧 R6 进给
N8G1X－23	X 向直线进给
N9G3X－6Y－6CR=6	逆时针圆弧 R6 进给
N10G1Y－6.5	Y 向直线进给
N11G3X8Y－8CR=8	过渡圆弧进给,切向切出轮廓
N12G40G1X9.5Y8	取消刀具半径补偿至起刀点
N13X10	X 轴直线进给,去除多余材料
N14RET	子程序结束,返回主程序 CZQY1 中

子程序 3

%_N_L3_SPF	子程序名
;$PATH=/_N_SPF_DIR	传输格式
N1G3X－5Y－5CR=5	逆时针圆弧 R5 进给
N2G1Y－12.5	Y 向直线进给
N3G3X5Y－5CR=5	逆时针圆弧 R5 进给
N4G1X5	X 向直线进给
N5G3X5Y5CR=5	逆时针圆弧 R5 进给
N6G1Y25	Y 向直线进给
N7G3X－5Y5CR=5	逆时针圆弧 R5 进给
N8G1X－5	X 向直线进给
N9G3X－5Y－5CR=5	逆时针圆弧 R5 进给

N10 Y−12.5	Y 向直线进给
N11 G3 X5 Y−5 CR=5	逆时针圆弧 R5 进给
N12 G40 G1 X2.5 Y5	取消刀具半径补偿至起刀点
N10 RET	子程序结束,返回主程序 CZQY1 中

5. 注意事项

在自动运行操作前必须保证工件已夹紧,每把刀具的长度、半径补偿和工件坐标系设置正确,所编写的程序已验证完毕。

铣削综合加工任务 2 如图 7-2 所示工件,毛坯外形尺寸为 120×80×20(mm),除上下表面以外的其他四面均已加工,并符合尺寸与表面粗糙度要求,材料为 45 号钢。按图纸要求制订正确的工艺方案(包括定位、夹紧方案和工艺路线),选择合理的刀具和切削工艺参数,编写数控加工程序并进行加工。

1. 工艺分析及操作要求

如图所示,加工零件外形规则,被加工部分的各尺寸、表面粗糙度等要求较高,包含了平

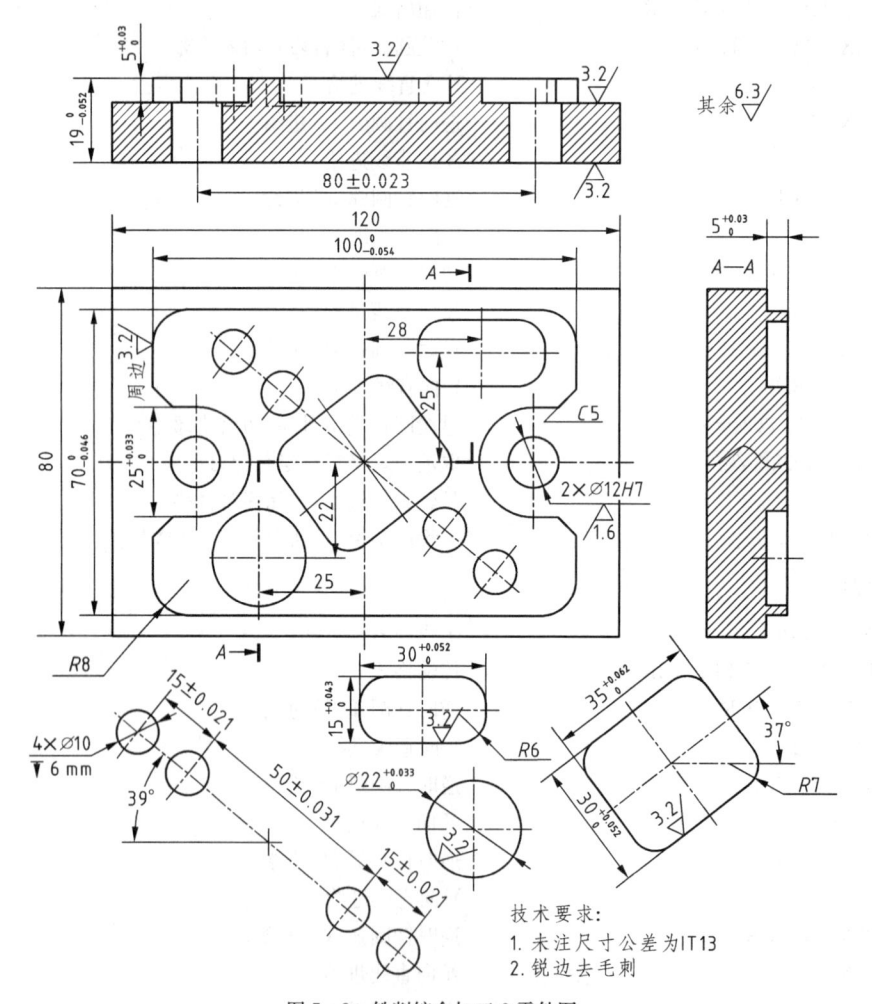

图 7-2 铣削综合加工 2 零件图

面、内外轮廓、挖槽、钻孔、铰孔以及铣孔等加工,且大部分的尺寸均达到 IT8~IT7 级精度。

选用机用平口虎钳装夹工件,校正平口钳固定钳口与工作台 X 轴移动方向平行,在工件下表面与平口钳之间放入精度较高且厚度适当的平行垫块,工件露出钳口表面不低于 7 mm,利用木锤或铜棒敲击工件,使平行垫块不能移动后夹紧工件。利用 $\varnothing$16 mm 立铣刀直接进行对刀,设置工件坐标系原点(X、Y 轴)位于工件对称中心位置,设置 Z 轴零点与机械原点重合;刀具长度补偿值在表面铣削后,直接用刀具确定。工件上表面为执行刀具长度补偿后的 Z 零点表面。

2. 根据零件图纸要求确定的加工工序和选择刀具如下

(1) 装夹工件,铣削 120×80 的平面(铣出即可),选用 $\varnothing$80 mm 可转位面铣刀。
(2) 重新装夹工件(已加工表面朝下),铣削表面,保证总厚度尺寸 19 mm。选用 $\varnothing$80 mm 可转位面铣刀。
(3) 粗加工外轮廓及去除多余材料,保证深度尺寸 5 mm,选用 $\varnothing$16 mm 立铣刀。
(4) 粗加工旋转与整圆型腔,保证深度尺寸 5 mm,选用 $\varnothing$12 mm 键槽铣刀。
(5) 粗加工右上角小型腔,保证深度尺寸 5 mm,选用 $\varnothing$10 mm 键槽铣刀。
(6) 铣孔 4×$\varnothing$10,保证孔的直径和深度,选用 $\varnothing$10 mm 键槽铣刀。
(7) 精加工外轮廓与三个型腔,保证所有相关尺寸,选用 $\varnothing$10 mm 立铣刀。
(8) 点孔加工,选用 $\varnothing$4 mm 中心钻。
(9) 钻孔加工,选用 $\varnothing$11.8 mm 直柄麻花钻。
(10) 铰孔加工,保证孔的直径和深度,选用 $\varnothing$12 mm 机用铰刀。

3. 切削参数的选择

各工序及刀具的切削参数见表 7-2。

表 7-2 各工序刀具的切削参数

加工步骤	刀具与切削参数						
加工内容	刀具规格			主轴转速 r/min	进给率 mm/min	刀具补偿	
	刀号	刀具名称	材料			长度	半径
工序1:铣平面	T1	$\varnothing$80 mm 面铣刀 (5 个刀片)	硬质合金	600	120	H1	
工序2:铣另一平面							
工序3:粗加工外轮廓/去余料	T2	$\varnothing$16 mm 立铣刀	高速钢	400	100	H2	D2=8.1
工序4:粗加工旋转/整圆型腔	T3	$\varnothing$12 mm 键槽铣刀		700	60	H3	D3=6.1
工序5:粗加工右上角型腔	T4	$\varnothing$10 mm 键槽铣刀		900	40	H4	D4=5.1
工序6:铣$\varnothing$10 的孔					20		
工序7:精加工所有轮廓	T11	$\varnothing$10 mm 立铣刀		800	80	H11	D11=4.99
工序8:点孔	T12	$\varnothing$4 mm 中心钻		1 200	120	H12	
工序9:钻孔	T13	$\varnothing$11.8 mm 直柄麻花钻		550	80	H13	
工序10:铰孔	T14	$\varnothing$12 mm 机用铰刀		300	50	H14	

4. 编写程序(华中 HNC-21/22M 系统下的程序,文件名 O6102)

工序1铣削平面在MDI方式下完成,不必设置坐标系;在执行加工工序2之前要进行对刀,将刀具送入刀库(对号入库)并设置工件坐标系以及补偿等参数,工序2至工序10由以下程序完成加工,正式加工前必须进行程序的检查和校验,确认无误后自动加工。

程序	说明
%1	程序名
N1G53G90G0Z0	Z轴快速抬刀至机床原点
N2M6T1	调用1号刀具:∅80 mm 面铣刀(工序2)
N3G54G90M3S600	G54工件坐标系,绝对坐标编程,主轴正转,600 r/min
N4G0G43H1Z200M8	Z轴快速定位,调用1号长度补偿,切削液开
N5X-105Y-20	X、Y轴快速定位至起刀点
N6Z5	Z轴快速定位
N7G1Z0F120	Z轴直线进给,进给率为120 mm/min
N8X105	X轴直线进给,铣削平面
N9G0Y20	Y轴快速定位
N10G1X-105	X轴直线进给,铣削平面
N11G49G0Z0M09	取消长度补偿,Z轴快速定位到机械原点,切削液关闭
N12M5	主轴停转
N13M6T2	调用2号刀具:∅16立铣刀(工序3)
N14M3S400	主轴正转,400 r/min
N15G0G43H2Z200M8	Z轴快速定位,调用2号长度补偿,切削液开
N16X-70Y50	X、Y轴快速定位至起刀点
N17Z5	Z轴快速定位
N18G1Z-5F100	Z轴直线进给,进给率为100 mm/min
N19G41X-60Y35D2	X、Y轴进给,引入刀具半径补偿 D2(D2=8.1 mm)
N20M98P2	调用子程序加工外轮廓,程序名为%2
N21G0Z5	Z轴快速定位
N22X-70Y0	X、Y轴快速定位
N23Z-5	Z轴快速下刀
N24G1X-50	X轴方向进给,去除多余材料
N25G0Z5	Z轴快速定位
N26X70	X轴快速定位
N27Z-5	Z轴快速下刀
N28G1X50	X轴方向进给,去除多余材料
N29G49G0Z0M09	取消长度补偿,Z轴快速定位到机械原点,切削液关闭
N30M5	主轴停转
N31M6T3	调用3号刀具:∅12键槽铣刀(工序4)
N32M3S700	主轴正转,700 r/min
N33G0G43H3Z200M8	Z轴快速定位,调用3号长度补偿,切削液开
N34X0Y0	X、Y轴快速定位至起刀点
N35Z5	Z轴快速定位

N36G1Z－5F20	Z轴直线进给,进给率为 20 mm/min
N37G68X0Y0P37	坐标系旋转,相对逆时针旋转 37°
N38G41G91G1X－9.5Y8D3F60	相对编程,引入刀具半径补偿 D3(D3＝6.1 mm),进给率为 60 mm/min
N39M98P3	调用子程序加工,程序名为%3
N40X5	X 轴直线进给,去除多余材料
N41G0Z5	Z 轴快速定位
N42G69	取消坐标系旋转
N43X－25Y－22	X、Y 轴快速定位
N44G1Z－5F20	Z 轴直线进给,进给率为 20 mm/min
N45G91G41X11D3F60	相对编程,引入刀具半径补偿 D3(D3＝6.1 mm),进给率为 60 mm/min
N46G3I－11	整圆铣削
N47G40G1X－11	取消刀具半径补偿
N48G90G49G0Z0M09	绝对编程,取消长度补偿,Z 轴快速定位到机械原点,切削液关闭
N49M5	主轴停转
N50M6T4	调用 4 号刀具:⌀10 键槽铣刀(工序 5)
N51M3S900	主轴正转,900 r/min
N52G0G43H4Z200M8	Z 轴快速定位,调用 4 号长度补偿,切削液开
N53X28Y25	X、Y 轴快速定位至起刀点
N54Z5	Z 轴快速定位
N55G01Z－5F20	Z 轴直线进给,进给率为 20 mm/min
N56G91G41X－9Y7.5D4	相对编程,引入刀具半径补偿 D4(D4＝5.1 mm)
N57M98P4	调用子程序加工,程序名为%4
N58G0Z5	Z 轴快速定位
N59X0Y0	X、Y 轴快速定位
N60G68X0Y0P－39	坐标系旋转,相对顺时针旋转 39°(工序 6)
N61G82G99X－40Y0Z－6R2P3F20	固定循环加工⌀10 mm 孔,进给率 20 mm/min
N62X－25	固定循环加工⌀10 mm 孔
N63X25	固定循环加工⌀10 mm 孔
N64X40	固定循环加工⌀10 mm 孔
N65G69	取消坐标系旋转
N66G49G0Z0M09	取消长度补偿、固定循环,Z 轴快速定位到机械原点,切削液关闭
N67M5	主轴停转
N68M6T11	调用 11 号刀具:⌀10 立铣刀(工序 7)
N69M3S800	主轴正转,800 r/min
N70G0G43H11Z200M8	Z 轴快速定位,调用 11 号长度补偿,切削液开
N71X－70Y50	X、Y 轴快速定位至起刀点
N72Z5	Z 轴快速定位

N73G1Z－5F80	Z轴直线进给,进给率为 80 mm/min
N74G41X－60Y35D11	X、Y轴进给,引入刀具半径补偿D11(D11＝4.99 mm)
N75M98P2	调用子程序加工外轮廓,程序名为％2
N76G0Z5	Z轴快速定位
N77X0Y0	X、Y轴快速定位至起刀点
N78G1Z－5F80	Z轴直线进给,进给率为 80 mm/min
N79G68X0Y0P37	坐标系旋转,相对逆时针旋转 37°
N80G41G91G1X－9.5Y8D11	相对编程,引入刀具半径补偿 D11(D11＝4.99 mm)
N81M98P3	调用子程序加工,程序名为％3
N82G0Z5	Z轴快速定位
N83G69	取消坐标系旋转
N84X－25Y－22	X、Y轴快速定位
N85G1Z－5	Z轴直线进给
N86G91G41X11D11	相对编程,引入刀具半径补偿D11(D11＝4.99 mm)
N87G3I－11	整圆铣削
N88G40G1X－11	取消刀具半径补偿
N89G90G0Z5	绝对编程,Z轴快速定位
N90X28Y25	X、Y轴快速定位至起刀点
N91G01Z－5	Z轴直线进给
N92G91G41X－9Y7.5D11	相对编程,引入刀具半径补偿D11(D11＝4.99 mm)
N93M98P4	调用子程序加工,程序名为％4
N94G49G0Z0M09	取消长度补偿,Z轴快速定位到机械原点,切削液关闭
N95M5	主轴停转
N96M6T12	调用 12 号刀具：$\varnothing$4 中心钻(工序 8)
N97M3S1200	主轴正转,1 200 r/min
N98G0G43H12Z200	Z轴快速定位,调用 12 号长度补偿
N99X0Y0	X、Y轴快速定位
N100G81G99X40Y0Z－7R2F120	固定循环点孔加工,进给率 120 mm/min
N101X－40	固定循环点孔加工
N102G49G0Z0	取消长度补偿、固定循环,Z轴快速定位到机械原点
N103M5	主轴停转
N104M6T13	调用 13 号刀具：$\varnothing$11.8 麻花钻(工序 9)
N105M3S550	主轴正转,550 r/min
N106G0G43H13Z200M8	Z轴快速定位,调用 13 号长度补偿,切削液开
N107X0Y0	X、Y轴快速定位
N108G73G99X40Y0Z－25R2Q－6K1F80	固定循环钻孔加工,进给率 80 mm/min
N109X－40	固定循环钻孔加工
N110G49G0Z0M09	取消长度补偿、固定循环,Z轴快速定位到机械原点,切削液关闭
N111M5	主轴停转
N112M6T14	调用 14 号刀具：$\varnothing$12 机用铰刀(工序 10)

N113M3S300	主轴正转,300 r/min
N114G0G43H14Z200M8	Z轴快速定位,调用14号长度补偿,切削液开
N115X0Y0	X,Y轴快速定位
N116G85G99X40Y0Z-25R2F50	固定循环铰孔加工,进给率50 mm/min
N117X-40	固定循环铰孔加工
N118G49G00Z0M09	取消长度补偿、固定循环,Z轴快速定位到机械原点,切削液关闭
N119M05	主轴停转
N120M30	程序结束,返回起始行
％2	子程序名
N1G1X42	X向直线进给,切向切入轮廓
N2G2X50Y27R8	顺时针圆弧R8铣削进给
N3G1Y17.5	X向直线进给
N4G91X-5Y-5	X、Y向直线进给
N5X-5	X向直线进给
N6G3Y-25R12.5	逆时针圆弧R12.5进给
N7G1X5	X向直线进给
N8X5Y-5	X、Y向直线进给
N9Y-9.5	Y向直线进给
N10G2X-8Y-8R8	顺时针圆弧R8进给
N11G1X-84	X向直线进给
N12G2X-8Y8R8	顺时针圆弧R8进给
N13G1Y9.5	Y向直线进给
N14X5Y5	X、Y向直线进给
N15X5	X向直线进给
N16G3Y25R12.5	逆时针圆弧R12.5进给
N17G1X-5	X向直线进给
N18X-5Y5	X、Y向直线进给
N19Y9.5	Y向直线进给
N20G2X8Y8R8	顺时针圆弧R8进给
N21G3X8Y8R8	逆时针圆弧R8过渡段,切向切出轮廓
N22G90G40G1X-70Y50	绝对编程,取消刀具半径补偿至起刀点
N23M99	子程序结束,返回主程序％1中
％3	子程序名
N1G3X-8Y-8R8	过渡圆弧进给,切向切入轮廓
N2G1Y-8	Y向直线进给
N3G3X7Y-7R7	逆时针圆弧R7进给
N4G1X21	X向直线进给
N5G3X7Y7R7	逆时针圆弧R7进给
N6G1Y16	Y向直线进给
N7G3X-7Y7R7	逆时针圆弧R7进给

N8G1X－21	X 向直线进给
N9G3X－7Y－7R7	逆时针圆弧 R7 进给
N10G1Y－8	Y 向直线进给
N11G3X8Y－8R8	过渡圆弧进给,切向切出轮廓
N12G90G40G1X0Y0	绝对编程,取消刀具半径补偿
N13M99	子程序结束,返回主程序％1 中
％4	子程序名
N1G3X－6Y－6R6	过渡圆弧进给,切向切入轮廓
N2G1Y－3	Y 向直线进给
N3G3X6Y－6R6	逆时针圆弧 R6 进给
N4G1X18	X 向直线进给
N5G3X6Y6R6	逆时针圆弧 R6 进给
N6G1Y3	Y 向直线进给
N7G3X－6Y6R6	逆时针圆弧 R6 进给
N8G1X－18	X 向直线进给
N9G90G40G1X28Y25	绝对编程,取消刀具半径补偿
N10M99	子程序结束,返回主程序％1 中

铣削综合加工任务 3 加工图 7-3 所示工件,毛坯外形尺寸为 120×80×20（mm）,除上下表面以外的其他四面均已加工,并符合尺寸与表面粗糙度要求,材料为 45 号钢。按图纸要求制订正确的工艺方案（包括定位、夹紧方案和工艺路线）,选择合理的刀具和切削工艺参数,编写数控加工程序并进行加工。

1. 工艺分析及操作要求

如图所示,加工零件外形规则,被加工部分的各尺寸、表面粗糙度等要求较高,包含了平面、内外轮廓、挖槽、钻孔、铰孔以及铣孔等加工,且大部分的尺寸均达到 IT8～IT7 级精度。

选用机用平口虎钳装夹工件,校正平口钳固定钳口与工作台 X 轴移动方向平行,在工件下表面与平口钳之间放入精度较高且厚度适当的平行垫块,工件露出钳口表面不低于 7 mm,利用木锤或铜棒敲击工件,使平行垫块不能移动后夹紧工件。利用 $\varnothing$16 mm 立铣刀直接进行对刀,设置工件坐标系原点（X、Y 轴）位于工件对称中心位置,设置 Z 轴零点与机械原点重合;刀具长度补偿值在表面铣削后,直接用刀具确定。工件上表面为执行刀具长度补偿后的 Z 零点表面。

2. 根据零件图纸要求确定的加工工序和选择刀具

对于加工工序,由于先后次序的安排问题,会有所不同。

工序安排一:针对 FANUC 0i - MC 系统程序。

（1）装夹工件,铣削 120×80 的平面（铣出即可）,选用 $\varnothing$80 mm 可转位面铣刀。

（2）重新装夹工件（已加工表面朝下）,铣削表面,保证总厚度尺寸 19 mm。选用 $\varnothing$80 mm 可转位面铣刀。

（3）粗加工外轮廓及去除多余材料,保证深度尺寸 5 mm,选用 $\varnothing$16 mm 立铣刀。

（4）精加工外轮廓,选用 $\varnothing$16 mm 立铣刀。

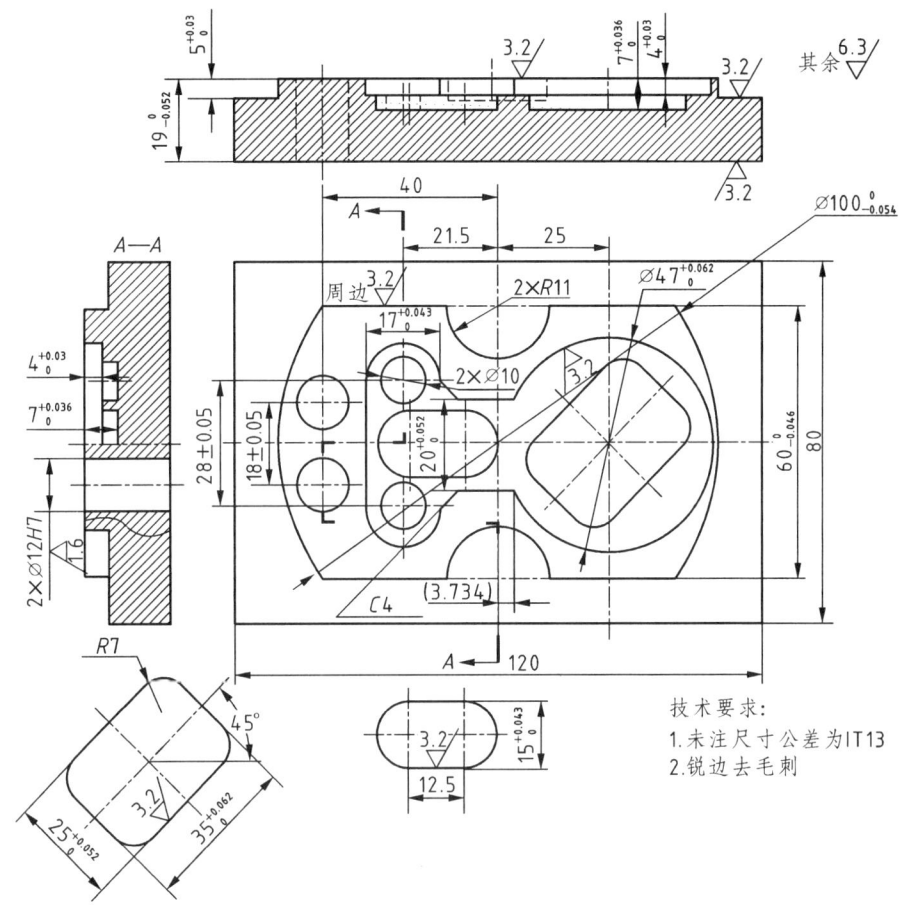

图 7-3 铣削综合加工 3 零件图

（5）粗加工旋转与大型腔，保证深度尺寸 7 mm 与 4 mm，选用 $\varnothing$12 mm 键槽铣刀。

（6）精加工旋转与大型腔，选用 $\varnothing$12 mm 键槽铣刀。

（7）粗加工月牙型腔，保证深度尺寸 7 mm，选用 $\varnothing$10 mm 键槽铣刀。

（8）精加工月牙型腔，选用 $\varnothing$10 mm 键槽铣刀。

（9）加工 2×$\varnothing$10 的孔，保证深度尺寸 7 mm，选用 $\varnothing$10 mm 键槽铣刀。

（10）点孔加工，选用 $\varnothing$4 mm 中心钻。

（11）钻孔加工，选用 $\varnothing$11.8 mm 直柄麻花钻。

（12）铰孔加工，保证孔的直径和深度，选用 $\varnothing$12 mm 机用铰刀。

工序安排二：针对 SINUMERIK 802D 系统程序。

（1）铣大平面，保证厚度尺寸 19 mm。选用 $\varnothing$80 可转位面铣刀（T1）。

（2）铣整个外形。选用 $\varnothing$16 立铣刀（T2）。

（3）钻孔 2-$\varnothing$3 中心定位孔。选用 $\varnothing$3 中心钻（T3）。

（4）钻孔 3-$\varnothing$11.8。其中 1 个孔为工艺孔。选用 $\varnothing$11.8 钻头（T4）。

（5）铣整个上层内型腔。选用 $\varnothing$16 立铣刀（T2）。

(6) 铣型腔内的两个凹型腔。选用∅12 键槽铣刀(T5)。

(7) 铣削 2-∅10 孔。选用∅10 键槽铣刀(T6)。

(8) 铰孔 2-∅12H7。选用∅12H7 铰刀(T7)。

3. 切削参数的选择

各工序及刀具的切削参数见表 7-3(针对 FANUC 0i-MC 系统程序)、表 7-4(针对 SINUMERIK 802D 系统程序)。

表 7-3 各工序刀具的切削参数

加工步骤	刀具与切削参数					
加工内容	刀具规格			主轴转速 r/min	进给率 mm/min	刀具补偿	
	刀号	刀具名称	材料			长度	半径
工序 1:铣平面	T1	∅80 mm 面铣刀 (5个刀片)	硬质合金	600	120	H1	
工序 2:铣另一平面	T1			600	120	H1	
工序 3:粗加工外轮廓/去余料	T2	∅16 mm 立铣刀	高速钢	400	100	H2	D2=8.2
工序 4:精加工外轮廓	T2	∅16 mm 立铣刀		400	100	H2	D2=7.98
工序 5:粗加工型腔	T3	∅12 mm 键槽铣刀		800	60	H3	D3=6.2
工序 6:精加工型腔	T3	∅12 mm 键槽铣刀		800	60	H3	D3=5.97
工序 7:粗加工月牙型腔	T4	∅10 mm 键槽铣刀		1 000	20	H4	D4=5.1
工序 8:精加工月牙型腔	T4	∅10 mm 键槽铣刀		1 000	20	H4	D4=4.98
工序 9:加工 2×∅10 孔	T4	∅10 mm 键槽铣刀		1 000	20	H4	
工序 10:点孔	T5	∅4 mm 中心钻		1 500	50	H5	
工序 11:钻孔	T6	∅11.8 mm 直柄麻花钻		800	100	H6	
工序 12:铰孔	T7	∅12 mm 机用铰刀		300	100	H7	

表 7-4 各工序刀具的切削参数

SINUMERIK 802D				加工数据		
序号	加工部位	刀具号	刀具类型	主轴转速(r/min)	进给速度(mm/min)	刀具补偿号
1	铣上平面	T1	∅80 可转位面铣刀	500	100	D1
2	铣整个外形	T2	∅16 立铣刀	600	60	D1
3	钻孔 2-∅3 中心定位孔	T3	∅3 中心钻	1 500	30	D1
4	钻孔 3-∅11.8	T4	∅11.8 钻头	600	30	D1
5	铣整个上层内型腔	T2	∅16 立铣刀	600	60	D1
6	铣型腔内的两个凹型腔	T5	∅12 键铣刀	800	50	D1
7	铣削 2-∅10 孔	T6	∅10 键槽铣刀	1 000	20	D1
8	铰孔 2-∅12H7	T7	∅12H7 铰刀	300	30	D1

4. 编写程序

工序 1 铣削平面在 MDI 方式下完成,不必设置坐标系;在执行加工工序 2 之前要进行对刀,将刀具送入刀库(对号入库)并设置工件坐标系以及补偿等参数,工序 2 至工序 12 由以下程序完成加工,正式加工前必须进行程序的检查和校验,确认无误后开始自动加工。

(1) FANUC 0i-MC 系统下的程序

加工平面的程序:

%	
O6005	程序名(注意翻身加工前必须重新设置长度补偿量)
N10 M6 T1	换上 1 号刀,⌀80 mm 面铣刀
N20 G54 G90 G0 G43 H1 Z200	刀具快速移动 Z200 处(在 Z 方向调入了刀具长度补偿)
N30 M3 S600	主轴正转,转速 600 r/min
N40 X101 Y20	快速定位
N50 Z26 M8	Z 轴下降,切削液开
N60 G1 Z0 F50	刀具进给到加工平面
N70 X−62 F120	
N80 Y−20	加工平面
N90 X62	
N100 G0 Z200 M9	快速返回到 Z200,切削液关
N110 G49 G90 Z0	取消刀具长度补偿,Z 轴快速移动到机床坐标 Z0 处
N120 M30	程序结束
%	

其他加工的主程序:

%	
O6003	主程序名
N10 M6 T2	换上 2 号刀,⌀16 mm 立铣刀
N20 G54 G90 G0 G43 H2 Z20	刀具快速移动 Z200 处(在 Z 方向调入了刀具长度补偿)
N30 M3 S400	主轴正转,转速 800 r/min
N40 X−60 Y50	快速定位
N50 Z2 M8	主轴下降,切削液开
N60 G1 Z−5 F50	主轴进给下降到 Z−5
N70 Y40 F100	进给切削到 Y40
N80 X60	
N90 Y−40	
N100 X−60	沿工件外轮廓路径加工
N110 Y50	
N120 G10 L12 P2 R8.2	给定 D2,指定刀具半径补偿量 8.2(精加工余量 0.2)
N130 M98 P6031	调用 O6031 子程序一次粗加工
N140 G10 L12 P2 R7.98	重新给定 D2,指定刀具半径补偿量 7.98(考虑公差)

N150 M98 P6031	调用 O6031 子程序一次精加工
N160 G0 Z200 M9	快速抬刀,切削液关
N170 G49 G90 Z0	取消刀具长度补偿,Z 轴快速移动到机床坐标 Z0 处
N180 M5	主轴停转
N190 M6T3	换上 2 号刀,$\varnothing 12$ mm 键槽铣刀
N200 G0 G43 H3 Z200	刀具快速移动 Z200 处(在 Z 方向调入了刀具长度补偿)
N210 M3 S800	主轴正转,转速 800 r/min
N220 X25 Y0	快速定位
N230 Z2 M8	主轴下降,切削液开
N240 G10 L12 P3 R6.2	给定 D3,指定刀具半径补偿量 6.2(精加工余量 0.2)
N250 G1 Z0 F60	进给到 Z0
N260 M98 P26032	调用 O6032 子程序二次,粗加工旋转凹槽
N270 G0 Z−4	快速返回到 Z−4
N280 M98 P6033	调用 O6033 子程序一次,粗加工大的凹槽
N290 G0 Z0	返回到 Z0
N300 G10 L12 P3 R5.97	重新给定 D3,指定刀具半径补偿量 5.97(考虑公差)
N310 G1 Z−4	进给到 Z−4
N320 M98 P6033	调用 O6033 子程序一次,精加工大凹槽
N330 G1 Z−3.5	进给到 Z−3.5
N340 M98 P6032	调用 O6032 子程序一次,精加工旋转凹槽
N350 G0 Z200 M9	快速抬刀,切削液关
N360 G49 G90 Z0	取消刀具长度补偿,Z 轴快速移动到机床坐标 Z0 处
N370 M5	主轴停转
N380 M6T4	换上 4 号刀,$\varnothing 10$ mm 键槽铣刀
N390 G0 G43 H4 Z200	刀具快速移动 Z200 处(在 Z 方向调入了刀具长度补偿)
N400 M3 S1000	主轴正转,转速 1 000 r/min
N410 X−7.5 Y0	快速定位
N420 Z2 M8	主轴下降,切削液开
N430 G10 L12 P4 R5.1	给定 D4,指定刀具半径补偿量 5.1(精加工余量 0.1)
N440 G1 Z−7 F20	进给到 Z−7
N450 M98 P6034	调用 O6034 子程序一次,粗加工月牙型槽
N460 G10 L12 P4 R4.98	重新给定 D4,指定刀具半径补偿量 4.98(考虑公差)
N470 M98 P6034	调用 O6034 子程序一次,精加工月牙型槽
N480 G0 Z20	快速上升到 Z20
N490 G99 G89 X−21.5 Y14 Z−7 R2 P1000 F20	用键槽铣刀加工 2-$\varnothing 10$ 孔(在孔底暂停 1 秒)
N500 G98 Y−14	
N510 G0 Z200 M9	快速抬刀,切削液关
N520 G49 G90 Z0	取消刀具长度补偿,Z 轴快速移动到机床坐标 Z0 处
N530 M5	主轴停转
N540 M6T5	换上 5 号刀,$\varnothing 4$ mm 中心钻

N550 G0 G43 H5 Z200	刀具快速移动Z200处(在Z方向调入了刀具长度补偿)
N560 M3 S1500	主轴正转,转速1 500 r/min
N570 G99 G81 X－40 Y9 Z－4 R3 F50 M8	点钻2-∅12H7孔中心,切削液开
N580 G98 Y－9	
N590 G49 G90 Z0 M9	取消刀具长度补偿,Z轴快速移动到机床坐标Z0处,切削液关
N600 M5	主轴停转
N610 M6T6	换上6号刀,∅11.8 mm麻花钻
N620 G0 G43 H6 Z200	刀具快速移动Z200处(在Z方向调入了刀具长度补偿)
N630 M3 S800	主轴正转,转速800 r/min
N640 G99 G83 X－40 Y－9 Z－25 R3 F100 M8	深孔往复钻孔
N650 G98 Y9	
N660 G49 G90 Z0 M9	取消刀具长度补偿,Z轴快速移动到机床坐标Z0处,切削液关
N670 M5	主轴停转
N680 M6T7	换上7号刀,∅12 mmH7机用铰刀
N690 G0 G43 H7 Z200	刀具快速移动Z200处(在Z方向调入了刀具长度补偿)
N700 M3 S300	主轴正转,转速800 r/min
N710 G99 G89 X－40 Y9 Z－22 R2 P1000 F100 M8	铰2-∅12 mmH7孔
N720 G98 Y－9	
N730 G49 G90 Z0 M9	取消刀具长度补偿,Z轴快速移动到机床坐标Z0处,切削液关
N740 M30	主程序结束
%	

加工外轮廓的子程序

%	
O6031	子程序名
N10 G41 G1 Y30 D2	刀具半径左补偿
N20 X－40	走过渡段
N30 X－11	
N40 G3 X11 R－11 F90	
N50 G1 Z40 F200	
N60 G2 Y－30 R50	
N70 G1 X11	切削外形
N80 G3 X－11 R－11 F90	
N90 G1 X－40 F200	
N100 G2 Y30 R50	
N110 G1 X－30 Y40	走过渡段
N120 G40 X－60 Y50	切削刀具半径补偿

N130 M99   子程序结束并返回主程序
%

旋转槽的子程序：

%
O6032   子程序名
N10 G90 G68 X25 Y0 R45   绕 X25Y0 逆时针旋转 45°
N20 G91 Z－3.5 F30   增量向下进给 3.5 mm
N30 G41 X－4 Y6 D3 F60   刀具半径左补偿
N40 G3 X－6.5 Y6.5 R6.5   走 1/4 圆弧过渡段
N50 X－7 Y－7 R7
N60 G1 Y－11
N70 G3 X7 Y－7 R7
N80 G1 X21   加工旋转槽
N90 G3 X7 Y7 R7
N100 G1 Y11
N110 G3 X－7 Y7 R7
N120 G1 X－21
N130 G3 X－6.5 Y－6.5 R6.5   走 1/4 圆弧过渡段
N140 G40 G1 X17 Y－6   切削刀具半径补偿
N150 G90 G69   取消旋转
N160 M99   子程序结束并返回主程序
%

加工 4 mm 深大型腔的子程序：

%
O6033   子程序名
N10 G41 G1 X28.5 Y0 D3 F60   刀具半径左补偿
N20 G3 X48.5 R－10   走半圆过渡段
N30 X3.734 Y10 R23.5
N40 G1 X－9
N50 X－13 Y14
N60 G3 X－30 R－8.5 F20
N70 G1 Y－14 F60   加工大型腔
N80 G3 X－13 R－8.5 F20
N90 G1 X－9 Y－10 F60
N100 X3.734
N110 G3 X48.5 R23.5
N120 X28.5 R－10   走半圆过渡段
N130 G40 G1 X25 Y0   取消刀具半径补偿
N140 M99   子程序结束并返回主程序

％

加工月牙型腔的子程序:(注意切入点的选择,选择不当会在引入半径补偿时产生过切)

％

O6034	子程序名
N10 G91 G41 G1 X－14 Y6 D4 F50	刀具半径左补偿,增量移动
N20 G3 X－6 Y－6 R6 F10	走 1/4 圆弧过渡段
N30 X7.5 Y－7.5 R7.5 F20	
N40 G1 X12.5 F50	
N50 G3 Y15 R－7.5 F20	加工月牙型腔
N60 G1 X－12.5 F50	
N70 G3 X－7.5 Y－7.5 R7.5 F20	
N80 X6 Y－6 R6 F50	走 1/4 圆弧过渡段
N90 G90 G1 G40 X－7.5 Y0	取消刀具半径补偿
N100 M99	子程序结束并返回主程序

％

(2) SINUMERIK 802D 系统下的程序

％_N_CZQY2_MPF	主程序名
;＄PATH＝/_N_MPF_DIR	传输格式
N10G53G90G94G40G17	分进给,绝对编程,切削平面,取消刀补,机床坐标系
N20T1M6	换 1 号刀;∅80 可转位面铣刀
N30S500M3	主轴正转,转速 500 r/min
N40G0G54X105Y20D1	工件坐标系建立,刀具长度补偿值加入,快速定位
N50Z50M8	快速进刀,切削液开
N60G1Z0F120	进给下降到工件表面
N70X－105	
N80Y－20	平面铣削进刀
N90 X105	
N100G0Z50M9	抬刀,切削液关
N170M5	主轴转停
N180T2M6	换 2 号刀;∅16 立铣刀
N200S600M3	主轴正转,转速 600 r/min
N210G0G54X70Y50D1	工件坐标系建立,刀具长度补偿值加入,快速定位
N220Z50	快速进刀
N230M8	切削液开
N240Z2	快速进刀
N250G1Z－5F500	工进进刀
N260Y40	
N270X－60	
N280Y－40	铣削外形外部多余的材料

N290X60	
N300Y50	
N310G0Z50	快速抬刀
N320L1	调用子程序L1,铣削轮廓外形
N330G0G90Z50	快速抬刀
N340M9	切削液关
N350M5	主轴转停
N360T3M6	换3号刀;∅3中心钻
N380S1500M3F30	主轴正转,转速1 500 r/min,进给速度30 mm/min
N390G0G54X−40Y9D1	工件坐标系建立,刀具长度补偿值加入,快速定位
N400Z50	快速进刀
N410M8	切削液开
N420MCALLCYCLE81(30,,3,−4,0)	模态调用钻孔循环
N430X−40Y9	定位钻孔位置点1
N440X−40Y−9	定位钻孔位置点2
N450MCALL	取消模态调用
N460G0G90Z50	快速抬刀
N470M9	切削液关
N480M5	主轴转停
N490T4M6	换4号刀;∅11.8钻头
N510S600M3F30	主轴正转,转速600 r/min,进给速度30 mm/min
N520G0G54X−40Y9D1	工件坐标系建立,刀具长度补偿值加入,快速定位
N530Z50	快速进刀
N540M8	切削液开
N550MCALLCYCLE83(30,,3,−25,0,−8,0,3,0,1,0.8,1)	模态调用钻孔循环
N560X−40Y9	定位钻孔位置点1
N570X−40Y−9	定位钻孔位置点2
N580MCALL	取消模态调用
N590G0X25Y0	定位钻孔位置点
N600CYCLE81(30,,3,−6,0)	调用钻孔循环,钻削工艺孔
N610G0G90Z50	快速抬刀
N620M9	切削液关
N630M5	主轴转停
N640T2M6	换2号刀;∅16立铣刀
N660S600M3	主轴正转,转速600 r/min
N670G0G54X25Y0D1	工件坐标系建立,刀具长度补偿值加入,快速定位
N680Z50	快速进刀
N690M8	切削液开
N700L2	调用子程序L2,铣削内型腔上层
N710G0G90Z50	快速抬刀

N720M9	切削液关
N730M5	主轴转停
N740T5M6	换 5 号刀；∅12 键槽铣刀
N750S800M3	主轴正转，转速 800 r/min
N760G0G54X－7.5Y0D1	工件坐标系建立，刀具长度补偿值加入，快速定位
N770Z50	快速进刀
N780M8	切削液开
N790L3	调用子程序 L3，铣削键圆形凹槽
N800G0X25Y0	快速定位点
N810TRANSX25Y0	坐标平移
N820AROTZ45	坐标系旋转 45°
N830L4	调用子程序 L4，铣削矩形凹槽
N840G0Z50	快速抬刀
N850ROT	取消坐标旋转
N860TRANS	取消坐标偏移
N870M9	切削液关
N880M5	主轴转停
N890T6M6	换 6 号刀；∅10 键槽铣刀
N910S1000M3F30	主轴正转，转速 600 r/min，进给速度 30 mm/min
N920G0G54X－21.5Y14D1	工件坐标系建立，刀具长度补偿值加入，快速定位
N930Z50	快速进刀
N940M8	切削液开
N950MCALLCYCLE81(30,,3,－7,0)	模态调用钻孔循环
N960X－21.5Y14	定位钻孔位置点 1
N970X－21.5Y－14	定位钻孔位置点 2
N980MCALL	取消模态调用
N990G0G90Z50	快速抬刀
N1000M9	切削液关
N1010M5	主轴转停
N1020T7M6	换 7 号刀；∅12H7 铰刀
N1040S300M3F30	主轴正转，转速 300 r/min，进给速度 30 mm/min
N1050G0G54X－40Y9D1	工件坐标系建立，刀具长度补偿值加入，快速定位
N1060Z50	快速进刀
N1070M8	切削液开
N1080MCALL CYCLE85(30,,3,－22,0,1,30,100)	模态调用钻孔循环
N1090X－40Y9	定位钻孔位置点 1
N1100X－40Y－9	定位钻孔位置点 2
N1110MCALL	取消模态调用
N1120G0G90Z50	快速抬刀
N1130M9	切削液关

N1140M5	主轴转停
N1150M30	程序结束

L1.SPF 轮廓外形精加工子程序

%_N_L1_SPF	子程序名
;$PATH=/_N_SPF_DIR	传输格式
N10G0X70Y-50	快速定位点
N20Z2	快速进给
N30G01Z-5F500	进刀到切削深度
N40G01G41X60Y-30F60	激活刀具半径补偿,实现刀具半径左补偿切入轮廓
N50X11	轮廓加工
N60G3X-11Y-30CR=11	轮廓加工
N70 1X-40	轮廓加工
N80G2X-40Y30CR=50	轮廓加工
N90G1X-11	轮廓加工
N100G3X11CR=11	轮廓加工
N110G1X40	轮廓加工
N120G2X40Y-30CR=50	轮廓加工
N130G1Y-35	轮廓切出
N140G0Z50	快速抬刀
N150G0G40 X70Y-50	取消刀具半径补偿快速回退起始点
N160RET	子程序结束返回

L2.SPF 整个内型腔上层精加工子程序

%_N_L2_SPF	子程序名
;$PATH=/_N_SPF_DIR	传输格式
N10G0X25Y0	快速定位点
N20Z2	快速进给
N30G01Z-4F30	进刀到切削深度
N40G01G41X3.734Y10F60	激活刀具半径补偿,实现刀具半径右补偿切入轮廓
N50X-9	轮廓加工
N60X-13Y14	轮廓加工
N70G3X-30Y14CR=8.5	轮廓加工
N80G1Y-14	轮廓加工
N90G3X-13Y-14CR=8.5	轮廓加工
N100G1X-9Y-10	轮廓加工
N110X3.734	轮廓加工
N120G3X3.734Y10CR=-23.5	轮廓加工
N130 1Y0	轮廓加工
N140G01Z2F200	工进抬刀
N150G0G40Z50	取消刀具半径补偿快速回退抬刀

N160RET	子程序结束返回

L3.SPF 凹槽键圆形精加工子程序

%_N_L3_SPF	子程序名
;$PATH=/_N_SPF_DIR	传输格式
N10G0X－7.5Y0	快速定位点
N20Z－2	快速进给
N30G01Z－7F20	切削到切削深度
N40G01G41X－20Y7.5F50	激活刀具半径补偿，实现刀具半径左补偿切入轮廓
N50G3X－20Y－7.5CR=7.5	轮廓加工
N60G1X－7.5	轮廓加工
N70G3X－7.5Y7.5R=7.5	轮廓加工
N80G1X－20	轮廓加工
N90G01Z－3F200	工进抬刀
N100G0Z50	快速抬刀
N110G0G40X0Y0	取消刀具半径补偿快速回退起始点
N120RET	子程序结束返回

L4.SPF 凹槽键矩形精加工子程序

%_N_L4_SPF	子程序名
;$PATH=/_N_SPF_DIR	传输格式
N10G0X0Y0	快速定位点
N20Z－2	快速进给
N30G01Z－7F20	进刀到切削深度
N40G01G41X17.5Y0F50	激活刀具半径补偿，实现刀具半径左补偿切入轮廓
N50Y5.5	轮廓加工
N60G3X10.5Y12.5CR=7	轮廓加工
N70G1X－10.5	轮廓加工
N80G3X－17.5Y5.5CR=7	轮廓加工
N90G1Y－5.5	轮廓加工
N100G3X－10.5Y－12.5CR=7	轮廓加工
N110G1X10.5	轮廓加工
N120G3X17.5Y－5.5CR=7	轮廓加工
N130G1Y0	轮廓加工
N140G1G40X0F100	取消刀具半径补偿回到起始点
N150G0Z100	快速抬刀
N160RET	子程序结束返回

模块二 加工质量分析

在数控铣削机床上加工的零件，在机床本身精度较高的前提下，其加工精度主要反映在尺寸精度、形位精度和表面精度三个方面。其加工质量同样与这三个方面有关。

一、产生的质量问题

1. 与尺寸有关的质量问题

序号	现　象	原　因
1	外轮廓尺寸明显偏小(大)、内轮廓尺寸明显偏大(小)	与刀具半径补偿设置有关。没有输入半径补偿量或输入错误
2	加工深度出现偏差	与刀具长度补偿设置有关。在确定长度补偿量时,读数读错(应该读机床坐标的,而读了相对坐标)或输入错误
3	加工深度沿进给方向越来越深	工件或刀具未夹紧,在切削轴向分力的作用下工件出现向上移动或刀具拉出,即出现"拉刀"现象
4	在粗(或半精)加工结束后,对工件进行了测量,并输入了磨损量,但精加工后出现外轮廓尺寸偏小、内轮廓尺寸偏大	①在粗(或半精)加工后测量时没有把毛刺去干净,测量有误差;②刀具刚性较差,弹性变形让刀大,设置磨损量时需考虑。如果刀具刚性较差,还会引起加工深度偏大的现象
5	在测量某一线性尺寸时,测量部位稍有不同,测量尺寸也不同,即尺寸波动大	①刀具质量问题,几条切削刃与刀具轴线不等距;②在刀具装入弹性筒夹、筒夹装入刀柄、刀柄装入主轴等环节中有杂质,引起刀具轴线与主轴旋转轴线不重合

2. 与形状、位置有关的质量问题

序号	现　象	原　因
1	整个形状沿 X 或 Y 向偏移	在对刀确定 X 或 Y 的坐标原点时:①计算错误;②没有考虑刀具或寻边器半径的影响
2	整个加工形状与毛坯相比出现歪斜	工件或夹具没有与坐标轴校平行
3	图中要求沿 AB 切削,但实际切痕沿 $A'B$ 进行了(图中打斜线部分被过切)	①在引入刀具半径补偿的过程中,从起刀点到加工位置的过程中没有加入过渡段,而直接编到 B 点,导入半径补偿过程中出现过切;②在FANUC系统中,有二段(包括二段)以上的程序段没有作 X、Y 方向的移动,系统半径补偿丢失,重新导入半径补偿而引起过切
4	在侧面加工时不垂直,出现倾斜;在轮廓根部出现圆角	切削刀具靠头部这一段的切削刃,反复切削产生磨损

续 表

序号	现 象	原 因
5	铣孔时中心留有残料（图示：残料）	在加工到孔底时应作暂停进给，让刀具重复切削断屑
6	在有旋转的轮廓加工中，出现位置错误	①旋转点选错；②坐标系旋转点为非原点时，编程没有采用增量的方式，而采用了绝对的方式
7	铰孔与加工平面不垂直	直接用麻花钻钻孔会出现歪斜，铰刀不能修正孔的位置偏差
8	上、下平面出现平行度偏差	在铣完一平面后翻转装夹中，工件与垫块间有间隙、杂质；垫块本身不平行、不等高

3. 与表面有关的质量问题

序号	现 象	原 因
1	大平面切削纹理不均匀	在用面铣刀切削大平面时，采用了手摇形式
2	大平面表面左、右不一致	与切削进给方向有关
3	加工侧面非常粗糙	①切削刀具钝；②切削用量不合理，残留高度大
4	切削轮廓在进刀切入、退刀切出位置不平滑	没有切向切入、切向切出的进、退路线
5	分层铣削时出现明显的接刀痕	精加工时尽量不要采用分层铣削。如果采用分层铣削，则分层深度要与粗加工时的分层深度不一致
6	铰孔后，孔壁表面粗糙度仍很差	①钻孔前没有用中心钻点孔，直接用麻花钻钻孔，麻花钻在钻孔时出现晃动而引起孔径加大；②未用钻孔循环指令而直接用G1进行加工，钻孔切屑没有断屑影响孔径；③钻头尺寸选择过大，铰削余量不足；钻头尺寸选择过小，铰削时切屑刮毛孔壁
7	轮廓切削完毕后，圆弧段侧面（特别是凹圆弧）的表面粗糙度明显比直线段侧面的表面粗糙度差	从图5-17可以看出，如果在直线段、凹圆弧、凸圆弧都采用同一个编程速度，其实际切削速度在切凹圆弧时会变大，当凹圆弧半径接近刀具半径时，实际切削速度会变得相当大，因此在切削凹圆弧时应作相应的修调

实训项目七 铣削综合加工

4. 其他问题

序号	现象	原因
1	用卡尺内测量具测量内孔时的尺寸不一致,相差较大	卡尺的测量接触面为平面,不是圆弧面。卡尺不是万能量具
2	切削过程中,机床振动大、噪声大	切削参数选择不合理、刀具磨损大、工件未夹紧
3	长度补偿量或 Z 轴工件坐标系设置正确,但在自动运行时沿"$-Z$"仍撞刀	①长度补偿量调用错;②在进行工件坐标系设置时,在 Z 向的基本偏置中重复设置
4	工件表面留有刀痕	在直接用刀具进行长度补偿量或 Z 向工件坐标系对刀时,没有在要切除的位置上进行
5	刀具在作 X、Y 方向移动时出现崩刀	①程序错误,在切削过程中用了 G0 指令;②从一个切削位置到另一个切削位置时,刀具必须抬到一定的安全高度后才能作 X、Y 方向的移动
6	在切削圆弧的过程中,经常出现圆弧过切报警	①所选择的刀具半径比轮廓中凹圆弧的最小半径大;②在导入半径补偿进入过渡圆弧段时,过渡圆弧半径太小

二、保证加工精度的方法

加工精度是指零件加工后的实际几何参数(尺寸、形状和表面间的相互位置)与理想几何参数相符合的程度,它们之间的偏离程度则为加工误差,加工误差是评判加工精度的重要依据。由于在加工过程中有很多因素影响加工精度,所以用同一种方法在不同的工作条件下所能达到的精度是不同的,但任何一种加工方法,只要精心操作,细心调整,并选择合适的加工工艺、刀具及切削参数等进行加工,都能使零件的加工精度得到较大的提高。

1. 保证尺寸精度的方法

(1) 合理选用加工刀具与切削参数,增加工艺系统的刚性。

(2) 首件试切,细心调整加工尺寸,通过工件粗加工或半精加工后的测量,合理确定精加工余量。

(3) 根据尺寸精度的不同正确选用精度不同的量具,使用量具前,必须检查和调整零位。

(4) 避免工件发热(手感较热)时作精加工测量。

2. 保证形位精度的方法

(1) 工件与刀具应具有足够的刚度,刚度不足会引起零件的变形,影响平行度、垂直度等要求。

(2) 工件坐标系设置正确,粗加工后可根据测量结果加以调整。

(3) 合理安排加工工艺,减少零件装夹次数。

（4）定位夹具设计准确合理，安装时必须进行校正。

3. 保证表面精度的方法

（1）工艺合理。根据零件表面的具体要求，合理安排粗加工、半精加工和精加工。

（2）正确选用刀具。精加工时可依照轮廓选择小直径铣刀，要求刀具切削刃锋利，可尽量选用新刀。

（3）选择合理的切削参数。精加工时，主轴转速较高，进给量较小，加工余量也要适当。

（4）合理使用切削液。

附　　录

附录一：基本指令表

一、FANUC 0i-MC 系统

1. 准备功能 G 指令

附表 1　FANUC 0i-MC 系统准备功能 G 指令

G 指令	组号	功　　能	G 指令	组号	功　　能
G00*	01	定位	G22*	04	存储行程检测功能有效
G01(*)		直线插补	G23		存储行程检测功能无效
G02		顺时针圆弧插补/螺旋线插补	G27	00	返回参考点检测
G03		逆时针圆弧插补/螺旋线插补	G28		返回参考点
G04	00	停刀，准确停止	G29		从参考点返回
G05.1		AI 先行控制/AI 轮廓控制	G30		返回第 2,3,4 参考点
G07.1(G107)		圆柱插补	G31		跳跃功能
G08		先行控制	G33	01	螺纹切削
G09		准确停止	G37	00	自动刀具长度测量
G10		可编程数据输入	G39		拐角偏置圆弧插补
G11		可编程数据输入方式取消	G40*	07	刀具半径补偿取消/三维补偿取消
G15*	17	极坐标指令取消	G41		左侧刀具半径补偿/三维补偿
G16		极坐标指令	G42		右侧刀具半径补偿
G17*	02	选择 $X_P Y_P$ 平面　$X_P:X$ 轴或其平行轴	G40.1(G150)*	19	法线方向控制取消方式
G18(*)		选择 $Z_P X_P$ 平面　$Y_P:Y$ 轴或其平行轴	G41.1(G151)		法线方向控制左侧接通
G19(*)		选择 $Y_P Z_P$ 平面　$Z_P:Z$ 轴或其平行轴	G42.1(G152)		法线方向控制右侧接通
G20	06	英寸输入	G43	08	正向刀具长度补偿
G21		毫米输入	G44		负向刀具长度补偿

续 表

G 指令	组号	功 能	G 指令	组号	功 能
G45	00	刀具偏置量增加	G69*	16	坐标旋转取消/三维坐标转换取消
G46		刀具偏置量减少	G73	09	排屑钻孔循环
G47		2倍刀具偏置量	G74		左旋攻丝循环
G48		1/2刀具偏置量	G76		精镗循环
G49*	08	刀具长度补偿取消	G80*		固定循环取消/外部操作功能取消
G50*	11	比例缩放取消	G81		钻孔循环、锪镗循环或外部操作功能
G51		比例缩放有效			
G50.1*	22	可编程镜像取消	G82		钻孔循环或反镗循环
G51.1		可编程镜像有效	G83		排屑钻孔循环
G52	00	局部坐标系设定	G84		攻丝循环
G53		选择机床坐标系	G85		镗孔循环
G54*	14	选择工件坐标系1	G86		镗孔循环
G54.1		选择附加工件坐标系(P1~P48)	G87		背镗循环
G55		选择工件坐标系2	G88		镗孔循环
G56		选择工件坐标系3	G89		镗孔循环
G57		选择工件坐标系4	G90*	03	绝对值编程
G58		选择工件坐标系5	G91(*)		增量值编程
G59		选择工件坐标系6	G92	00	设定工件坐标系或最大主轴速度箝制
G60	00/01	单方向定位			
G61	15	准确停止方式	G92.1		工件坐标系预置
G62		自动拐角倍率	G94*	05	每分进给
G63		攻丝方式	G95		每转进给
G64*		切削方式	G96	13	恒表面速度控制
G65	00	宏程序调用	G97*		恒表面速度控制取消
G66	12	宏程序模态调用	G98*	10	固定循环返回到初始点
G67*		宏程序调用取消	G99		固定循环返回到R点
G68	16	坐标旋转/三维坐标转换	编程时,前面的0可省略,如G00、G01可简写为G0、G1。		

注:① 带*号的G指令表示接通电源时,即为该G指令的状态。G00、G01;G17、G18、G19;G90、G91由参数设定选择。

② 00组G指令中,除了G10和G11以外其他的都是非模态G指令。

③ 一旦指令了G指令表中没有的G指令,显示报警。(NO.010)

④ 不同组的G指令在同一个程序段中可以指令多个,但如果在同一个程序段中指令了两个或两个以上同一组的G指令时,则只有最后一个G指令有效。

⑤ 在固定循环中,如果指令了01组的G指令,则固定循环将被自动取消,变为G80的状态。但是,01组的G指令不受固定循环G指令的影响。

⑥ G指令按组号显示。

2. 辅助功能 M 指令

附表 2　FANUC 0i-MC 系统辅助功能 M 指令

指令	功　　能	指令	功　　能
M00	程序停止	M46	排屑停止
M01	程序选择停止	M68	风冷却开
M02	程序结束	M69	风冷却关
M03	主轴正转	M80	刀库前进
M04	正转反转	M81	旋转刀库刀具号码＝主轴刀具号码
M05	主轴停止	M82	主轴松刀
M06	刀具自动交换	M83	找寻新刀
M08	切削液开	M84	主轴夹刀
M09	切削液关	M85	检查主轴与刀库上的刀号是否一致（换刀前检查）
M19	主轴定向	M86	刀库后退
M29	刚性攻丝	M98	调用子程序
M30	程序结束并返回	M99	调用子程序结束并返回
M45	排屑起动	编程时，前面的 0 可省略，如 M00、M01 可简写为 M0、M1。	

注：有些指令对数控铣床不适用。

3. 其他指令

(1) 进给速度指令——F

进给速度指令用字母 F 及其后面的若干位数字来表示，单位为 mm/min(G94 有效)或 mm/r(G95 有效)。例如在 G94 有效时，F150 表示进给速度为 150 mm/min。一旦用 F 指令了进给速度就一直有效，直到指令新的 F 指令。

(2) 主轴转速指令——S

主轴转速指令用字母 S 及其后面的若干位数字来表示，单位为 r/min。例如，S300 表示主轴转速为 300 r/min。

(3) 刀具指令——T

它由字母 T 及其后面的三位数字表示，表示刀具号。如 T001(编程时前面的 0 可省略，简写为 T1)。

(4) 刀具长度补偿值——H

它由字母 H 及其后面的三位数字表示，该三位数字为存放刀具长度补偿量和磨损量的存储器地址字。

(5) 刀具半径补偿值指令——D

它由字母 D 及其后面的三位数字表示，该三位数字为存放刀具半径补偿量和磨损量的存储器地址字。

二、华中 HNC-21/22M 系统

1. 准备功能 G 指令

附表 3　华中 HNC-21/22M 系统准备功能 G 指令

G 指令	组号	功　　能	G 指令	组号	功　　能
G00	01	快速定位	G57	11	工件坐标系设定
☆G01		直线插补	G58		工件坐标系设定
G02		顺时针圆弧插补	G59		工件坐标系设定
G03		逆时针圆弧插补	G60	00	单方向定位
G04	00	暂停	☆G61	12	精确停止校验方式
G07	16	虚轴指定	G64		连续方式
G09	00	准停校验	G65	00	宏指令调用
☆G17	02	XY 平面选择	G68	05	坐标旋转
G18		XZ 平面选择	☆G69		旋转取消
G19		YZ 平面选择	G73	06	深孔断屑钻孔循环
G20	08	英制尺寸	G74		攻左旋螺纹循环
☆G21		米制尺寸	G76		精镗孔循环
G22		脉冲当量	☆G80		取消固定循环
G24	03	镜像开	G81		点孔/钻孔循环
☆G25		镜像关	G82		钻孔循环
G28	00	返回到参考点	G83		深孔排屑钻孔循环
G29		由参考点返回	G84		攻右旋螺纹循环
☆G40	09	取消刀具半径补偿	G85		镗孔循环
G41		引入刀具半径左补偿	G86		镗孔循环
G42		引入刀具半径右补偿	G87		反镗孔循环
G43	10	刀具长度正向补偿	G88		镗孔循环
G44		刀具长度负向补偿	G89		镗孔循环
☆G49		取消刀具长度补偿	☆G90	13	绝对值编程
☆G50	04	比例缩放关	G91		相对值编程
G51		比例缩放开	G92	00	工件坐标系设定
G53	00	机床坐标系	☆G94	14	每分钟进给
☆G54	11	工件坐标系设定	G95		每转进给
G55		工件坐标系设定	☆G98	15	固定循环返回初始平面
G56		工件坐标系设定	G99		固定循环返回 R 平面

注：① 带☆号的 G 指令表示接通电源时，即为该 G 指令的状态。
② 不同组 G 代码可以放在同一程序段中，而且与顺序无关，例如，G90、G17 可与 G01 放在同一程序段中，但 G24、G68、G51 等特殊指令则不能与 G01 放在同一程序段中。
③ 同组 G 指令不能出现在同一程序段中，否则将执行后出现的 G 指令代码。

2. 辅助功能 M 指令

附表 4　华中 HNC-21/22M 系统辅助功能 M 指令

M 指令	分类	功能	M 指令	分类	功能
M00	非模态	程序暂停	M09	模态	切削液关
M02	非模态	程序结束	M21	非模态	刀库正转（顺时针旋转）
M03	模态	主轴正转（顺时针旋转）	M22	非模态	刀库反转（逆时针旋转）
M04	模态	主轴反转（逆时针旋转）	M30	非模态	程序结束并返回起始行
M05	模态	主轴停止	M41	非模态	刀库向前
M06	非模态	换刀	M98	非模态	调用子程序
M07/M08	模态	切削液开	M99	非模态	子程序结束返回主程序

注：① 有些指令对数控铣床不适用。
② 前面的 0 可省略，如 M00、M02 可简写为 M0、M2。

3. 其他指令（与 FANUC 系统相同）

三、SINUMERIK 802D 系统

1. 准备功能 G 指令

附表 5　SINUMERIK 802D 准备功能 G 指令

G 指令	含义	说明	编程
G0	快速移动	1：运动指令	G0 X… Y… Z…；直角坐标系 G0 AP=… RP=…；极坐标系
G1*	直线插补	（插补方式）	G1 X… Y… Z… F…；直角坐标系 G1 AP=… RP=… F…；极坐标系
G2	顺时针圆弧插补	模态有效	G2 X… Y… I… J… F…；圆心和终点 G2 X… Y… CR=… F…；半径和终点 G2 AR=… I… J… F…；张角和圆心 G2 AR=… X… Y… F…；张角和终点 G2 AP=… RP=…；极坐标系
G3	逆时针圆弧插补		G3…；其他同 G2
G33	恒螺距的螺纹切削		S… M…；主轴速度，方向 G33 Z… K…；带有补偿夹具的锥螺纹切削，比如 Z 方向

续表

G指令	含 义	说 明	编 程
G331	螺纹插补(攻丝)		N10 SPOS=；主轴处于位置调节状态 N20 G331 Z...K...S...；在Z轴方向不带补偿夹具攻丝，左旋螺纹或右旋螺纹通过螺距的符号确定(比如K+) +：同M3　　－：同M4
G332	不带补偿夹具切削内螺纹——退刀		G332 Z...K...S...；不带补偿夹具切削螺纹——Z方向退刀；螺距符号同G331
G4	暂停时间	2：特殊运行，程序段方式有效	G4 F...或G4 S...；单独程序段
G63	带补偿夹具攻丝		G63 Z...F...S...M...
G74	回参考点		G74 X1=0 Y1=0 Z1=0；单独程序段
G75	回固定点		G75 X1=0 Y1=0 Z1=0；单独程序段
G25	主轴转速下限或工作区域下限		G25 S...；单独程序段 G25 X...Y...Z...；单独程序段
G26	主轴转速上限或工作区域上限		G26 S...；单独程序段 G26 X...Y...Z...；单独程序段
G110	极点尺寸，相对于上次编程的设定位置	3：写存储器，程序段方式有效	G110 X...Y...；极点尺寸，直角坐标，比如带G17 G110 RP=...AP=...；极点尺寸，极坐标；单独程序段
G111	极点尺寸，相对于当前工件坐标系的零点		G111 X...Y...；极点尺寸，直角坐标，比如带G17 G111 RP=...AP=...；极点尺寸，极坐标；单独程序段
G112	极点尺寸，相对于上次有效的极点		G112 X...Y...；极点尺寸，直角坐标，比如带G17 G112 RP=...AP=...；极点尺寸，极坐标；单独程序段
G17*	X/Y 平面	6：平面选择模态有效	G17...；该平面上的垂直轴为刀具长度补偿轴，切入方向为Z
G18	Z/X 平面		
G19	Y/Z 平面		
G40*	刀尖半径补偿方式的取消	7：刀尖半径补偿模态有效	
G41	刀具半径左补偿		
G42	刀具半径右补偿		

续表

G 指令	含 义	说 明	编 程
G500*	取消可设置零点偏置	8:可设置零点偏置 模态有效	
G54	第一设置的零点偏移		
G55	第二可设置的零点偏移		
G56	第三可设置的零点偏移		
G57	第四可设置的零点偏移		
G58	第五可设置的零点偏移		
G59	第六可设置的零点偏移		
G53	按程序段方式取消可设置零点偏置	9:取消可设置零点偏置段方式有效	
G153	按程序段方式取消可设置零点偏置,包括基本框架		
G60*	精确定位	10:定位性能 模态有效	
G64	连续路径方式		
G9	准确定位,单程序段有效	11:程序段方式准停段方式有效	
G601*	在 G60,G9 方式下精确定位	12:准停窗口 模态有效	
G602	在 G60,G9 方式下粗准确定位		
G70	英制尺寸	13:英制/公制尺寸 模态有效	
G71*	公制尺寸		
G700	英制尺寸,也用于进给率 F		
G710	公制尺寸,也用于进给率 F		
G90*	绝对尺寸	14:绝对尺寸/增量尺寸 模态有效	G90 X... Y... Z... (...) Y=AC(...) 或 X=AC(...) 或 Z=AC(...)
G91	增量尺寸		G91 X... Y... Z... (...) X=IC(...) 或 Y=IC(...) 或 Z=IC(...)
G94	进给率 F,单位:毫米/分	15:进给/主轴 模态有效	
G95*	主轴进给率 F,单位:毫米/转		
G450*	圆弧过渡(圆角)	16:刀尖半径补偿时拐角特性 模态有效	
G451	等距交点过渡(尖角)		

注:① 带有*的记号的 G 代码,在程序启动时生效。
② 不同组的 G 代码都可编在同一程序段中。例:N10G94G17G90G53G40D0
③ 如果在同一个程序段中指令了两个或两个以上属于同一组的 G 代码时,则只有最后一个 G 代码有效。例:N20G01G0X100Y100,则等同于 N20G0X100Y100。如果在程序中指令了 G 代码表中没有列出的 G 代码,则显示报警信息,为非法指令。

2. 固定循环功能指令

附表 6　固定循环指令

循环指令	功　　　能	循环指令	功　　　能
CYCLE81	钻孔、钻中心钻孔	HOLES2	钻削圆弧排列的孔
CYCLE82	中心钻孔	CYCLE90	螺纹铣削
CYCLE83	深孔钻孔	LONGHOLE	圆弧槽(径向排列的、槽宽由刀具直径确定)
CYCLE84	刚性攻丝	SLOT1	圆弧槽(径向排列的、综合加工、定义槽宽)
CYCLE840	带补偿夹具攻丝	SLOT2	铣圆周槽
CYCLE85	铰孔 1(镗孔 1)	POCKET3	矩形槽
CYCLE86	镗孔(镗孔 2)	POCKET4	圆形槽
CYCLE87	带停止镗孔(镗孔 3)	CYCLE71	端面铣削
CYCLE88	带停止钻孔 2(镗孔 4)	CYCLE72	轮廓铣削
CYCLE89	铰孔 2(镗孔 5)	CYCLE76	矩形凸台铣削
HOLES1	钻削直线排列的孔	CYCLE77	圆形凸台铣削

3. 辅助功能代码

附表 7　辅助功能 M 代码

M 指令	功　　　能	M 指令	功　　　能
M0	程序暂停	M7	外切削液开
M1	选择性停止	M8	内切削液开
M2	主程序结束	M9	切削液关
M3	主轴正转	M30	主程序结束、返回开始状态
M4	主轴反转	M17	子程序结束(或用 RET)
M5	主轴停转	M41	主轴低速档
M6	自动换刀	M42	主轴高速档

4. 其他功能 F、S、T、D 代码

(1) 进给功能代码 F

表示进给速度(是刀具轨迹速度,它是所有移动坐标轴速度的矢量和),用字母 F 及其后面的若干位数字来表示。地址 F 的单位由 G 功能确定:

　　G94　直线进给率(分进给)　　　mm/min(或 in/min)

　　G95　旋转进给率(转进给)　　　mm/r(或 in/r)(只有主轴旋转才有意义)

例如,在 G94 有效时,米制 F100 表示进给速度为 100 mm/min。F 在 G1,G2,G3,

CIP,CT 插补方式中生效,并且一直有效,直到被一个新的地址 F 取代为止。G94 和 G95 均为模态指令,一旦写入一种方式(如 G94),它将一直有效,直到被 G95 取代为止。

(2) 主轴功能代码 S

表示主轴转速,用字母 S 及其后面的若干位数字来表示,单位为 r/min。例如,S1000 表示主轴转速为 1 000 r/min。加工中心主轴转速一般均为无级变速。S 后值可以任意给,但必须给整数。

(3) 刀具功能代码 T

刀具功能主要用来指令数控系统进行选刀或换刀。在进行多道工序加工时,必须选取合适的刀具。每把刀具应安排一个刀号,刀号在程序中指定。刀具功能用字母 T 及其后面的两位数字来表示,如容量为 24 把刀的刀库,它的刀具号为 T1~T24。如 T21 表示第 21 号刀具。

(4) 刀具补偿功能代码 D

表示刀具补偿号。它由字母 D 及其后面的数字来表示。该数字为存放刀具补偿量的寄存器地址字。西门子系统中一把刀具最多给出 9 个刀沿号。所以最多为 D9,补偿号为一位数字。例:D1 则为取 1 号刀沿的数据分别作为长度补偿值和半径补偿值。

附录二:切削用量表

附表 8　铣刀的铣削速度 V(m/min)

工件材料	铣刀材料					
	碳素钢	高速钢	超高速钢	合金钢	碳化钛	碳化钨
铝合金	75~150	180~300		240~460		300~600
镁合金		180~270				150~600
钼合金		45~100				120~190
黄铜(软)	12~25	20~25		45~75		100~180
黄铜	10~20	20~40		30~50		60~130
灰铸铁(硬)		10~15	10~20	18~28		45~60
冷硬铸铁			10~15	12~18		30~60
可锻铸铁	10~15	20~30	25~40	35~45		75~110
钢(低碳)	10~14	18~28	20~30		45~70	
钢(中碳)	10~15	15~25	18~28		40~60	
钢(高碳)			10~15	12~20		30~45
合金钢					35~80	
合金钢(硬)					30~60	
高速钢				12~25	45~70	

主轴转速 $S(\text{r/min})$ 与铣削速度 $V(\text{m/min})$ 及铣刀直径 $d(\text{mm})$ 的关系为：

$$S = \frac{1\,000V}{\pi d}$$

附表 9 各种铣刀进给量(mm/z)

铣刀 工件材料	圆柱形铣刀	立铣刀	面铣刀	成形铣刀	高速钢镶刃铣刀	硬质合金镶刃铣刀
铸铁	0.2	0.07	0.05	0.04	0.3	0.1
可锻铸铁	0.2	0.07	0.05	0.04	0.3	0.09
低碳钢	0.2	0.07	0.05	0.04	0.3	0.09
中、高碳钢	0.15	0.06	0.04	0.03	0.2	0.08
铸钢	0.15	0.07	0.05	0.04	0.2	0.08
镍铬钢	0.1	0.05	0.02	0.02	0.15	0.06
高镍铬钢	0.1	0.04	0.02	0.02	0.1	0.05
黄铜	0.2	0.07	0.05	0.04	0.03	0.21
青铜	0.15	0.07	0.05	0.04	0.03	0.1
铝	0.1	0.07	0.05	0.04	0.02	0.1
Al - Si 合金	0.1	0.07	0.05	0.04	0.18	0.08
Mg - Al - Zn	0.1	0.07	0.04	0.03	0.15	0.08
Al - Cu - Mg	0.15	0.07	0.05	0.04	0.02	0.1
Al - Cu - Si	0.15	0.07	0.05	0.04	0.02	0.1

进给速度 F 与铣刀每齿进给量 f、铣刀齿数 z 及主轴转速 $S(\text{r/min})$ 的关系为：

$$F = fz(\text{mm/r}) \text{ 或 } F = Sfz(\text{mm/min})$$

附表 10 高速钢钻孔切削用量

工件材料	工件材料牌号或硬度	切削用量	钻头直径 $d(\text{mm})$			
			1～6	6～12	12～22	22～50
铸铁	160～200(HBS)	$V(\text{m/min})$	16～24			
		$F(\text{mm/r})$	0.07～0.12	0.12～0.2	0.2～0.4	0.4～0.8
	200～240(HBS)	$V(\text{m/min})$	10～18			
		$F(\text{mm/r})$	0.05～0.1	0.1～0.18	0.18～0.25	0.25～0.4
	300～400(HBS)	$V(\text{m/min})$	5～12			
		$F(\text{mm/r})$	0.03～0.08	0.08～0.15	0.15～0.2	0.2～0.3

续　表

工件材料	工件材料牌号或硬度	切削用量	钻头直径 d(mm)			
			1～6	6～12	12～22	22～50
钢	35号、45号钢	V(m/min)	8～25			
		F(mm/r)	0.05～0.1	0.1～0.2	0.2～0.3	0.3～0.45
	15Cr、20Cr	V(m/min)	12～30			
		F(mm/r)	0.05～0.1	0.1～0.2	0.2～0.3	0.3～0.45
	合金钢	V(m/min)	8～15			
		F(mm/r)	0.03～0.08	0.05～0.15	0.15～0.25	0.25～0.35

工件材料		钻头直径 d(mm)	3～8	8～28	25～50
铝	纯铝	V(m/min)	20～50		
		F(mm/r)	0.03～0.2	0.06～0.5	0.15～0.8
	铝合金（长切屑）	V(m/min)	20～50		
		F(mm/r)	0.05～0.25	0.1～0.6	0.2～1.0
	铝合金（短切屑）	V(m/min)	20～50		
		F(mm/r)	0.03～0.1	0.05～0.15	0.08～0.36
铜	黄铜、青铜	V(m/min)	60～90		
		F(mm/r)	0.06～0.15	0.15～0.3	0.3～0.75
	硬青铜	V(m/min)	25～45		
		F(mm/r)	0.05～0.15	0.12～0.25	0.25～0.5

附表11　镗孔切削用量

工序	刀具材料	铸铁		钢		铝及其合金	
		V(m/min)	F(mm/r)	V(m/min)	F(mm/r)	V(m/min)	F(mm/r)
粗镗	高速钢	20～25	0.4～1.5	15～30	0.35～0.7	100～150	0.5～1.5
	硬质合金	30～35		50～70		100～250	
半精镗	高速钢	20～35	0.15～0.45	15～50	0.15～0.45	100～200	0.2～0.5
	硬质合金	50～70		90～130			
精镗	高速钢	20～35	0.08				
	硬质合金	70～90	0.12～0.15	100～135	0.12～0.15	150～400	0.06～0.1

附表 12　各标准螺纹所选钻头尺寸

螺纹规格	M5	M6	M8	M10	M12	M14	M16	M18	M20
标准螺距	0.8	1	1.25	1.5	1.75	2	2	2.5	2.5
钻头直径	$\varnothing 4.2$	$\varnothing 5$	$\varnothing 6.7$	$\varnothing 8.5$	$\varnothing 10.3$	$\varnothing 12$	$\varnothing 14$	$\varnothing 15.5$	$\varnothing 17.5$

注：螺纹底孔直径的确定

攻丝前应加工出螺纹的底孔，底孔的直径尺寸可根据螺纹的螺距查阅手册（附表 12 为部分）或按下面的经验公式确定。

加工钢件或塑性材料时 $D \approx d - P$；加工铸铁或脆性材料时 $D \approx d - (1.05 \sim 1.1)P$

式中：D——底孔直径(mm)，d——螺纹公称直径(mm)，P——螺距(mm)

攻盲孔工件时，由于丝锥切削部分不能攻到孔底，所以孔的深度要大于螺纹长度，孔深可按下式计算：$L = l + 0.7d$。

式中：L——孔的深度(mm)，l——螺纹长度(mm)，d——螺纹公称直径(mm)

附表 13　攻螺纹切削速度

工件材料	铸　铁	钢及其合金	铝及其合金
切削速度 V(m/min)	2.5～5	1.5～5	5～15

附表 14　孔的加工方法与步骤的选择

序号	加　工　方　案	精度等级	表面粗糙度 Ra	适　用　范　围
1	钻	11～13	50～12.5	加工未淬火钢及铸铁的实心毛坯，也可用于加工有色金属（但粗糙度较差），孔径<15～20 (mm)。
2	钻—铰	9	3.2～1.6	
3	钻—粗铰—精铰	7～8	1.6～0.8	
4	钻—扩	11	6.3～3.2	同上，但孔径>15～20(mm)。
5	钻—扩—铰	8～9	1.6～0.8	
6	钻—扩—粗铰—精铰	7	0.8～0.4	
7	粗镗（扩孔）	11～13	6.3～3.2	除淬火钢外各种材料，毛坯有铸出孔或锻出孔。
8	粗镗（扩孔）—半精镗（精扩）	8～9	3.2～1.6	
9	粗镗（扩）—半精镗（精扩）—精镗	6～7	1.6～0.8	

附表 15　铰孔余量(直径值)

孔的直径	<$\varnothing 8$ mm	$\varnothing 8 \sim \varnothing 20$ (mm)	$\varnothing 21 \sim \varnothing 32$ (mm)	$\varnothing 33 \sim \varnothing 50$ (mm)	$\varnothing 51 \sim \varnothing 70$ (mm)
铰孔余量(mm)	0.1～0.2	0.15～0.25	0.2～0.3	0.25～0.35	0.25～0.35

附录三：操作练习题

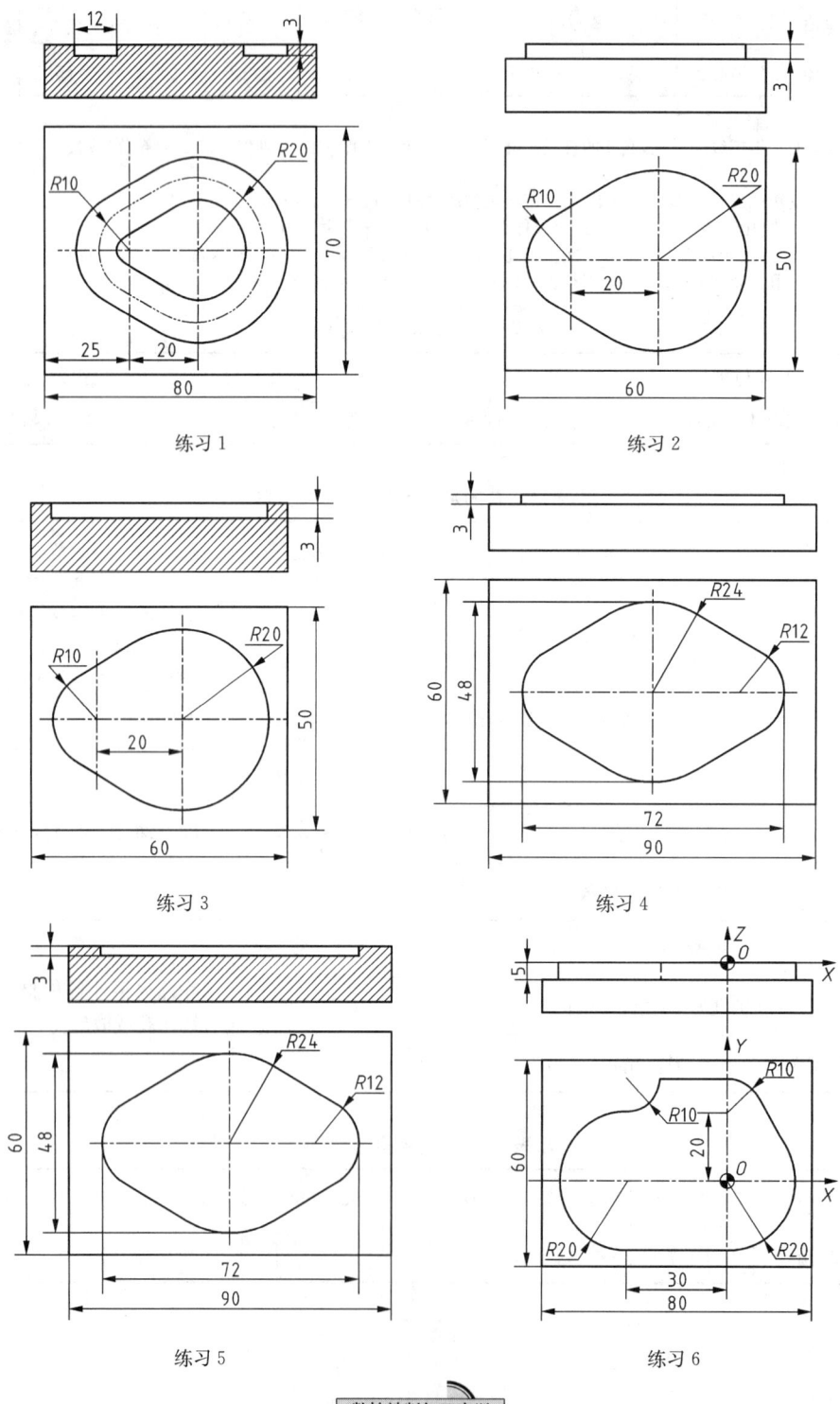

练习1

练习2

练习3

练习4

练习5

练习6

练习 7

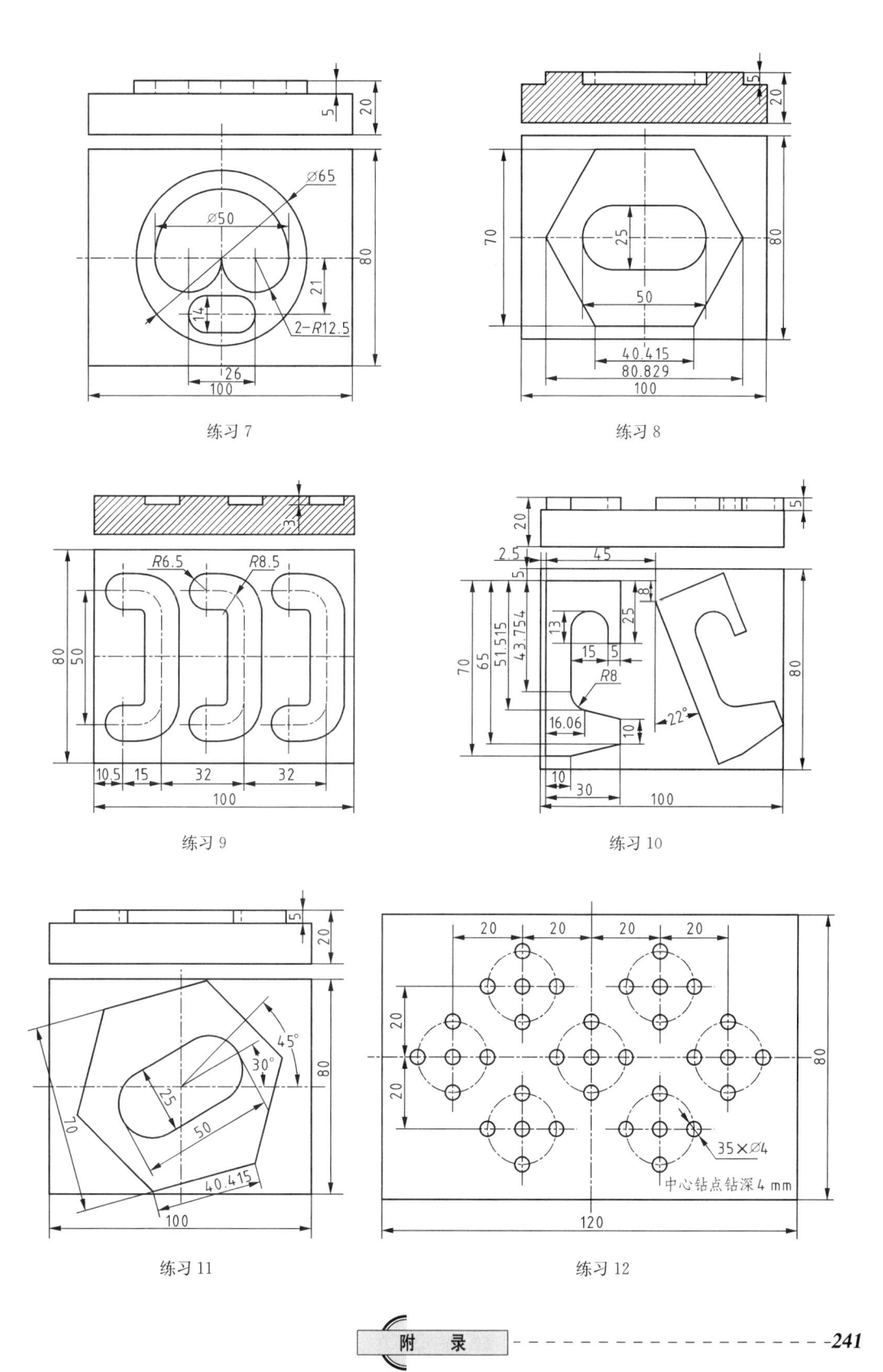

练习 8

练习 9

练习 10

练习 11

练习 12

35×∅4
中心钻点钻深 4 mm

附　录

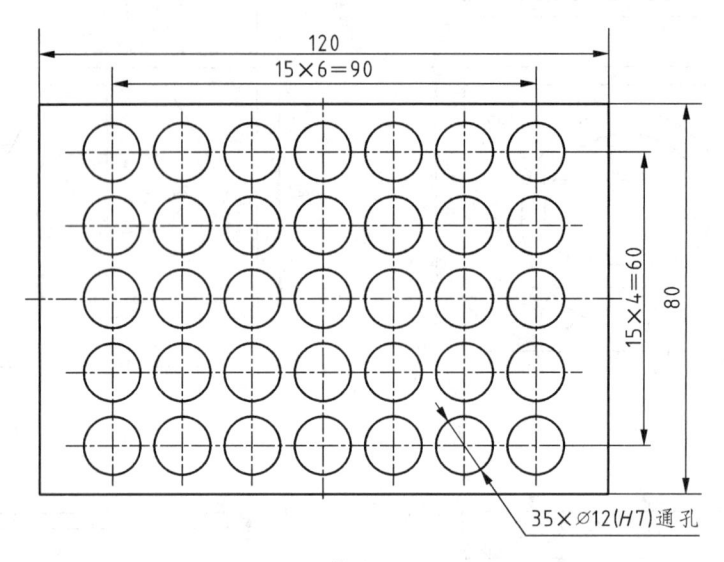

练习 13

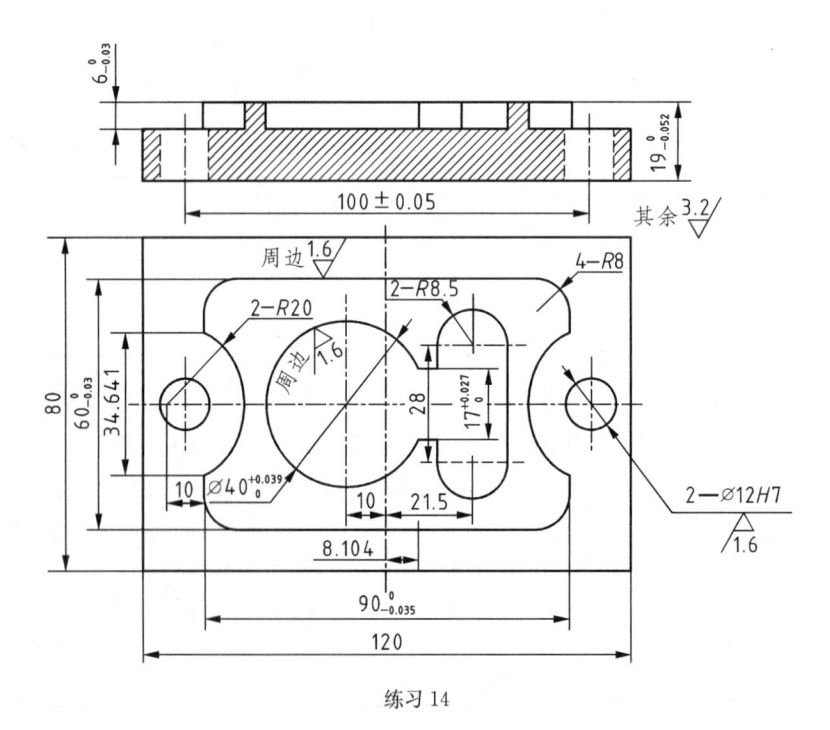

练习 14

练习 15

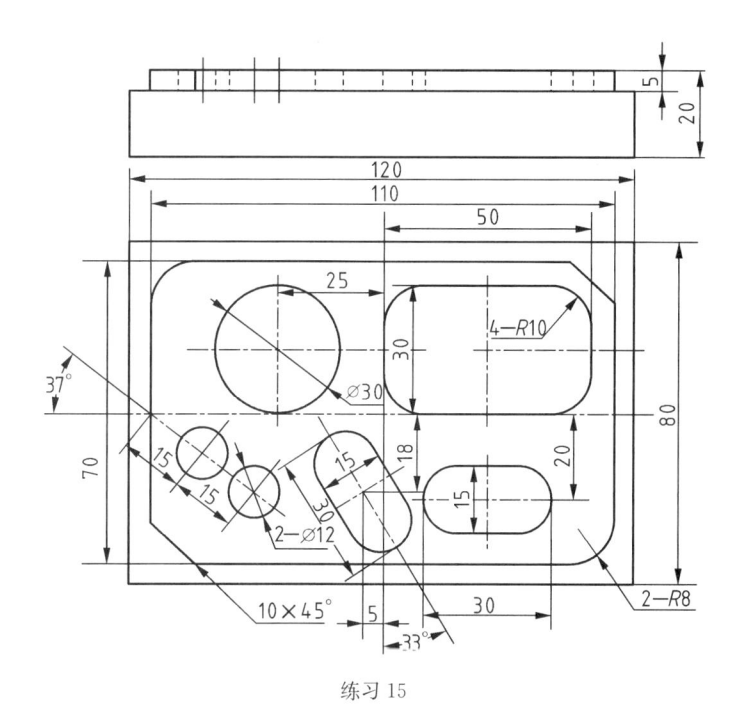

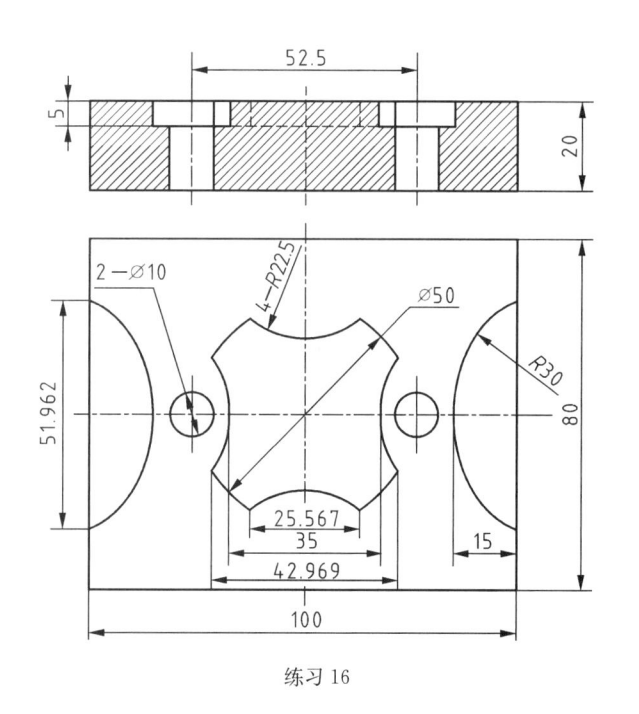

练习 16

练习 17

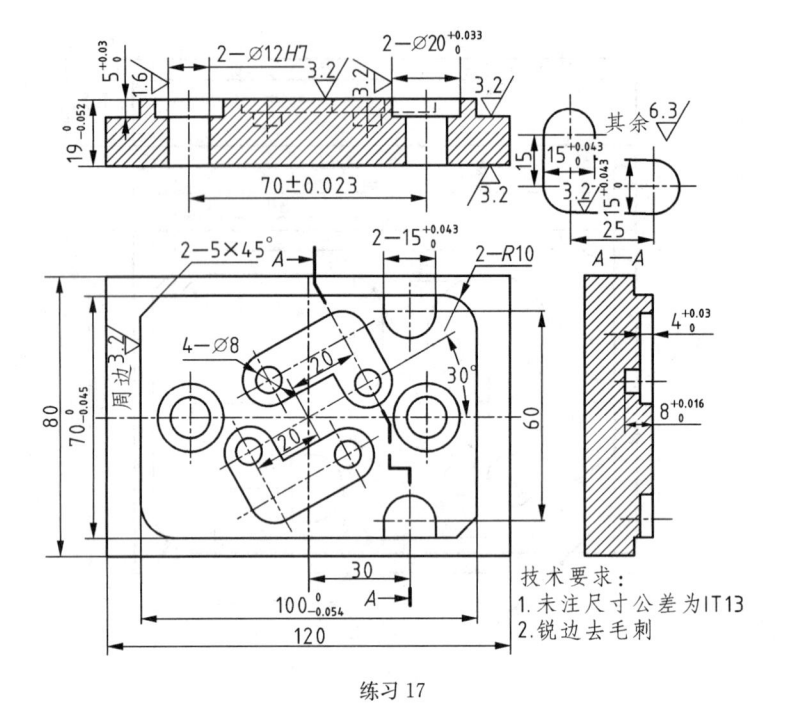

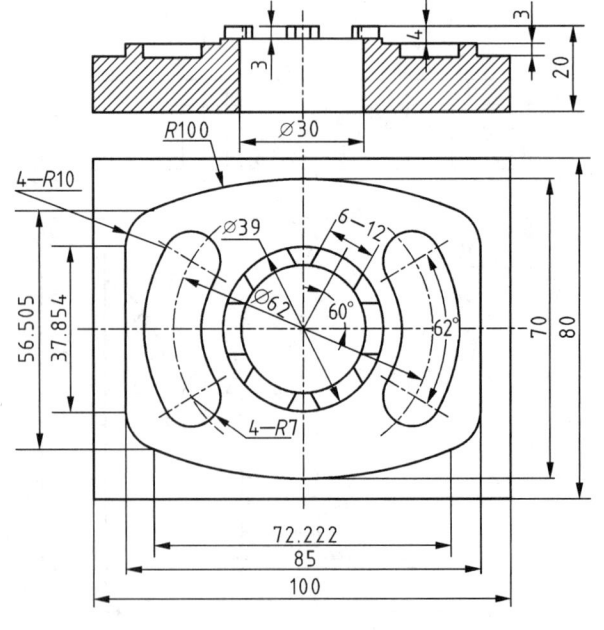

练习 18

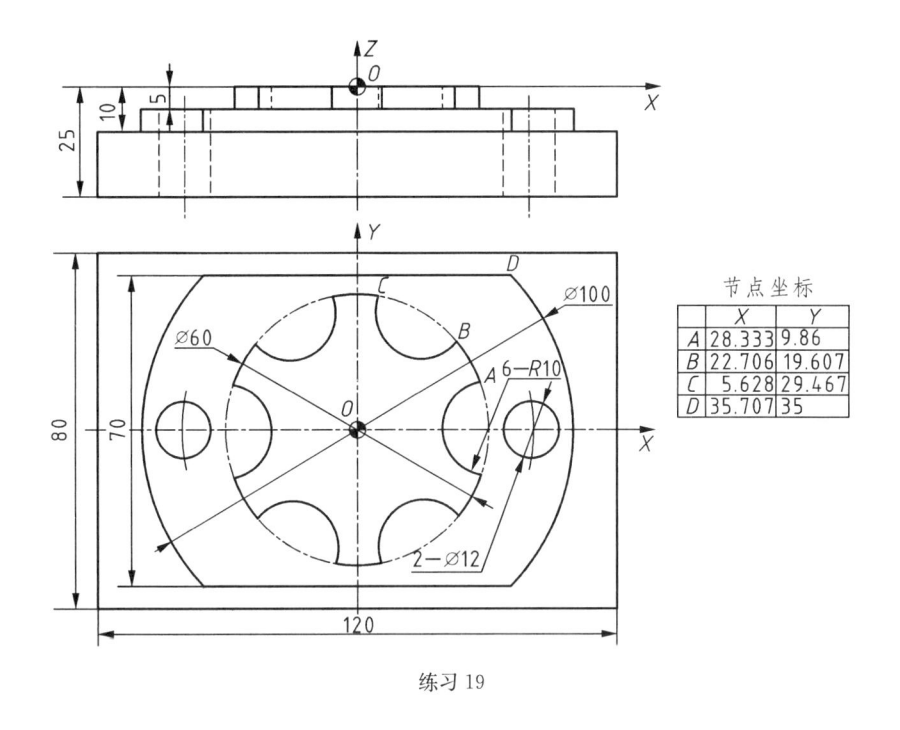

节点坐标		
	X	Y
A	28.333	9.86
B	22.706	19.607
C	5.628	29.467
D	35.707	35

练习 19

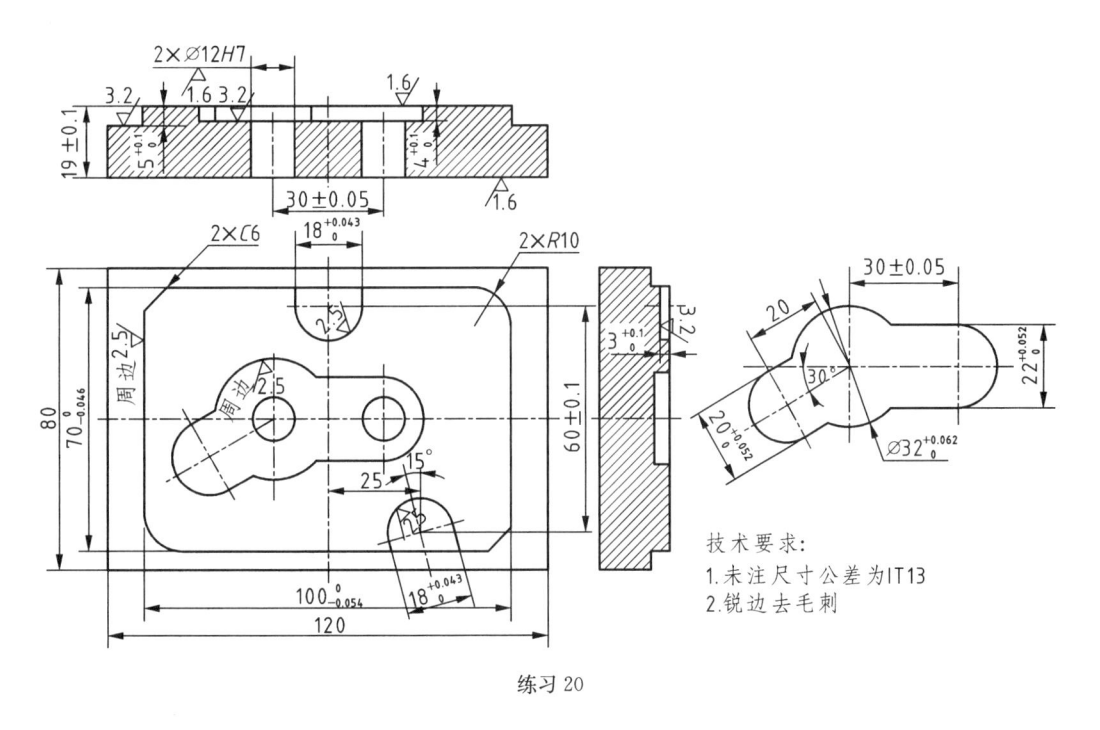

技术要求:
1. 未注尺寸公差为IT13
2. 锐边去毛刺

练习 20

附 录 —245

练习 21

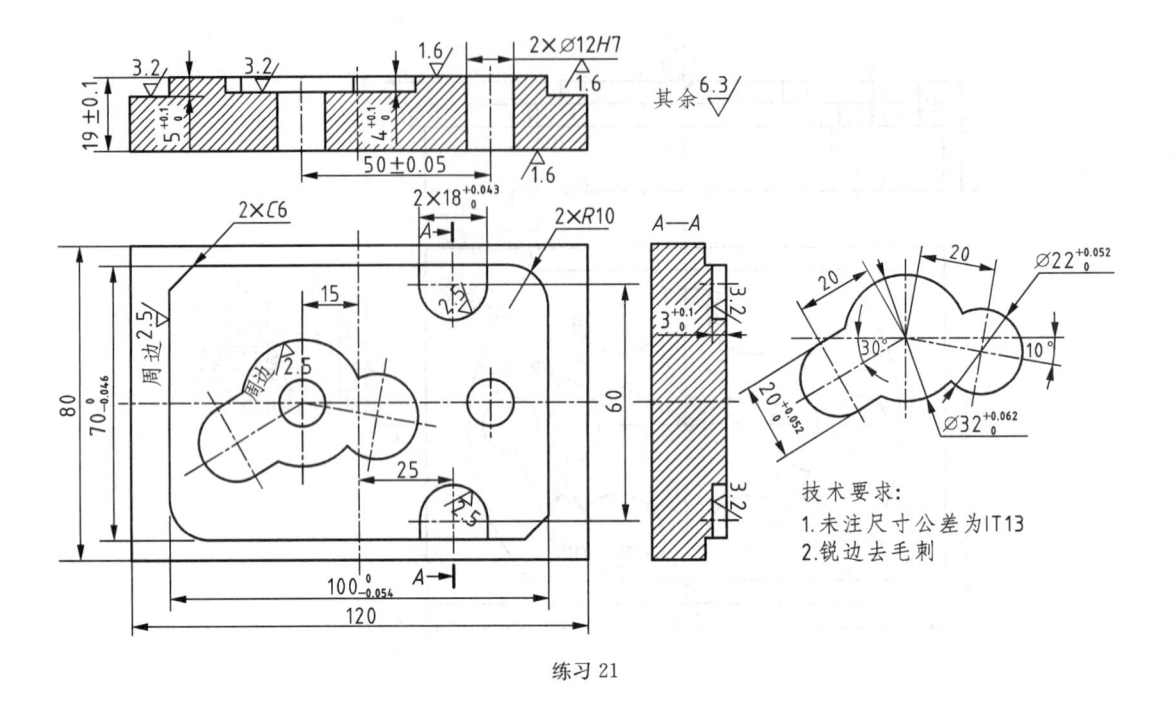

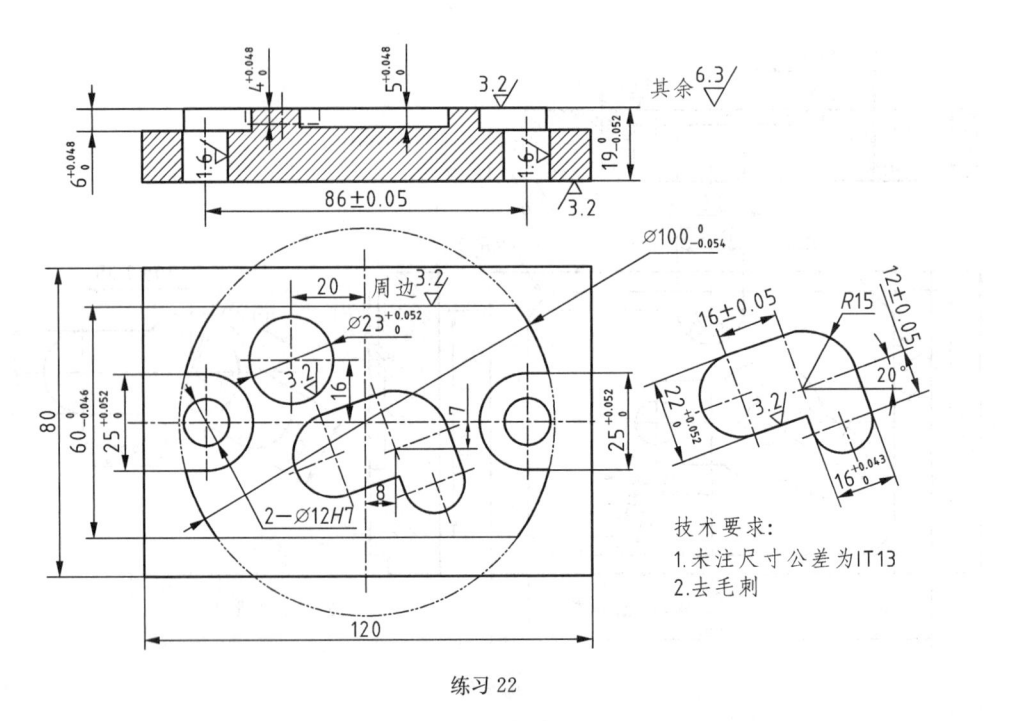

练习 22

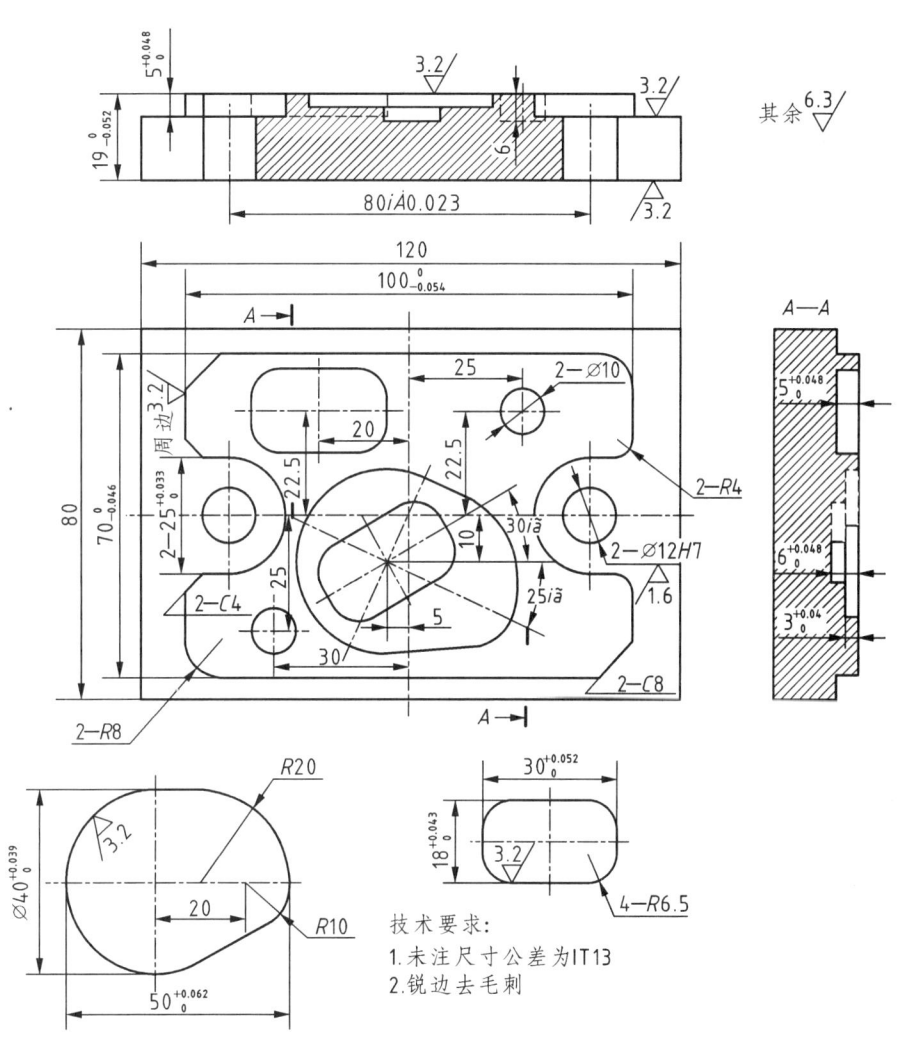

技术要求：
1. 未注尺寸公差为IT13
2. 锐边去毛刺

练习 23

附录四：过程性考核单

数控技术专业"双证融通"过程性考核记录单（一）

班级：_____ 学号：_____ 姓名：_____ 指导教师：_____ 考核日期：_____

考核内容

一、面板的组成与功用

显示器	NC键盘
屏幕软功能键	
机床操作面板	

二、开机与关机操作
三、返回参考点与其他手动操作
四、主轴正反转与冷却液开关操作
五、程序的输入等编辑操作
六、按安全操作规程进行
七、机床的维护保养
八、遵守实训纪律

评 分 表

序号	项 目	评 分 标 准	配分	得分	整改意见
1	开机操作	能正确检查相关项目后进行开机	5		
2	关机操作	使机床处在安全的状态下关机	5		
3	面板的组成与功用	面板各按钮、旋钮的功用清楚	10		
4	返回参考点操作	能正确进行返回参考点的操作	8		
5	X、Y、Z轴的手动移动操作	能正确进行三轴的正、负方向的移动操作	8		
6	主轴正、反转操作	能对机床进行主轴的正转、反转及停止操作	8		
7	冷却液的开关操作	在手动方式下进行冷却液的开、关操作	8		
8	MDI方式的操作	能在MDI方式下进行各项操作	10		
9	程序的建立	在编辑方式下建立程序	8		
10	程序的输入	在编辑方式下正确进行程序的输入	5		
11	程序的修改	对程序中存在的问题能进行修改	5		
12	程序的删除	对不需要的程序能进行删除存在	5		
13	安全操作	按安全操作规程进行	5		
14	机床的维护保养	操作结束后进行机床的维护保养	5		
15	实训纪律	遵守实训纪律	5		
	合 计		100		

数控技术专业"双证融通"过程性考核记录单（二）

班级：_____ 学号：_____ 姓名：_____ 指导教师：_____ 考核日期：_____

考核内容

一、百分表的安装与使用
二、夹具的安装与调整
三、工件安装

评 分 表

序号	项目	评分标准	配分	得分	整改意见
1	百分表的安装	能快速、正确地安装百分表	15		
2		熟练使用手动方式移动机床部件	10		
3	平口钳校正	利用百分表校正钳口，使钳口与横向或纵向工作台方向平行，全长偏差不超过10μm	10		
4		合理选择垫块，大小、高度适合	5		
5		垫块、钳口擦拭干净	5		
6		垫块摆放位置合理	5		
7	工件的安装	工件安装牢固，可靠，手不能轻易推动等高垫块	10		
8		正确认识各种刀具	5		
9	刀具的拆装	熟练装夹刀具	10		
10		熟练拆卸刀具	10		
11	安全操作	按安全操作规程进行	5		
12	机床的维护保养	操作结束后进行机床的维护保养	5		

249

续表

序号	项目	评分标准	配分	得分	整改意见
13	实训纪律	遵守实训纪律	5		
		合计	100		

四、刀具的认识与拆装

1—拉钉 2—刀柄锥体 3—弹性筒夹 4—刀柄键槽 5—圆螺母扳手缺口 6—圆螺母 7—刀具

数控技术专业"双证融通"过程性考核记录单（三）

班级：_____ 学号：_____ 姓名：_____ 指导教师：_____ 考核日期：_____

考核内容
一、工件的表面加工
二、试切法对刀

评 分 表

序号	项 目	评 分 标 准	配分	得分	整改意见
1	工件的表面加工	在MDI方式或手动方式下利用面铣刀对工件表面进行加工	20		
2	试切法对刀（用铣刀直接对刀）	使用手轮移动主轴（主轴正转）及工作台，使刀具侧刃与工件左右表面接触，获得X轴相应的机床坐标值	10		
3		使用手轮移动主轴（主轴正转）及工作台，使刀具侧刃与工件前后表面接触，获得Y轴相应的机床坐标值	10		
4		使用手轮移动主轴及工作台，使刀具底刃与工件上表面接触，获得Z轴相应的机床坐标值	10		
5	设置工件坐标系	根据零件图中工件坐标系的位置，正确处理数值并将输入相应参数表中	15		
6	程序的校验	输入程序并利用图形功能进行校验	15		

续表

序号	项目	评分标准	配分	得分	整改意见
7	操作过程	操作熟练、按安全操作规程操作	10		
8	机床的维护保养	操作结束后进行机床的维护保养	5		
9	实训纪律	遵守实训纪律	5		
	合 计		100		

三、工件坐标系设置

```
工件坐标系              O0001 N00001
(G54)
NO.    数据           NO.    数据
00     X   0.000      02     X   0.000
(EXT)  Y   0.000      (G55)  Y   0.000
       Z   0.000             Z   0.000

01     X   468.095    03     X   0.000
(G54)  Y  -237.330    (G56)  Y   0.000
       Z   0.000             Z   0.000

                            S    0    T0000
HND **** *** ***   09:45:41
     [偏置]  [设定]  [工件系]         [(操作)]
```

四、程序的校验

数控技术专业"双证融通"过程性考核记录单(四)

班级：_____ 姓名：_____ 指导教师：_____ 考核日期：_____
学号：_____

评分表

序号	项目	评分标准	配分	得分	整改意见
1	程序编制	利用基本编程指令，编制如图1所示零件加工程序	15		
2		利用基本编程指令，编制如图2所示零件加工程序	15		
3		利用基本编程指令，编制如图3所示零件加工程序	15		
4		利用基本编程指令，编制如图4所示零件加工程序	15		
5	程序的基本操作	熟练对程序进行如下操作：新建、输入、打开、删除	15		
6	校验程序	熟练利用图形功能，进行校验，观察刀具路径	10		
7	安全操作	按安全操作规程进行操作	5		
8	机床的维护保养	操作结束后进行机床的维护保养	5		
9	实训纪律	遵守实训纪律	5		
	合计		100		

考核内容

一、简单零件加工程序的编制

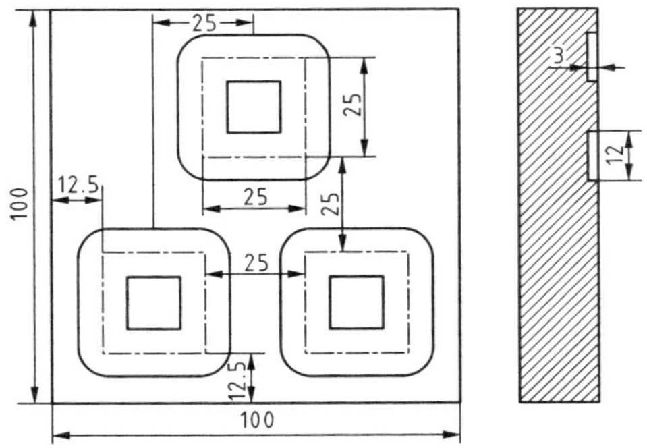

图1

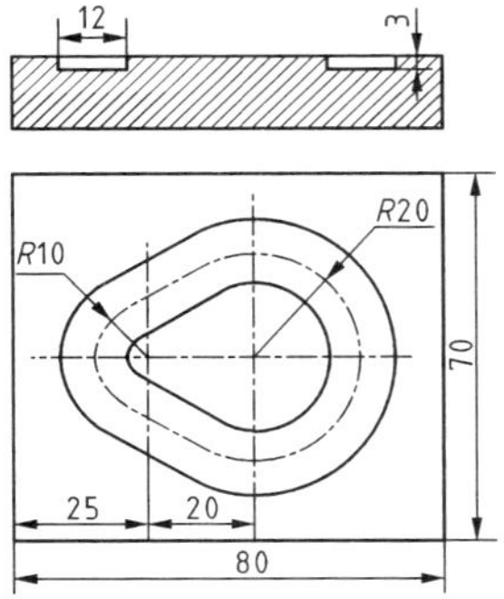

图2

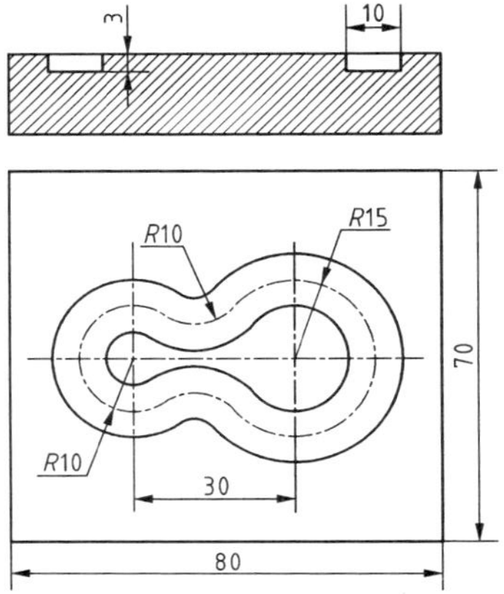

图3

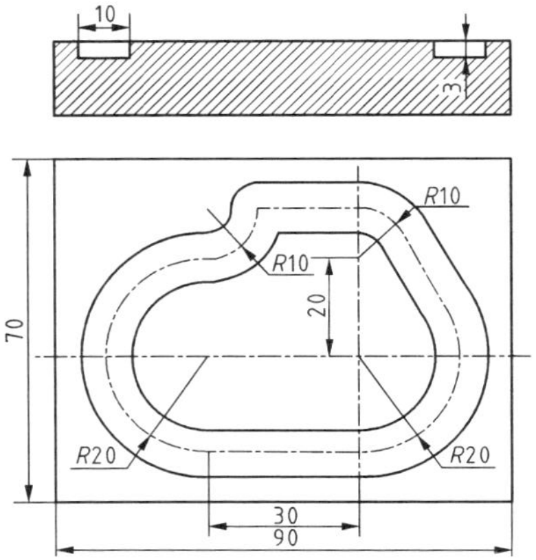

图4

二、程序的校验

附录

数控技术专业"双证融通"过程性考核记录单(五)

班级：_____ 学号：_____ 姓名：_____ 考核日期：_____ 指导教师：_____

考核内容

一、利用刀具半径补偿功能进行外轮廓加工（铝块）

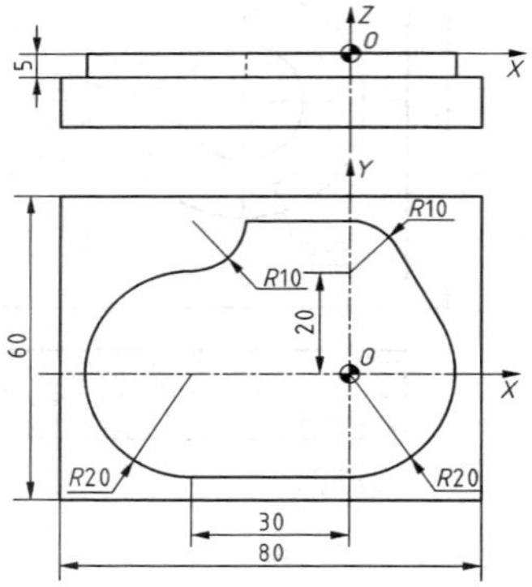

图1

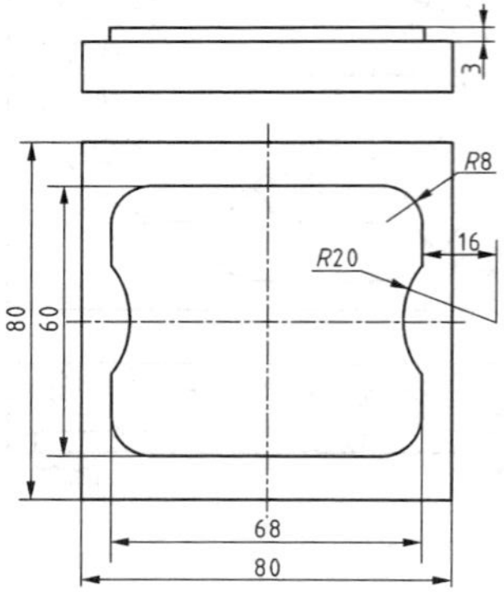

二、利用刀具半径补偿功能进行内轮廓加工（铝块）

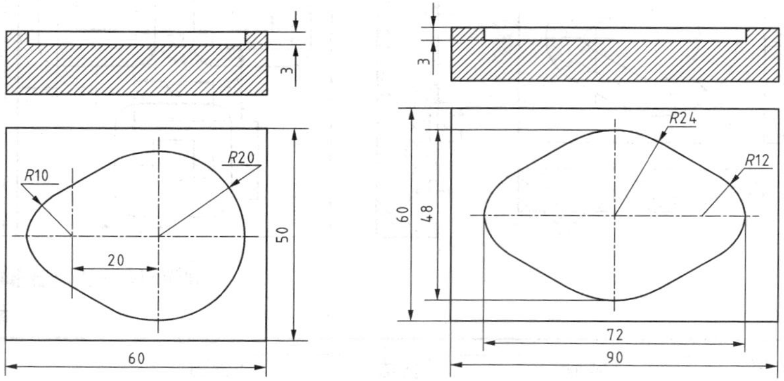

图2

图3

评分表

序号	项目	评分标准	配分	得分	整改意见
1	程序编制	利用刀具半径补偿功能，编制如图1所示零件外轮廓的加工程序	15		
2		利用刀具半径补偿功能，编制如图2所示零件外轮廓的加工程序	15		
3		利用刀具半径补偿功能，编制如图3所示零件内轮廓的加工程序	15		
4		利用刀具半径补偿功能，编制如图4所示零件内轮廓的加工程序	15		
5	程序的基本操作	熟练对程序进行如下操作：新建、输入、打开、删除	15		
6	校验程序	熟练利用图形功能，进行校验，观察刀具路径	10		
7	安全操作	按安全操作规程进行	5		
8	机床的维护保养	操作结束后进行机床的维护保养	5		
9	实训纪律	遵守实训纪律	5		
合计			100		

数控技术专业"双证融通"过程性考核记录单(六)

班级：_____ 学号：_____ 姓名：_____ 考核日期：_____
指导教师：_____

考核内容

一、带子程序(使用刀具半径、长度补偿)的外轮廓加工(铝块)

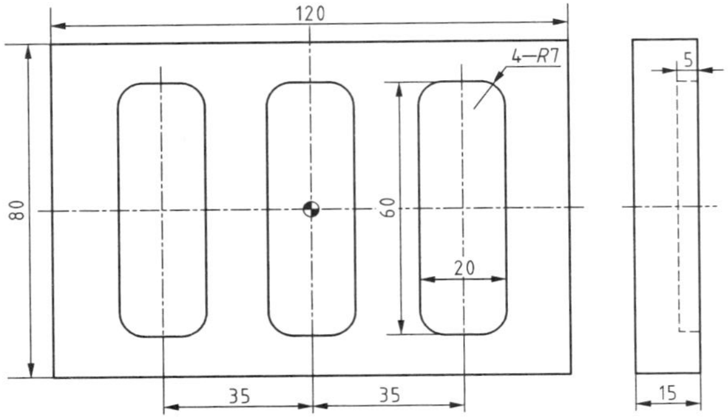

图1

二、带子程序(使用刀具半径、长度补偿)的内轮廓加工(铝块)

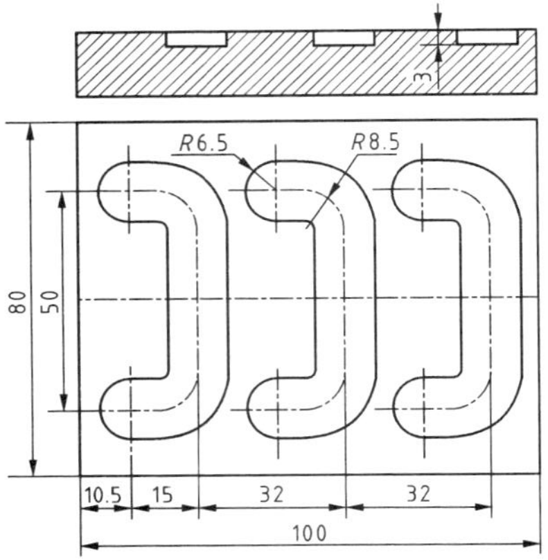

图2

评分表

序号	项目	评分标准	配分	得分	整改意见
1	图1零件加工	程序编写合理、正确	10		
2		工艺参数选择合理	10		
3		零件轮廓加工正确	15		
4	图2零件加工	程序编写合理、正确	10		
5		工艺参数选择合理	10		
6		零件轮廓加工正确	15		
7	装夹、换刀操作熟练	不规范扣5分/次	15		
8	安全操作	按安全操作规程进行	5		
9	机床的维护保养	操作结束后进行机床的维护保养	5		
10	实训纪律	遵守实训纪律	5		
	合计		100		

数控技术专业"双证融通"过程性考核记录单（七）

班级：_____ 学号：_____ 姓名：_____
指导教师：_____ 考核日期：_____

评 分 表

序号	项目	评分标准	配分	得分	整改意见
1	图1零件加工	程序编写合理、正确	10		
2		工艺参数选择合理	10		
3		零件轮廓加工正确	15		
4	图2零件加工	程序编写合理、正确	10		
5		工艺参数选择合理	10		
6		零件轮廓加工正确	15		
7	装夹、换刀操作熟练	不规范扣5分/次	15		
8	安全操作	按安全操作规程进行	5		
9	机床的维护保养	操作结束后进行机床的维护保养	5		
10	实训纪律	遵守实训纪律	5		
合　计			100		

考核内容

一、利用固定循环指令进行孔加工

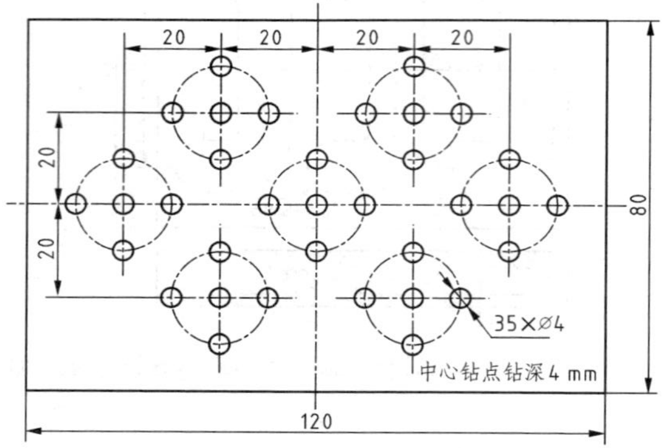

图1

二、坐标系旋转功能的使用和加工

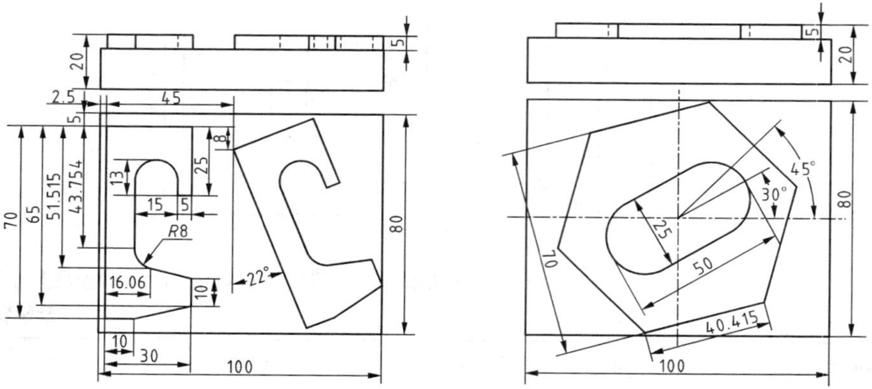

图2

数控技术专业"双证融通"过程性考核记录单(八)

班级:_____ 学号:_____ 姓名:_____ 指导教师:_____ 考核日期:_____

考核内容

综合零件加工(铝块)

序号	项目	评分标准	配分	得分	整改意见
1	平面铣削	零件表面平整,粗糙度符合要求	10		
2	外轮廓铣削	轮廓正确,无残料	10		
3		底面及周边轮廓光滑,无接痕	5		
4	全圆铣削	轮廓正确,无残料	10		
5		底面及周边轮廓光滑,无接痕	5		
6	矩形槽铣削	轮廓正确,无残料	10		
7		底面及周边轮廓光滑,无接痕	5		
8	键槽铣削	轮廓正确,无残料	10		
9		底面及周边轮廓光滑,无接痕	5		
10	孔加工	孔位置及深度正确	15		
11	安全操作	按安全操作规程进行	5		
12	机床的维护保养	操作结束后进行机床的维护保养	5		
13	实训纪律	遵守实训纪律	5		
合 计			100		

数控技术专业"双证融通"过程性考核记录单(九)

班级：_____ 学号：_____ 姓名：_____ 指导教师：_____ 考核日期：_____

考核内容

综合零件加工(铝块)

技术要求：
1. 未注尺寸公差为IT13
2. 锐边去毛刺

评 分 表

序号	项目	评分标准	配分	得分	整改意见
1	$100_{-0.054}^{\ 0}\times70_{-0.046}^{\ 0}$	超0.01扣2分	8		
2	$35_{\ 0}^{+0.062}\times30_{\ 0}^{+0.052}$	超0.01扣2分	8		
3	$30_{\ 0}^{+0.062}\times15_{\ 0}^{+0.043}$	超0.01扣2分	8		
4	$\varnothing 22_{\ 0}^{+0.033}$	超0.01扣2分	6		
5	$5_{-0.03}^{\ 0}$	超0.01扣2分	5		
6	$2-25_{\ 0}^{+0.033}$	超0.01扣2分	10		
7	$4-\varnothing 10$	少一个扣2分	8		
8	$2-\varnothing 12H7$	少一个扣5分	10		
9	$4-5\times45°$	少一个扣2分	8		
10	锐边去毛刺	未去毛刺扣3分/处	6		
11	周边粗糙度	超一级扣4分	8		
12	安全操作、实训纪律	按安全操作规程进行,遵守实训纪律	10		
13	机床的维护保养	操作结束后进行机床的维护保养	5		
	合 计		100		

数控技术专业"双证融通"过程性考核记录单(十)

班级：____ 学号：____ 姓名：____ 指导教师：____ 考核日期：____

考核内容

综合零件加工（45号钢）

技术要求：
1. 未注尺寸公差为IT13
2. 锐边去毛刺

评 分 表

序号	项目	评分标准	配分	得分	整改意见
1	$\varnothing 100_{-0.046}^{\ 0} \times 60_{-0.046}^{\ 0}$	超0.01扣2分	10		
2	$35_{\ 0}^{+0.062} \times 25_{\ 0}^{+0.052}$	超0.01扣2分	10		
3	$15_{\ 0}^{+0.043}$	超0.01扣2分	5		
4	$17_{\ 0}^{+0.043}$、$20_{\ 0}^{+0.052}$	超0.01扣2分	8		
5	$37_{\ 0}^{+0.062}$	超0.01扣2分	5		
6	$4_{\ 0}^{+0.03}$、$5_{\ 0}^{+0.03}$、$7_{\ 0}^{+0.036}$	超0.01扣2分	15		
7	$2-\varnothing 12H7$	少一个扣5分	10		
8	$2-\varnothing 10$	少一个扣3分	6		
9	$2-R11$、$2-4\times 45°$	少一个扣2分	8		
10	表面粗糙度	超一级扣4分	8		
11	安全操作	按安全操作规程进行	5		
12	机床的维护保养	操作结束后进行机床的维护保养	5		
13	实训纪律	遵守实训纪律	5		
	合　计		100		